山东省重点研发计划(2020CXGC011403)资助
云南省重点研发计划(202103AA080016)资助
深地工程智能建造与健康运维全国重点实验室开放基金课题(SDGZK2407)资助

矿井断层滞后突水理论与治理技术

白继文　李　卫　刘人太　著

中国矿业大学出版社
· 徐州 ·

内 容 简 介

本书以矿井地下开采突水机理与治理技术为主线，系统阐述了采动过程中断层滞后突水灾变特征、突水机理、预警判识、治理材料与治理技术。概述了我国矿井地下开采断层滞后突水的最新成果、经验与技术。主要内容包括断层滞后突水灾变特征及规律、断层滞后突水机理、多场信息演化规律、CCFB复合注浆材料研发、灾害防控关键技术。

本书主要用作普通高等院校地下工程防治水相关专业学生教材，也可供矿山企业、科研院所和设计单位等从事相关工作的专业技术人员参考。

图书在版编目(CIP)数据

矿井断层滞后突水理论与治理技术 / 白继文，李卫，刘人太著. — 徐州 ：中国矿业大学出版社，2024.4

ISBN 978-7-5646-6233-2

Ⅰ. ①矿… Ⅱ. ①白… ②李… ③刘… Ⅲ. ①矿井突水—研究 Ⅳ. ①TD742

中国国家版本馆CIP数据核字(2024)第078423号

书　　名	矿井断层滞后突水理论与治理技术
著　　者	白继文　李　卫　刘人太
责任编辑	吴学兵　陈　慧
出版发行	中国矿业大学出版社有限责任公司 (江苏省徐州市解放南路　邮编221008)
营销热线	(0516)83885370　83884103
出版服务	(0516)83995789　83884920
网　　址	http://www.cumtp.com　**E-mail**:cumtpvip@cumtp.com
印　　刷	江苏凤凰数码印务有限公司
开　　本	787 mm×1092 mm　1/16　**印张** 13　**字数** 255千字
版次印次	2024年4月第1版　2024年4月第1次印刷
定　　价	58.00元

前 言

随着矿井开采深度的增加及地质条件越发复杂多变，断层滞后突水现象的发生具有更强的隐蔽性与突发性，其演化过程在时间与空间上呈现复杂的非线性特征，严重威胁矿井生产安全与地质环境稳定。断层滞后突水灾害的形成与地下水赋存、断层带结构以及岩体力学行为密切相关，研究断层滞后突水的发生机理及其演化规律是解决此类灾害问题的核心。掌握断层滞后突水的理论基础与防控方法，对构建高效的矿井突水监测预警体系、优化断层煤柱留设、研发新型堵水材料、提升突水灾害治理能力具有重要的理论价值与实际指导意义。

基于煤矿开采深度的推进以及工程实际需要，亟需对矿井断层滞后突水的理论及应用技术开展研究。为了表征与直观显示断层滞后突水灾害的发生机理，现场观测是最为客观直接的方法。通过深部岩体多场信息监测与预警判识技术，可以实现对断层滞后突水全过程的实时动态监测，并通过监测平台进行数据采集与存储，掌握不同采动条件下的断层突水演化规律及灾害特征，为分析和解决突水灾害问题提供重要基础数据支撑。同时，提出了断层防突煤柱最小安全厚度留设方法，研发了新型注浆堵水材料，并构建了突水灾害防控技术体系。

本书介绍了矿井断层滞后突水理论与治理技术及其在几种不同现场类型的应用案例。

(1) 介绍了断层滞后突水灾变特征及规律。从断层力学性质、充填介质类型出发，分析了不同断层可能诱发的地质灾害及断层突水的地质构造特征，探讨了地质、地下水及工程因素对断层突水的作用机理。研究了深部开采断层滞后突水的灾变条件及其对断层滞后突水的影响机制，并分析了原生不导水断层滞后突水的隐蔽性、滞后性和强危害性特征，为断层滞后突水机理研究提供了基础。

(2) 研究了采动作用下断层滞后突水机理。分析了断层滞后突水灾变演化过程，划分为三个阶段，并基于流固耦合理论建立了断层弱化渗流弱化力学模型。通过多场耦合软件建立有限元数值模型，分析了开采过程中断层渗透弱化的多场物理演化规律。基于岩体弹塑性理论，确定了防突煤柱的最佳安全厚度。同时，研制了新型流固耦合相似材料及模型试验装置系统，开展了断层滞后突水的物理模拟试验，验证了断层滞后突水通道的形成机理。

(3) 分析了采动作用下断层滞后突水多场信息演化规律。结合关键层理论与物探方法，确定了深部岩体断层滞后突水的重点监测区域，并研发了单孔多物理场监测系统，实现了深部岩体(达 80 m)的实时监测。通过分析断层滞后突水快速饱和渗流阶段的多物理场演化规律，得出了预警判识准则。同时，对断层滞后突水相邻工作面留设的防突煤柱进行了多物理场在线实时监测，分析其多物理场演化规律，针对工作面开采过程进行了实时监测预警判识。

(4) 研发了 CCFB 复合注浆材料并测试其性能。基于无机复合原理研发了 CCFB 新型复合注浆材料，并通过正交试验确定了最佳组分配比。测试表明，该材料体系具有高抗压抗折强度、良好抗渗性、优异流动度和可调节的和易性。通过微观分析揭示了其固化反应原理及水化特征，证实了黏土对改善材料颗粒级配和提高后期强度的关键作用。结合综合性能与经济性分析，得出了 CCFB 材料体系的最佳组分配比。

(5) 介绍了断层滞后突水灾害防控关键技术。结合水文地质学及观测资料，确定了断层滞后突水的致灾水源与关键通道，并分析了地下水径流规律。基于岩体弹塑性理论，设计了 13301 工作面防突煤柱尺寸。结合地下水径流网络分析，设计了地表深长钻孔布置方法，并针对特定含水层与断层组开展了注浆治理。提出了适用于 CCFB 复合注浆材料的注浆参数确定方法，并通过现场对比试验分析了不同注浆材料的注浆堵水机理。最后，对断层滞后突水注浆堵水效果进行了综合评价。

本书得到了山东省重点研发计划“矿区土壤生态修复与大宗固废高值利用关键技术及工程示范”(项目编号:2020CXGC011403)、云南省重点研发计划“云南隧道与地下工程突水突泥重大灾害发生机理和控制关键技术”(项目编号:202103AA080016)、深地工程智能建造与健康运维全国重点实验室开放基金课题“盾构施工管片结构智能化监控与预警技术”(项目编号:SDGZK2407)的资助。

本书由山东大学、中国矿业大学合作编写而成，适合地下工程各行业人员交流学习与应用教学。作者衷心感谢对本书研究与编写提供帮助的各位老师，受作者水平与时间所限，本书不足之处在所难免，恳请同行专家和读者给与更多关注与批评指正。

著　者

2024 年 3 月

目　录

第1章 绪　论

1.1 研究背景与研究意义

1.1.1 研究背景与意义

我国是资源需求大国，煤炭资源对于我国能源安全具有举足轻重的战略地位。在我国能源消费结构中，煤炭资源一直处于主导地位，而且这一形势在未来50年内不会改变，因而煤炭资源是我国国民经济高速发展的重要物质保障。

随着我国经济的高速发展，社会对能源的需求不断增加，推动了煤炭资源的开发和利用。然而，过度开采导致浅层煤炭资源逐渐枯竭，为了满足能源需求，煤矿开采逐步向大埋深、高应力、强富水区域扩展。深部煤矿开采不仅需要应对复杂多变的地质和水文条件，还面临比浅层开采更大的地压和水压，井下更易发生冒顶、突涌水、瓦斯突出等灾害。尤其在深层富水矿区，由于水文地质条件的多变性，水害的发生具有突发性强、灾害范围广的特点，这加大了安全开采的难度。在我国煤矿开采过程中，煤矿灾害以瓦斯突出和突涌水为主。在瓦斯矿井中，煤瓦斯突出所引起的人员伤亡及财产损失占据首位，矿井突涌水灾害紧随其后，成为第二大致灾因素。而在非瓦斯矿井中，矿井突涌水所导致的灾害损失位居第一。就受灾面积和威胁程度而言，我国发生矿井水害的情况排在世界各主要产煤国的首位。

深部矿井的突水灾害复杂多变，尤其是在开采扰动条件下，充填型原生不导水断层引发的断层滞后突水灾害被视为危险性最高的突水类型。这类突水灾害因具有隐蔽性强、预测困难等特点，对矿井生产和安全构成了重大威胁。原生不导水断层通常由泥质胶结充填物构成，其致密的填充物使其在初始状态下具备良好的隔水性。因此，通过钻探、物探以及化探等手段勘查，结果常表现为不导水构造。在矿井巷道掘进穿越断层时，通常难以观察到导水迹象。然而，工作面开采活动的扰动会逐渐削弱断层填充物的隔水性能。受地应力调整和水压渗透的双重作用下，断层内的介质逐渐失稳，在外部压力影响下逐渐形成导通含水层的导水通道。这一通道的形成过程较为缓慢，但随着开采深度的增加和开采扰动的持续，最终可能导致突发性断层滞后突水灾害的发生。这类突水灾害较为隐蔽，难以完全查明，且断层突水在时间上与空间上滞后于开采工作面，对工作面人员及设备安全构成严重威胁。断层滞后突水的显著特性是突水时间和突水区域在空间上与采场存在一定的距离，这使得传统的预测方法难以准确识别潜在的突水位置及时间。断层滞后突水的成灾机理涉及断层在开采扰动作用下的渐进性变化，水压与地应力在断层带内共同作用，使得断层逐步由稳定状态向不稳定导水状态过渡。突水的潜伏性及滞后性不仅提高了突水灾害的隐蔽性，更加大了预警和治理的难度。断层中的泥质胶结填充物在开采扰动及应力作用下逐渐发生破裂或压密，导致其原有的隔水性能减弱。这一过程中，填充物的力学强度不断下降，渗透率逐渐增加，最终促使断层带逐步向导水构造转变。尤其是在富水层附近，水压力的渗透效应进一步加速了填充物的破裂进程，从而为突水通道的形成提供了有利条件。这种演变过程是缓慢的，但一旦达到临界状态，断层的滞后突水往往具有突发性和灾难性。

在矿井断层突水及防治技术方面，国内外的学者进行了大量研究。目前，在矿井断层活化机理、矿井水害防治方面取得突破性进展，但是关于深部岩体断层滞后突水机理与防控技术方面尚缺乏深入的研究，使得人们对深部矿井断层滞后突水机理及灾害治理的认识存在一定的盲目性与经验依赖性。注浆作为水害治理最有效的技术手段，在矿井突水灾害治理中得到广泛的应用，其中注浆材料及注浆关键参数是水害治理的关键因素。开展深部岩体断层滞后突水机理与防治材料及关键技术的研究，对于保证煤矿生产安全、减少突水事故、保护水环境生态、降低能源开采成本、解放资源储量，具有重要且紧迫的研究价值。因此，深部岩体断层滞后突水机理与防控关键技术成为亟待研究的课题。

1.1.2 研究目的与依据

随着我国煤炭开采逐步向深部进发，在复杂的水文地质条件下，深部岩体在开采过程中承受着较高的突水灾害风险。因此，2007 年 12 月，国家重点基础研究发展计划(973 计划)“煤矿突水机理与防治基础理论研究”项目成功启动，该项目主要针对目前煤矿开采中矿井突水的主要特点，以控制大型、特大型矿井突水为基本目的，围绕矿井突水的含导水构造地质条件及特征、采动岩体结构破坏与裂隙演化及渗流突变规律、矿井突水预测与控制的基础理论与方法三个科学问题，集中国内在此研究领域的优秀科学家和主要研究力量，以针对性、基础性和前瞻性为特色开展相关研究。显然，解决地下工程突水问题，建立行之有效的突水预测与防治技术体系已成为岩石力学与工程领域不同相关课题研究任务的共同目标。

地下工程的突水灾害给工程施工及生态环境带来了巨大损失。山东能源临矿集团王楼煤矿 13301 工作面发生断层滞后突水，峰值涌水量达到 800 m^3/h，严重威胁煤矿安全生产，给矿井排水系统带来极大负担的同时，对地下水资源造成极大的浪费；山东能源新矿集团新阳煤矿西翼运输大巷富水破碎段涌水量虽然仅为 36 m^3/h，但在地应力与地下水长期侵蚀作用下，巷道破碎围岩极易失稳破坏，严重威胁煤矿安全生产及人员安全；青岛地铁富水沙层围岩在复杂城市环境下自稳能力极差，开挖过程中曾多次发生涌水涌沙灾害，并易引发地表沉降、市政管线破裂、建(构)筑物倾斜等次生灾害；吉林引松隧道 TBM 过富水断层破碎带发生突水突泥灾害，引发 TBM 卡机被困的工程灾害。

山东大学岩土与结构工程研究中心自成立以来一直致力于地下工程水害防治相关领域的研究，尤其在复杂地质条件下的构造型突水机理及突水灾害防治方面。笔者通过多年的现场工程突水灾害治理实践，深刻认识到地下工程突水机理及防控技术的重要性及紧迫性。其中，断层滞后突水不同于常规构造型突水，其具有工程灾害隐蔽性及时间滞后性特征，突水强度及突水量均较大，因此，造成的工程危害性也最强。突水灾害治理过程中，断层滞后突水机理、灾害预警判识、注浆材料及注浆参数及防控技术为关键技术中的一系列难题。针对上述难题，本书对断层滞后突水机理及防突煤柱最小安全厚度进行研究，探究了深部岩体多场信息演化规律，提出了断层滞后突水预警判识准则，研发了适用于深长钻孔注浆治理新型复合注浆材料，并通过研发的配套工艺开展现场注浆治理，对突水关键通道进行了有效的封堵，保障了煤炭安全开采及人员安全，同时对地下水资源进行有效的保护。

1.1.3 问题的提出

山东能源临矿集团王楼煤矿位于山东省济宁市，处于济宁煤田的南部，矿井面积为 93.769 6 km^2。矿井采用立井配合暗斜井开拓，分－680 m 和－900 m 两个水平，设计生产能力 90 万 t，可采或局部可采煤层共有五层，分别为山西组 $3_上$ 煤，太原组 $10_下$、$12_下$、$16_上$、17 煤，其中 $3_上$ 煤为主采煤层，其余均为薄煤层。其在大地构造位置上属于鲁西隆起的西部，郯庐断裂带西侧，夹持于济宁断层与泗水断层之间，区域内断裂构造较发育，并以近 SN 向断层和 NEE 向断层为主，局部呈现近 EW 向断层；区域内褶皱也很发育，褶皱的轴迹延伸方向主要为 NEE-SWW 向。

王楼煤矿 13301 工作面开采煤层为山西组上部 $3_上$ 煤，上组煤露头隐伏于上侏罗统之下，为晚侏罗系地层覆盖，在井田东南部上组煤层露头为第四系覆盖，东南为奥灰隐伏露头区。13301 工作面开采过程中经过断层破碎带，水文地质条件极为复杂，推采方向为 F21 断层组上盘至断层下盘，推采上盘 300 m 过断层推采下盘 160 m 期间，工作面水量维持在 75 m^3/h 左右，推采过断层 160～180 m 为缓慢突水阶段，工作面水量从 75 m^3/h 逐渐上涨到 130 m^3/h，推采过断层 180～230 m 为快速突水阶段，工作面水量从 130 m^3/h 急速上涨到 800 m^3/h。13301 工作面开采过断层后出现大量涌水，在时间和空间上呈现出明显的滞后性，属于典型的断层滞后突水灾害(图 1-1)。

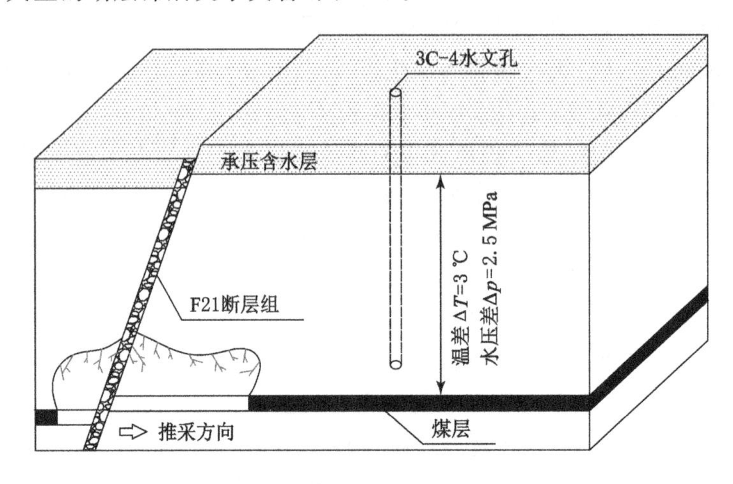

图 1-1 水文地质结构图

显然，由于侏罗系含水层大型静水量的强力补给及断层带作为关键导水构造，开采工作面断层滞后突水严重威胁煤矿安全生产。确定断层滞后突水机理，建立断层滞后突水预警判识准则，研发适用于封堵关键突水通道的新型注浆材料，进而形成配套注浆工艺及关键技术，是断层滞后突水防控的关键。

1.2 国内外研究现状

1.2.1 断层突水机理及灾变演化规律研究现状

针对断层突水灾变演化过程及灾害发生机理，国内外学者从灾害发生的地质环境与影响因素、理论模型与模拟方法、灾害动力学演化及灾变机理等方面进行了有益的探索，取得了重要进展。

(1) 断层突水孕灾环境研究现状

国内外学者针对断层破碎带水文地质、工程地质特征及其对地下工程突水灾害的控制作用进行了较多研究，根据断层含导水性将其划分为富水断层、储水断层、导水断层、阻水断层及无水断层，并对断层水力学特征的空间分异性进行了探讨。相关学者采用理论分析或数值模拟的方法，基于简化的断层模型，研究了断层对地下工程突水灾害的控制作用，并分析断层产状、相对位置与突水发生概率之间的关系，获得了工程扰动下断层渗流场突变的一些规律性认识。有些学者逐渐认识到断层充填物的性质在突水灾害中的重要影响，研究了断层充填物岩性及破碎-影响带等宏观结构单元对断层富水性及其稳定性的影响规律，通过数值模拟等手段，揭示了掘进巷道断层突水的灾变机理。当掘进工作面前方存在岩溶导水断层时，在巷道掘进开挖扰动下，断层突水过程具有相对明显的阶段性、前兆特征以及多物理场的变化特性。但是受限于断层破碎带内在结构模式、赋水空间变异特征的复杂性，现有理论不能较好地解释其致灾条件，对断层突水灾害的过程控制缺乏有效指导。

(2) 断层突水机理研究现状

国内外学者在突水致灾构造失稳机理和失稳准则方面进行了研究，提出了多种模型和理论来解释断层突水的发生和发展过程。这些模型包括隔水层理论、相对隔水层模型、损伤断裂力学理论等。通过分析断层破碎带的水文地质特征和工程地质特征，揭示了断层突水与断层产状、断层破碎带性质、地下水压力等因素之间的关系。致灾构造失稳机理研究方面，早在20世纪初，国际上已开始巷道底板隔水层研究，到20世纪50年代，匈牙利科学家第一次提出隔水层厚度同水压之比的底板相对隔水层的概念。苏联学者最早提出“安全水头”概念和预测突水的简支梁理论公式，匈牙利和南斯拉夫学者则利用相对隔水层厚度进行突水判断，并在岩溶地区隧道及矿井建设中进行工程验证。特别在20世纪70至90年代，地下工程突水机理的研究取得了较大进展，断层突水机理的研究侧重于灾变的发生条件和影响因素，对揭露型突水的富水断层、充填型岩溶管道等致灾构造有了一定的认识，并逐步意识到巷道与致灾构造之间防突岩体结构的重要性。随后，针对不同类型的防突岩体结构，很多国家的岩石力学工作者开始引入能量法、系统论、突变论以及神经网络等非线性观点探讨突水的灾变演化过程及其力学机理，但大多仍处于静力学研究范畴。近年来的研究越来越注重多物理场的演化规律，包括应力场、渗流场、温度场等。通过数值模拟和实验手段，揭示了这些物理场在断层突水过程中的相互作用和影响。研究表明，在断层突水过程中，应力场的变化会导致断层破碎带的变形和破坏，进而形成突水通道；渗流场的变化则会影响地下水的流动和分布，为突水提供水源；温度场的变化则可能影响岩石的物理力学性质，进而影响断层突水的发生。试验研究方面，国内外学者通过相似材料模拟试验、实验室试验等手段，对断层突水过程进行了模拟和研究。这些试验为揭示断层突水机理提供了重要依据。数值模拟研究方面，利用先进的数值模拟软件和技术，对断层突水过程进行了三维模拟和分析。通过模拟不同条件下的断层突水过程，揭示了断层突水的发生机理和演化规律。近年来，随着地下工程建设的快速发展，强卸荷条件下的高渗透压和高地应力导致断层突水灾变演化过程趋于复杂，高压水力劈裂型突水灾害逐渐增多。国内外学者应用损伤断裂力学理论，研究了防突岩体结构内部萌生突水通道形成的启动条件、灾变演化路径及其控制参数，但未考虑施工扰动的影响。

在断层突水灾害构造的演化及灾变机理研究方面，当前对突水类型的划分仍显得较为粗略，未深入考虑突水通道形成过程中的动力学特征和灾变模式。现有研究多以定性分析为主，缺乏从突水通道演化过程的角度对灾变模式进行系统分析和分类。此外，在建立力学模型时，动力扰动参数的考虑仍然较少，导致力学模型对突水灾变过程的解释能力有限。突水通道的动态演化过程复杂多变，使得突水灾变过程中失稳准则的参数确定方法面临较大挑战。现有研究在界定突水演化过程中的失稳临界参数方面，尚未取得实质性突破，且在动态失稳条件下的判断方法仍然停留在试验性阶段，缺乏实际工程应用的成熟方法。突水判据的确立以及防突岩体最小安全厚度的计算方法涉及大量难以在实际工程中直接获取的关键力学参数，如损伤破坏区、渗透突跳系数及动载频率等。这些参数难以通过常规试验或监测手段直接测定或推演，从而限制了其在断层突水预警和防突安全厚度确定中的应用。由于此类参数的难以获取性和动态性，使得突水预警的实际操作性大大降低，亟需发展基于简单且可测参数的突水预警与安全厚度计算方法。

(3) 断层突水数值模拟方法与理论模型研究现状

突水动态灾变演化过程通常采用数值模拟和试验方法进行研究。目前，在断层突水数值模拟中，常用的方法包括有限元法(FEM)、有限差分法(FDM)、离散元法(DEM)以及流固耦合方法等。这些方法在模拟断层突水过程中的应力场、渗流场以及多物理场演化规律方面发挥了重要作用。数值模拟采用介质断裂、损伤判断准则和介质破坏膨胀区渗透性-损伤演化方程，研究水力劈裂和突水过程的渗流-损伤耦合行为，但渗透突跳系数等关键参数的确定极为困难，无法真实模拟突水破裂通道形成的灾变演化过程。在模型试验方面，流固耦合相似材料和多元信息获取方法尚未获得突破，流固耦合模型试验技术较传统地质力学模型试验整体水平相对滞后。上述理论模型、试验和数值分析方法均在不同时期对地下工程突水灾害发生机理的认识起到了积极的作用，但明显存在三个不足：一是将岩体与水分隔开来研究，建立的力学模型与实际存在较大的偏差；二是突水量与岩体破坏程度的关系不明确，突水判别的相关理论不完善，仅研究了岩体本身破坏发生条件，没有进一步研究其破坏后的情况；三是没有提出较为符合工程实际动态结构的水力学模型。

1.2.2 注浆材料研究现状

注浆材料作为一种在特定压力作用下，注入地层、建筑或其他结构体内部的流体材料，其凝结硬化后能显著提升结构的加固效果和防漏防渗能力。

我国注浆事业从20世纪50年代开始起步，1953年开始研究应用水玻璃作为注浆材料。20世纪50年代末已出现环氧树脂、甲基丙烯酸甲酯等注浆材料。20世纪60年代丙烯酰胺、水泥-水玻璃双液注浆材料进入大规模应用时期。自20世纪80年代以来，注浆材料进入了大发展时期，干法、湿法水泥和超细水泥，稳定浆液，混合浆液，弹性聚氨酯，水溶性聚氨酯，丙烯酸盐，不饱和聚酯，热沥青，木质素类，尿醛树脂类等多种多样的外加剂在各种工程中得到不同程度地应用。表1-1列出了我国主要使用的注浆材料种类。

表1-1 我国主要使用的注浆材料种类

使用年代	注浆材料种类
1953	水泥、水玻璃单液浆
1959	甲凝
1960—1970	环氧、络木素、脲醛树脂
1965	丙凝
1967	水泥-水玻璃双液浆
1973	氰凝
20世纪70年代末	水溶性聚氨酯、弹性聚氨酯
20世纪 80年代至90年代末	丙烯酸盐、酸性水玻璃、高渗透性环氧（中化798）、超细水泥（CX型）、改性化学浆材、磨（超）细水泥浆材
20世纪90年代末至今	水泥基复合材料，改性化学注浆材料

(1) 现有注浆材料分类

目前注浆材料种类繁多，一般按浆液的状态、工艺性质、颗粒类型及主剂性质等进行分类。根据浆液状态，注浆材料可分为真溶液、悬浮液和乳化液；根据工艺性质，可分为单浆液和双浆液；根据浆液颗粒类型，可分为粒状浆液和化学浆液；而根据主剂性质，可分为无机系列、有机系列及通过有机物对无机材料改性而成的复合型新型注浆材料。按照浆液主剂性质分类叙述如下：

无机系列注浆材料包括单液水泥类浆液、水玻璃类浆液、水泥-水玻璃复合浆液、水泥-黏土浆液以及黏土固化浆液等。这些材料主要用于对土体和岩体的填充和加固。水泥类浆液具有良好的注入性能和稳定性,但凝结速度相对较慢;水玻璃类浆液则因其快速凝结特性,适用于需要快速加固的工程中。有机系列注浆材料包括环氧树脂类、聚氨酯类、丙烯酸盐类、木质素基类及沥青基类等。环氧树脂类材料具有优异的黏结性和耐化学腐蚀性,适合用于混凝土裂缝的修补与加固,但存在黏度大、流动性差及在低温下不易固化的缺点。聚氨酯类材料具有较强的膨胀性,能在水中快速固化,适用于水下或潮湿环境中的裂缝封堵,而丙烯酸盐类材料因其低黏度和快速固化特性,适用于裂隙密集或细微裂隙的注浆加固。其中,环氧类材料可以加入糠醛-丙酮稀释剂降低浆液浓度,加入胺类固化剂提高低温固化的效果,或加入亲水剂增加浆液的亲水能力,提高对潮湿或含水裂缝的黏结强度。高聚物改性注浆材料,其材料的主体是水泥,高聚物成分通过添加剂或双液的形式加入到水泥水化固结的反应过程中,该新型注浆材料具有无机注浆材料强度高、成本较为低廉、可注性好等优点,同时兼有有机材料固化速度快,水下不分散、结石体初期具有良好的塑性等优点。目前许多建筑用防水材料采用的聚合物水泥防水涂料就是其中具有代表性的一种新型防水材料。

(2) 常用的断层堵水加固材料

近年来,针对地下工程断层突水治理难题,人们研发了大量的新型注浆材料并投入工程应用。目前断层堵水加固注浆常用材料有以下几种:

① 硅酸盐水泥基注浆材料。硅酸盐水泥是最常用的注浆材料之一,具有良好的强度和耐久性。硅酸盐水泥基注浆材料通过水化反应形成坚固的结石体,能够有效地填充和加固断层破碎带,阻止地下水的渗透。

② 硫铝酸盐水泥基注浆材料。硫铝酸盐水泥基注浆材料具有早期强度高、凝结时间可调等特点。它能够在较短的时间内形成高强度的结石体,适用于需要快速封堵的断层突水工程。

③ 水泥-水玻璃双液注浆材料。水泥-水玻璃双液注浆材料结合了水泥和水玻璃的优点,具有高强度和良好的渗透性。这种注浆材料能够在地下工程中形成致密的防水层,有效地阻止地下水的渗透。

④ 各类水泥基改性注浆材料,包括水泥-粉煤灰材料、水泥-煤矸石材料、水泥-黏土材料等。

⑤ 有机高分子注浆材料。有机高分子注浆材料如聚氨酯、丙烯酰胺等,具有快速固化、高强度、耐化学腐蚀等特点。它们能够在地下工程中形成致密的防水层,适用于需要快速封堵和防渗的场合。然而,这些材料的价格相对较高,且

在使用过程中需要注意安全问题。

⑥ 复合注浆材料。复合注浆材料是将两种或多种注浆材料混合使用,以充分发挥各自的优势。例如,可以将硅酸盐水泥与聚氨酯等有机高分子材料混合使用,形成兼具高强度和良好渗透性的注浆材料。这种材料适用于复杂地质条件下的断层堵水加固工程。

1.2.3 开采扰动下多场监测及预警研究现状

在矿产资源的开采过程中,开采扰动会对矿区及其周边的地质环境、生态环境等产生显著影响,这些影响可能表现为地表沉降、岩层破坏、地下水污染、植被退化等多种形式。因此,对开采扰动进行多场监测及预警研究,对于保障矿区安全生产、保护周边生态环境、实现可持续发展具有重要意义。早在20世纪初国外就率先开展了突水预测的研究工作,我国在20世纪中期才引入苏联的斯列萨烈夫理论进行煤矿突水预测,起步相对较晚。随着煤矿突水灾害事故的日益严重,20世纪60年代我国学者在总结大量突水案例的基础上,提出了“突水系数”的概念,并推广到煤矿应用。20世纪70年代,中国煤炭科工集团煤炭科学研究总院有限公司西安研究院对突水系数公式进行了进一步完善,将矿压对底板的破坏作用考虑进去。随着非线性科学的迅速发展,20世纪80年代,突水预测与监测研究领域迎来了崭新的一页,包括统计学、神经网络、模糊数学以及GIS技术等先进方法得到广泛应用。20世纪80年代中后期,中国矿业大学在国内率先开展了基于GIS和多源信息复合叠加处理方法的矿井突水评价与预测研究,随后武强院士在此基础上提出了三图-双预测法等方法。随着遥感技术、地面监测设备和无人机等技术的进步,多场监测手段不断丰富。例如,地面监测可以实时获取开采区的地面沉降、地应力变化等数据,而遥感技术则可实现大范围的环境监测。开采扰动不仅影响地表,还会对地下水、气体及生态环境产生复杂影响。因此,越来越多的学者开始关注多场耦合模型的建立,通过数值模拟和实验方法,分析开采对不同场域的相互作用。同时,针对开采引发的地质灾害风险,各类预警系统逐渐完善。这些系统通常结合监测数据,采用机器学习和数据挖掘技术,实现对潜在风险的预测和预警,提高安全管理水平。目前应用较多的突水预测方法主要包括条件分析法和模型拟和法2种,前者侧重于定性分析,依据水文地质条件分析突水的可能性,后者则在不同程度上具有定量的特点,可预测整个区域存在的突水点。在突水水源识别与判别中,多元统计分析方法、模糊聚类分析方法、灰色系统理论等已应用于工程实践,并取得了良好的效果。

1.2.4 断层突水防治技术研究现状

针对地下工程断层水害的防治，美国学者最早提出了疏排降压法，该方法通过主动防护的方式，采用地面垂直钻孔，用潜水泵专门疏干含水层。为了配合疏干法，国外还配套生产了高扬程、大排水量、大功率的潜水泵。日本提出了在软土地层中采用气压法控制地下水而后用新奥法开挖隧道的方法，并在英吉利海峡隧道修建中得到了应用。德国学者波茨舒(F. H. Poetsch)在1883年首次将人工地层冻结技术应用于煤矿立井的地下水防治，通过冻结地层控制地下水的侵害，此后该技术逐渐在矿山得到广泛的应用。随着注浆技术的蓬勃发展，又出现了堵水截流法，通过注浆建立堵水帷幕，封堵导水通道，截断地下水源头，该方法已在地下工程突涌水治理中得到广泛应用。目前，针对断层突水灾害，相关防治技术大力发展，主要技术有：① 注浆加固技术。注浆加固是断层突水防治的重要手段之一，通过向断层破碎带注入水泥浆、化学浆等注浆材料，提高断层带的强度和隔水性能。研发适用于封堵关键突水通道的新型注浆材料，如高性能注浆材料、可控注浆材料等。② 疏水降压技术。通过探放老空水、对承压含水层进行疏水降压等措施，降低断层带的水压，减少突水风险。结合矿井排水系统，完善疏水降压方案，确保矿井安全生产。③ 防水煤(岩)柱留设技术。在断层带附近合理留设防水煤(岩)柱，以阻隔断层带与矿井工作面的水力联系。根据断层带的水文地质条件和开采条件，确定防水煤(岩)柱的宽度和高度。④ 综合立体探测技术。采用钻探、物探、化探等综合技术手段，查明断层带的水文地质条件、富水性、导水性等特征，为断层突水防治提供准确的地质依据和决策支持。《地下工程防水技术规范》(GB 5108)对地下工程的防水提出了总的治理原则，即“防、排、截、堵相结合，因地制宜、综合治理”。在《地下工程防水技术规范》(GB 5108)修订过程中又明确提出了“刚柔结合”的防水技术原则，从材料的角度考虑防水工程的需要，地下工程突涌水防治除了遵循总的防水治理原则外，还根据功能及行业的具体特点，建立了相应的防水要求及防水等级。

国内外学者根据矿井充水条件的多样性、复杂性等特点，以及采矿技术和设备条件，总结出一套从简单到复杂、从被动到主动的矿井水防治方法。这些方法归纳为抽排法、疏干降压法和堵水截流法3种。

(1) 抽排法

抽排法是在矿井中建立起可靠的排水系统，把涌入矿井的地下水，汇集于井底水仓，用水泵抽排至地表。通常，采用的排水方法有直接排水和接力排水2种。根据矿井涌水量大小、采掘深度和抽排水设备能力来确定排水方式。直接排水是指将井底水仓的地下水直接通过单级水泵系统排至地表，适用于矿井涌水量较小、采掘深度较浅的矿区。由于直接排水系统结构相对简单，维护方便，因此在浅层矿井中较为常用。接力排水适用于涌水量较大或采掘深度较深的矿井。其系统结构较为复杂，通常在不同深度设立多级水仓及水泵，通过多级水泵接力抽排的方式将水逐级提升至地表。接力排水系统不仅能有效应对大涌水量，还能克服单级水泵因水头过大导致的超负荷问题。这种防治水方法较简单，一般适用于水压和水量不大的矿井中，以及那些需要长期排水以维持生产的矿井。应用抽排法要具备下列 3 个条件：① 涌水量预计较准确。抽排法适用于那些涌水量相对稳定且可以准确估算的矿井，这有助于确保排水系统的设计和选型能够满足实际需求。② 矿井排水能力较强，井中设有大排量设备。矿井应具备较强的排水能力，以应对可能出现的突发情况，包括水泵的排水能力、排水管道的通畅性以及备用排水设备的准备等。③ 矿区水文地质条件和矿井充水条件简单。抽排法更适用于水文地质条件相对简单的矿区，在这些区域，矿井水的来源和流动规律相对清晰，有助于制定更有效的排水方案。抽排法的优点是：操作简单，易于实施；能够有效地将矿井内的积水排出，保障矿井的正常生产和安全；适用于多种类型的矿井，包括金属矿、煤矿等。但是其方法的使用需要投入一定的设备和人力成本；对于水压和水量较大的矿井，可能需要采用更复杂的排水系统和技术手段；在长期排水过程中，可能会对矿井周边的生态环境造成一定影响。因此，抽排法的使用有一定的局限性。常年的抽排水会产生高昂的费用。特别对于水源丰富、补给充足、地下水文地质条件极其复杂的断层水，抽排法的治理效果难以保证。

(2) 疏干降压法

疏干降压法是通过人工排水措施，将矿井开采直接破坏或影响的含水层(体)中的水进行疏放(抽、排)，以降低其地下水位至生产区域以下，或将其水压降低至某一安全值以下。当矿井条件满足含水层的水位较高，含水层的渗透性较好、能够通过排水措施有效地降低水位或水压，矿井的开采条件允许进行排水作业且排水成本相对较低等情况时，适用疏干降压法进行防治水。当断层水直接揭露或隔水层较薄时，往往采用这种防治水方法。根据含水层的富水性、导水性和埋藏条件，在井下可采用钻孔放水的方法，进行疏干降压；在地表通过大流量潜水泵将含水层中的水通过钻孔抽到地表，达到疏降目的。井下放水或地表抽排水都是使地下水位下降，让工作面处于水位之上或安全水压之下，工作时安全可靠。但这种方法需布置较多的机械设备，花费巨大的排水费用，它适用于有限补给能力的含水层治理，对动储量很大的断层水则不适用。

长期以来，疏干降压法作为矿区水害的防治措施之一，对改善矿井作业环境、保证生产安全起着十分重要的作用。但地下水也是一种存量有限、与其他环境要素关系密切的资源，单从保证安全生产角度出发，对矿井水长期无节制地疏干排放，会破坏地下水环境的原始状态，导致一系列严重的环境问题。由于矿井水的长期抽排，往往会造成区域地下水位的持续下降，含水层逐渐被疏干，水资源日趋枯竭，地表沉陷显著。如山东淄博矿区由于矿井长期排水，奥灰水下降了60～90 m，造成周围城区水源井枯干；在河北峰峰矿区，由于矿井水的长期疏排降压，已将鼓山两侧潜水层大面积疏干，造成居民饮水困难；湖南涟邵矿区的恩口煤矿，在不到10 km^2的井田内已有大小塌陷坑上万个；淮南的潘集矿区的地面沉降已对部分工业和民用建筑产生了不同程度的变形破坏。因此，在实施疏干降压法之前，需要进行充分的水文地质勘探和排水系统设计，以确保排水效果和安全性。在排水过程中，需要密切关注水泵的运行状态和水位变化，及时进行调整和优化。对排水效果进行实时监测和评估，以便及时发现问题并采取相应的措施进行解决。在长期排水过程中，需要关注对周边环境的影响，并采取相应的措施进行保护和治理。

(3) 堵水截流法

堵水截流是矿井防治水害的重要方法，主要利用自然或人造的相对隔水层，来分隔开煤层和含水体之间水力联系，达到矿井少排水、实现安全作业的目的。它分为地面防治(堵洞防漏)和井下防治(注浆截流)。地面防治主要通过堵洞防漏等措施实现，其施工相对方便，但费用较高；而井下防治则通过注浆截流等方法进行，尽管施工难度较大，但成本相对较低。在面对复杂的水文地质条件及较大的动水量时，许多矿井采用注浆截源和帷幕充填的方法进行治理。这一方法的实施包括在地面或井下布置注浆钻孔，并利用注浆泵将充填材料与水混合后注入钻孔，通过高压将浆液扩散至导水的岩石裂隙或岩溶中。该过程将断层内的裂隙和岩溶有效充填，从而堵塞导水通道，形成具有隔水功能的帷幕墙。注浆堵水技术在国内防治矿井水害方面的发展是从20世纪50年代初期煤矿井筒井壁注浆堵水开始的，进入20世纪60年代后期，注浆技术广泛应用于矿井水害治理中，并逐渐形成一种行之有效的矿井水害治理技术体系。该方法效果显著，通过构建隔水层或帷幕，能够有效阻断水源进入矿井，显著降低矿井水害的风险；成本相较于其他防治水害的方法更低，堵水截流法在井下施工难度虽大，但整体成本相对较低，有助于节约防治水害的费用；施工灵活，可以根据矿井的实际情况和地质条件，灵活选择地面或井下施工方式，以及注浆材料等，以适应不同的防治水害需求。但堵水截流法技术要求高，需要专业的技术和设备支持，如注浆泵、注浆管道等，对施工人员的专业技能要求较高；由于需要构建隔水层或帷幕，堵水截流法的施工周期相对较长，可能影响矿井的正常生产；对地质条件敏感，堵水截流法的效果受地质条件影响较大，如断层、裂隙等地质构造可能影响隔水层或帷幕的完整性,从而影响防治水害的效果。当矿井水量大且进水口狭窄时,堵水截流法能够发挥较好的效果,通过构建隔水层或帷幕,有效阻断水源进入矿井。此方法适用于地质条件相对稳定的矿井,如断层、裂隙等地质构造较少的区域。考虑到成本相对较低,且能够有效降低矿井水害的风险,因此在经济可行的前提下,堵水截流法是一种值得推广的矿井防治水害方法。而对于地质条件复杂的矿井,可能需要结合其他防治水害方法共同使用。综上所述,在矿山水害防治过程中,采用注浆堵水截流的治理方法,对保障矿井建设的施工安全,降低经济投入,保护生态环境方面具有重大优势。

1.3 目前研究存在的问题

基于以往学者在矿井断层突水机理及防治技术所进行的研究进行深入分析,虽然取得了较多研究成果,但对断层滞后突水机理的研究较少,研究较少考虑断层突水的时间效应对突水灾害的影响,而充填型原生不导水断层突水在突水形态上表现出显著的隐蔽性,在突水时间与空间上表现出显著的滞后性,严重威胁矿井安全,而对于断层滞后突水灾害缺乏灾变演化机理及灾害防控的系统研究。目前研究存在的问题具体概况如下:

(1) 以往研究针对的断层突水灾害大多为揭露型即时突水灾害,较少考虑断层突水的时间效应,而对于充填型原生不导水断层,突水灾害的发生往往在时间与空间上滞后于开采工作面,属于典型的断层滞后突水。

(2) 以往对断层突水灾害的研究往往从岩体结构损伤及矿压角度分析,较少考虑具有时间效应的地下水在关键突水通道的流态转化规律,缺乏可以描述该转化过程的流-固耦合模型。

(3) 以往对采动作用下多场信息演化规律的研究多集中在数值计算方面,缺乏深部岩体采动作用下断层滞后突水多场信息现场实测,导致已有的防突理论及预警判识方法不能够完全指导工程实践。

(4) 对于断层滞后突水灾害的治理缺乏适宜的注浆材料。由于突水区域滞后于开采工作面,导致井下不具备治理条件,只有采用地表深长钻孔区域注浆治理;同时,现有的注浆材料研发仅考虑材料性能,较少考虑注浆材料经济性,导致注浆经济性较差。

(5) 在断层滞后突水灾害防控方面,突水灾害需从预防与治理角度建立相应对策,目前缺乏综合考虑防突煤柱留设、注浆参数设计与精确注浆控制的系统研究。

1.4 主要研究内容、技术路线与创新点

1.4.1 主要研究内容

本书针对深部岩体在采动作用下矿井断层滞后突水灾害，对突水关键通道的地下水流态演化规律及时间效应进行了系统的研究，结合断层滞后突水灾害工程现场开展深部岩体多场信息检测与预警判识，并基于断层防突煤柱最小安全厚度留设方法及研发的新型注浆堵水材料开展突水灾害防控技术体系研究，主要研究内容如下：

(1) 断层滞后突水灾变特征及规律研究。不同的断层诱发的地质灾害形式往往不同，这与断层的结构特征、受力形式及充填介质密切相关。本文从断层结构特征、受力形式及充填介质角度分析不同断层可能诱发的灾害形式，进而得出诱发断层滞后突水灾害的断层类别。研究了深部开采断层滞后突水的灾变条件，分析了各灾变条件对断层滞后突水的影响机制，进而分析了原生不导水断层滞后突水灾变特征，为考虑时间效应的断层滞后突水机理提供基础。

(2) 采动作用下断层滞后突水机理研究。基于流-固耦合理论，建立断层渗透弱化力学模型。将断层弱化阶段分解为非饱和渗流阶段、低速稳定饱和渗流阶段以及快速饱和渗流阶段，分别通过理查德方程、达西定律以及布里克曼方程进行相应的描述；以典型断层滞后突水案例建立相应的有限元数值模型，分析断层滞后突水中关键突水通道地下水流态演化规律及突水时间效应。基于弹塑性理论，通过建立有限元模型，分析不同防突厚度对应的防突煤柱塑性区范围，最终确定断层滞后突水防突煤柱最佳防突厚度的计算方法。

(3) 断层滞后突水地质模型试验研究。针对断层滞后突水关键突水通道的形成机理及突水时间滞后性，开展采动作用下断层滞后突水的相似地质模型试验。建立突水地质模型试验平台系统，研发了新型流-固耦合相似材料，分析采动作用下断层介质位移场、应力场、渗流场演化规律，揭示断层滞后突水的关键通道形成机理。

(4) 深部岩体多场信息演化规律及突水预警判识研究。断层滞后突水具有显著的时间效应，在采动作用、地应力及承压水共同作用下，断层充填介质受到持续的渗流-弱化-损伤作用，进而使地下水流态发生转化，最终造成滞后突水灾害。本文通过分析断层滞后突水快速饱和渗流阶段多物理场演化规律，进而得出断层滞后突水监测预警判识准则。对断层滞后突水相邻工作面留设防突煤柱的同时，开展深部岩体断层滞后突水多物理场在线实时监测，探究留设断层防突

煤柱多物理场演化规律并对多物理场进行监测预警判识。

(5) 断层滞后突水灾害治理的新型注浆材料研究。断层滞后突水由于时间及空间的滞后性,突水区域不具备现场注浆封堵条件,采用从地面进行深孔注浆对突水关键通道进行区域封堵,注浆材料的适用性至关重要。本文基于无机复合原理,研究了新型材料体系中各组分对材料性能的影响,确定注浆材料的基本组分。通过配比实验分析各配比强度、泵送特性、流动度及流动时间、析水分层时间、抗渗性,结合 XRD 和 SEM 分析方法,研究了材料体系水化特征及微观形貌,最终通过对材料体系经济性分析,确定新型注浆材料体系的最佳组分配比。

(6) 断层滞后突水灾害防控关键技术研究。本文基于断层滞后突水机理及新型注浆材料的研究,依托王楼煤矿三采区 13301 滞后突水工作面及 13303 相邻开采工作面,提出断层滞后突水灾害防控与治理方法。在水害防控方面,基于岩体弹塑性理论,通过有限元计算方法得出防突煤柱最佳厚度,并根据 13303 工作面工程地质条件设计防突煤柱;在水害治理方面,针对 13301 断层滞后突水工作面,分析突水关键通道及地下水径流网络位置,并设计地面深长钻孔。提出适用于 CCFB 复合注浆材料的注浆参数设计方法,并开展 P·O 42.5 级硅酸盐水泥材料、水泥-粉煤灰材料及新型注浆材料现场对比试验,对比分析新型注浆材料的可注性。开展了地面深长钻孔注浆堵水治理,建立了断层滞后突水注浆堵水效果综合评价方法,为检验断层滞后突水灾害防控与治理方法的适用性与操作性奠定了试验基础。

1.4.2 技术路线

本文综合采用理论分析、数值模拟、模型试验与材料研发相结合的方法,系统研究了矿井断层滞后突水理论与治理技术,并结合工程实例对理论与注浆材料进行验证与完善。技术路线如图 1-2 所示。

1.4.3 创新点

在采动作用下矿井断层滞后突水理论与治理技术研究中,本书的创新点主要包括以下几个方面:

(1) 揭示了采动作用下断层滞后突水机理。基于流-固耦合理论,建立了断层弱化渗流力学模型,将断层滞后突水过程分解为非饱和渗流阶段、低速饱和渗流阶段及快速饱和渗流阶段,分别通过理查德方程、达西定律以及布里克曼方程进行相应的描述。借助多场耦合软件建立了有限元数值模型,模拟了断层岩体颗粒流失所引起的渗流通道扩展过程,得到了考虑断层滞后突水时间效应的突水关键通道地下水流态演化规律。

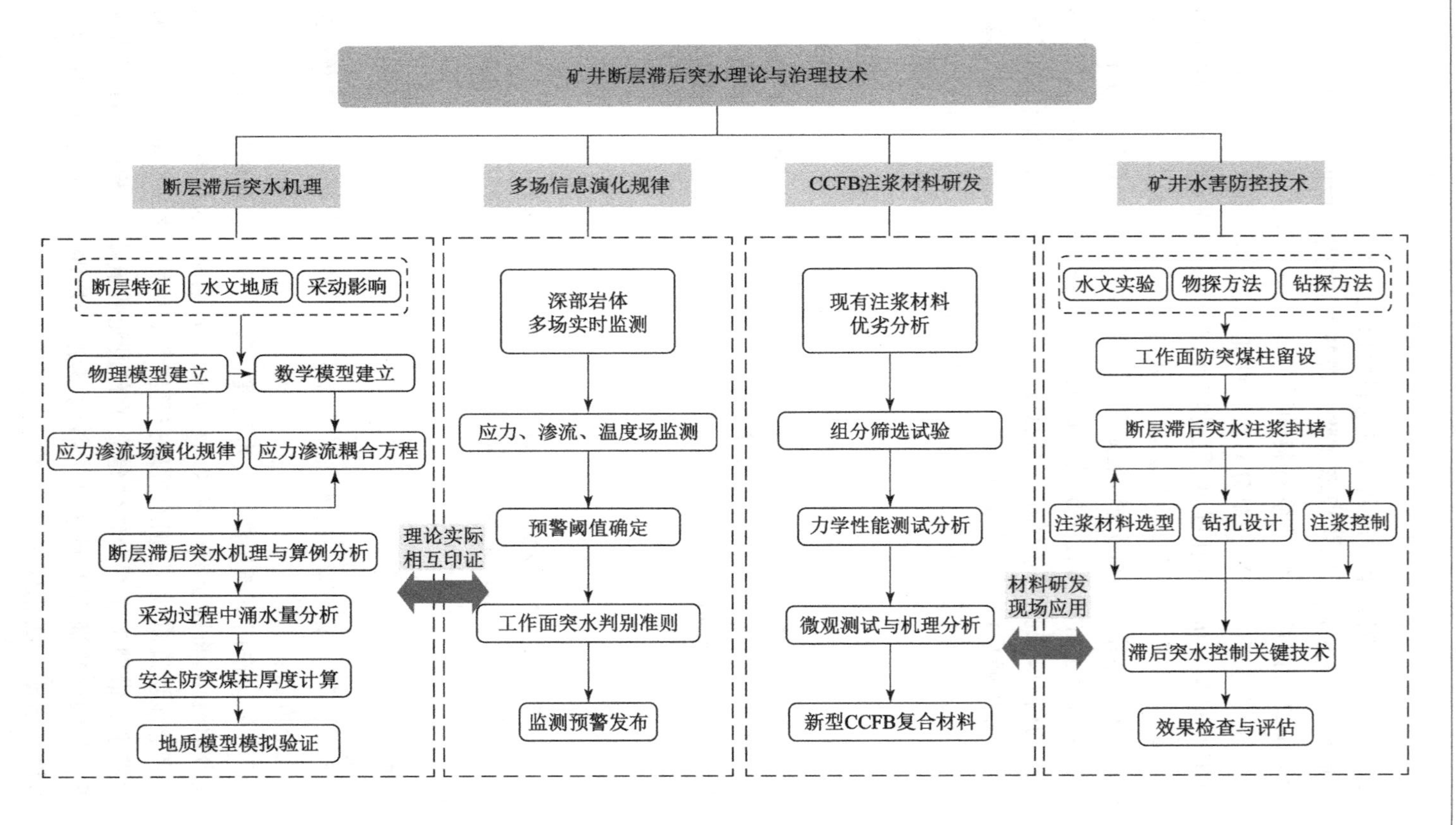
矿井断层滞后突水理论与治理技术
断层滞后突水机理
多场信息演化规律
CCFB注浆材料研发
矿井水害防控技术
断层特征
水文地质
采动影响
物理模型建立
数学模型建立
应力渗流场演化规律
应力渗流耦合方程
断层滞后突水机理与算例分析
采动过程中涌水量分析
安全防突煤柱厚度计算
地质模型模拟验证
理论实际
相互印证
深部岩体
多场实时监测
应力、渗流、温度场监测
预警阈值确定
工作面突水判别准则
监测预警发布
现有注浆材料
优劣分析
组分筛选试验
力学性能测试分析
微观测试与机理分析
新型CCFB复合材料
材料研发
现场应用
水文实验
物探方法
钻探方法
工作面防突煤柱留设
断层滞后突水注浆封堵
注浆材料选型
钻孔设计
注浆控制
滞后突水控制关键技术
效果检查与评估

图1-2　技术路线图

(2) 开展了断层滞后突水的地质模型试验，研制了新型流-固耦合相似材料及模型试验装置系统。以石英砂、滑石粉、碳酸钙、白水泥、石蜡、硅油、铁粉等为原料，研制了适用于流-固耦合模型试验的非亲水相似材料，建立了由试验台架、水压恒定加载系统和静力加载控制系统组成的地质模型试验装置系统。开展了采动作用下断层滞后突水物理模拟试验，分析了断层滞后突水过程中位移场、应力场及渗流场演化规律，进一步验证并揭示断层滞后突水的通道形成机理。

(3) 得到了断层滞后突水防突煤柱最小安全厚度计算方法。基于岩体弹塑性理论，得到防突煤柱发生塑性变形时的临界条件。结合滞后突水工程地质条件，建立防突煤柱有限元数值模型，通过分析断层滞后突水防突煤柱塑性区范围，确定防突煤柱最佳安全厚度。

(4) 开展了深部岩体在采动作用下多场信息的现场实时监测，得到了多场信息演化规律及断层滞后突水预警判识准则。分析了断层滞后突水快速饱和渗流阶段多物理场演化规律，得出基于温度场与渗压场的断层滞后突水监测预警判识准则；研发了单孔多物理场监测系统，实现了深部岩体单孔多物理场的实时监测，通过对断层滞后突水相邻工作面留设防突煤柱，开展深部岩体断层滞后突水多物理场在线实时监测，分析了留设断层防突煤柱多物理场演化规律，并在工作面开采过程中进行实时监测和预警判识。

(5) 研发了适用于断层滞后突水灾害治理的CCFB复合注浆材料。基于无机复合原理，研究了CCFB材料体系中各组分对材料性能的影响，确定CCFB复合注浆材料基本组分为P·O 42.5级硅酸盐水泥、粉煤灰、黏土及钠基膨润土。依据材料研发目标，确定了适用于断层滞后突水地表深长钻孔CCFB材料体系的组分配比。通过对各配比的抗压、抗折强度，初、终凝时间，流动度与流动时间，析水分层时间，抗渗性分析，得出各组分对材料体系可注性及堵水特性的影响。通过XRD和SEM分析方法，研究了材料体系水化特征及微观形貌，从微观角度分析了CCFB材料体系固化反应原理。结合材料体系经济性分析，确定CCFB材料体系的最佳组分配比为：水泥20%，粉煤灰68%，黏土10%，膨润土2%。

(6) 建立了断层滞后突水灾害防控关键技术体系。基于断层滞后突水机理及治理材料的研究，依托王楼煤矿三采区13301滞后突水工作面及13303相邻开采工作面，提出断层滞后突水灾害防控与治理方法。在水害防控方面，基于岩体弹塑性理论，通过有限元计算方法得出防突煤柱最佳厚度为46 m，并根据13303工作面工程地质条件设计防突煤柱；在水害治理方面，针对13301断层滞后突水工作面，分析突水关键通道及地下水径流网络，设计地面深长钻孔布置方式，针对侏罗系含水层及F21断层组滞后突水，开展地面启封3C-4钻孔及在该孔附近针对 F21 断层组设计 1# 地表注浆孔；针对济宁支断层地下水绕流，布置 2#、3C-5 地表注浆孔进行注浆治理。考虑浆液黏度、屈服切应力、静水压力共同影响，提出适用于 CCFB 复合注浆材料的注浆参数设计方法。开展 P·O 42.5 级硅酸盐水泥材料、水泥-粉煤灰材料及 CCFB 复合注浆材料现场对比试验，对比分析 CCFB 复合注浆材料的可注性，从微观结构角度分析初期、中期及后期注浆阶段浆液对被注地层节理裂隙的注浆堵水机理。开展了地面深长钻孔注浆堵水治理，建立了包括水位及涌水量注浆效果评价、注浆前后工作面瞬变电磁注浆效果评价及探水雷达注浆效果评价的断层滞后突水注浆堵水效果综合评价方法。

本文通过理论分析、模型试验、监测预警、材料研发相结合的方法，对矿井断层滞后突水灾害进行了系统的研究，取得了一些有益的结论。目前对于断层滞后突水灾害的预警判识准则尚缺乏普遍适用性。可通过搜集大量断层滞后突水灾害案例，总结滞后突水灾害特征及规律，提出适用于不同赋存特征、不同开采扰动、不同水文地质条件的突水预警判识准则，并通过软件开发实现采动过程中现场实时监测预警等方法进行改进。

第 2 章　断层滞后突水灾变特征及规律

断层突水灾害是矿山开采过程中最为严重的地质灾害类型之一，其形成与断层区域的长期地质作用密切相关。在断层带内，经过长期的地质构造运动，常常出现破裂、压碎和研磨等多种类型的断层岩及断层泥。当断层带的规模达到一定程度时，便形成具有一定宽度的断裂带，此时，断裂带附近的节理和裂隙也会变得较为发育，这为水的渗透与流动提供了有利条件。在安德森(E. M. Anderson)提出的地壳浅部脆性断层成因模式中，断层可根据地壳内部三个主应力的不同关系划分为正断层、逆断层和平移断层。不同类型的断层由于其成因、结构及力学特性存在显著差异，因此诱发的地质灾害也各不相同。例如，正断层通常与较强的垂直拉伸应力相关，而逆断层则与压缩应力相关，平移断层则是在水平方向的剪切应力作用下形成的。每种类型的断层在矿山开采过程中都可能对水文条件产生不同程度的影响，进而导致突水灾害的发生。本章分析不同断层可能诱发的地质灾害形式，分析断层突水的影响因素及灾变条件，进而得出断层滞后突水的灾变特征及破坏形式，为断层滞后突水机理奠定理论基础。

2.1　不同断层诱发的地质灾害形式

构成地壳的岩体在地应力作用下应力条件发生改变，当受到的应力超过其极限强度时，岩体内部便会出现微裂隙；在持续的应力作用下，这些裂隙不断发育、扩展、延伸，最后形成宏观的破裂面；当应力超过破裂面的摩擦力时，两盘岩层沿破裂面发生明显的相对滑动位移，最终形成断层带。断层带的形成、发育和演化过程大大改变了断层及其附近区域岩体的物质组成和结构特征，导致岩体强度降低、稳定性下降。断层种类依据形态和规模各异，依据地壳中三个主应力不同关系可将断层划分为正断层、逆断层及平移断层；按照断层破碎带介质不同可分为非充填型断层和充填型断层。不同类型的断层诱发的地质灾害类型往往不同，见表 2-1。

表 2-1　断层诱发地质灾害

断层分类	地质灾害		
	正断层	逆断层	平移断层
非充填型断层	局部掉块、坍塌、滑移	岩爆、冲击地压等矿压灾害	围岩变形失稳
充填型断层	渗透失稳、滞后突水灾害	塌方失稳、即时型突水灾害	围岩错动变形

正断层区域地应力以重力为主，煤矿开采过程中围岩稳定性受结构面控制。非充填型正断层发生局部掉块、整体垮落以及顺层滑移等类型的地质灾害；充填型正断层在采动作用下，在断层充填介质内伴生微孔隙、微裂隙，为地下水的运移创造了良好的地质条件，常发生突水及塌方地质灾害。逆断层区域内存在强烈的构造压应力，非充填型逆断层常发生岩爆、冲击地压等地质灾害；而对于充填型逆断层，其断层破碎带充填物多为压片岩、糜棱岩，其上盘岩体因强烈挤压形成宽大破碎带，开采过断层时往往引发持续塌方及即时型突水灾害。平移断层区域存在较大剪应力，断层面处发育糜棱岩等软弱夹层，断层面一般为较窄裂隙的闭合带，在非充填型断层中会出现围岩变形失稳，而充填型断层中常引发以岩体错动或变形为特征的地质灾害，如两盘岩体错位造成开挖断面变形，或岩层向洞内挤压破坏支护等地质灾害，在开采工作面单一的平移断层引发的突水灾害较少见。

对于充填型正断层，断层充填物为大量的断层泥，这是由于断层带岩石在构造应力强烈作用下研磨成为单个颗粒，岩屑一般不易分辨，仅含少量较大碎粒。对比分析原岩成分与断层泥成分，发现两者不尽相同，这说明断层泥的细粒化不仅有研磨作用，而且有压溶作用，使断层带充填体具有一定的自稳能力及强度（抗剪强度、抗渗性）。若存在地下含水层的丰沛补给，在开采扰动等外在因素影响下，开采过断层往往不会发生即时突水，而是在时间上与空间上滞后于开采工作面发生断层突水灾害，即典型的断层滞后突水，其灾害的强度和危害性将十分巨大。

2.2　断层突水影响因素

2.2.1　地质因素

在矿山地质灾害中，造成绝大多数事故（突水、塌方等）的主控因素是复杂的工程地质与水文地质环境。地质环境的复杂性主要体现在断裂构造地质特性、地层岩性等方面。

(1) 断裂构造地质特性

基于岩土工程需要，依据断层岩体的屈服形式及其与围岩强度差，断层被划分为韧性断层和脆性断层。韧性断层主要出现在高温高压的地质环境中(如变质岩中的韧性剪切带)，或存在于地壳深部，断层岩内部具有较大的黏聚力。脆性断层主要存在于温压条件较低的地壳浅层，并在最后构造运动期间丧失了黏聚力。

按照断层带内充填介质工程地质性质，脆性断层又可划分为不同类型，具体如下：① 未聚合脆性断层，具有充填介质少，两盘岩体保持相互错断状态的特征，一般发育在硬质岩中，揭露时时常发生突涌水；② 充填脆性断层，断层被后期矿化作用改造，断层带部分或全部空隙被充填和胶结，其剪切和抗拉强度低于围岩，隧道开挖揭露时常引发突涌水(泥)灾害；③ 愈合脆性断层，断层完全被后期矿化作用和重结晶作用改造，断岩的剪切强度和抗拉强度基本上与围岩一致或大于围岩的强度，揭露时断层岩较稳定，除少量塌方外，基本可安全通过。

正断层通常形成于地壳拉伸区域，断层带内可能发育张裂隙，透水性较强。逆断层则形成于地壳挤压区域，断层带可能较为致密，透水性相对较弱。但需要注意的是，逆断层在特定条件下(如采动影响)也可能发生突水。断层带内的充填物性质对断层突水具有重要影响。充填物疏松多孔、透水性强的断层更容易发生突水，例如，未聚合韧性断层和充填韧性断层在开采过程中可能引发即时突涌水灾害。断层的规模(如长度、宽度、深度)和形态(如直线型、弯曲型、分叉型等)也会影响其导水性和突水风险。规模较大、形态复杂的断层更容易形成地下水流动的良好通道。

(2) 断层破碎带岩性

岩石的强度和透水性是影响断层突水的重要因素。强度较低的岩石更容易受到采动影响而发生破裂，从而增加突水的风险。同时，透水性较强的岩石也更容易形成地下水流动的通道。断层破碎带是断层突水的主要通道之一，破碎带内裂隙发育、岩体破碎、强度降低，容易形成导水通道。此外，破碎带内充填物的性质也会影响其导水性。根据地层岩性，引发突水突泥灾害的断层破碎带一般划分为硬质岩脆性破碎带和软质岩破碎导水带。发育在石灰岩、砂岩等硬质岩中的断层，充填介质多以断层角砾岩为主，导水性强，富水围岩对断层进行持续补给，揭露后发生突涌水。而发育在泥页岩及其变质岩区，或软岩与硬岩互层区的断层，围岩抗风化能力差，风化产物中含有较多的黏土，具有显著的亲水性、膨胀性和崩解性；风化产物的强度较低，遇水即产生泥化和软化，水文地质条件各向异性特征显著。此类地层中的断层岩体破碎，总体以断层泥为主，含有较少的断层角砾岩，承压水及开挖扰动联合作用导致断层内部导水通道发育，引发突水灾害。

2.2.2 地下水因素

地下水在断层带中的含量直接影响断层突水的可能性，具体如下：① 当断层带中地下水含量丰富时，断层突水的风险显著增加，这是因为丰富的地下水为断层突水提供了充足的水源。地下水的补给来源多样，包括降雨、地表水渗透、地下水径流等，这些补给来源决定了断层带中地下水的动态变化。当补给充足时，断层带中的地下水含量增加，从而增加了断层突水的风险。② 地下水在断层带中积聚形成的压力是影响断层突水的重要因素。当地下水压力增大时，断层带中的岩石和土壤受到更大的压力，可能导致岩石破裂或土壤松动，从而增加断层突水的风险。③ 地下水的流动方向和速度也影响断层突水的发生。当地下水沿着断层带流动时，可能形成水力通道，使地下水更容易涌入矿井或地下工程。此外，地下水的流动还可能带动岩石颗粒的移动，进一步破坏断层带的稳定性。④ 地下水与断层带之间具有相互作用，断层带的透水性决定了地下水能否顺利穿过断层带。当断层带透水性较强时，地下水更容易沿着断层带流动和积聚，从而增加断层突水的风险。⑤ 断层带与含水层之间的水力联系也是影响断层突水的重要因素。当断层带与含水层相连通时，含水层中的地下水可能通过断层带涌入矿井或地下工程。⑥ 断层带还可能成为含水层之间水力联系的通道，使地下水在不同含水层之间流动和交换。当地下水压力增大时，可能促进断层带的活化，使原本不易突水的断层变得容易突水。⑦ 地下水中的化学物质可能对断层带中的岩石产生侵蚀作用，降低岩石的强度和稳定性。这种侵蚀作用可能使断层带更容易发生破裂和变形，从而增加断层突水的风险。

矿井突水类型主要包括地表水透水、老空区突水及含水层突水等，其中含水层是矿井开采过程中主要的突水水源，按其赋存空间可进一步分为孔隙水、裂隙水及岩溶水。孔隙水赋存于松散砂岩孔隙内，当开采煤体过断层带时，孔隙水作为突水水源经断层导水通道对开采工作面提供直接水力补给，从而引发突水灾害。裂隙水存在于围岩或煤层的裂隙中，在重大突水灾害中，裂隙水往往与其他水源形成水力联系，从而形成持续的水力补给。岩溶水是重大突水事故的主要水源之一，主要存在于包括石炭二叠纪煤系下部的奥灰含水层及徐灰含水层，这些含水层具有高承压、大流量、强富水的显著特征。

以上各类矿井突水是由断层作为导水通道引起的，地下水对断层突水的影响主要包括物理弱化效应和化学侵蚀效应。地下水对断层岩体的物理弱化效应主要体现在润滑、软化和泥化作用等方面。当地下水补充到断层岩体内部时，充填物颗粒通过表面吸着力将水分子吸附到其周围，颗粒之间的间距相对增大，胶结作用被弱化，导致断层岩体结构面间的摩擦力减小，岩体的抗剪强度降低，从而对岩体产生润滑作用。地下水渗入断层带岩体致使其充填物含水量增加，物理性状发生改变，岩体由固态向塑态甚至液态转化的弱化效应增强，断层带发生软化、泥化现象，造成岩体黏聚力和内摩擦角值大幅减小，力学性能发生退化。

地下水对断层岩体的化学侵蚀作用是一个重要的地质过程，主要通过离子交换、溶解和溶蚀等方式进行。这一过程首先涉及地下水中溶解的离子，特别是钙、镁、钠等可交换离子的存在。当地下水流经断层的充填介质时，这些可交换离子能够与岩体中原有的离子发生置换反应，进而导致岩体中离子组成发生变化。这一变化不仅改变了岩体的矿物结构，还可能引起其渗透性和力学特性的改变，影响整体的地质稳定性。侏罗系含水层中的地下水通常含有高浓度的溶解物质，这些物质在岩体与水的相互作用中，增强了地下水的化学侵蚀性。对于断层充填物中的石英颗粒和铁质成分，地下水的溶解作用和氧化作用尤为显著。这种化学作用能够导致矿物的降解和转化，进而影响岩体的物理特性，尤其是其强度和韧性方面。当岩体中存在可溶性矿物时，化学溶解和溶蚀作用的影响尤为明显。这些矿物在地下水的侵蚀下，逐渐被溶解，导致岩体的空隙度增加，提升了其渗透能力。这一现象不仅影响了地下水流动的路径，还可能引起地下水位的变化，对区域的水文地质条件产生深远影响。因此，对地下水化学侵蚀作用的研究，不仅有助于理解断层岩体的演化过程，还能为地下水资源的管理与保护提供科学依据。

2.2.3　工程因素

突水实例统计表明，矿山巷道掘进、工作面开采及施工均可诱发围岩失稳和突水等地质灾害，因此采掘扰动是影响煤矿地质灾害的主要工程因素，具体如下：① 采掘活动的强度的大小是导致断层突水的直接因素之一。高强度的采掘活动可能导致断层带的岩石受到更大的应力和破坏，从而增加断层活化和突水的可能性。② 采掘方法的选择也是导致断层突水的直接因素之一。不合理的采掘方法可能导致断层带的岩石受到不均匀的应力和破坏，进而引发断层突水。例如，采用爆破等强烈震动的方法可能使断层带中的岩石破裂，增加突水的风险。③ 采掘活动对断层带的扰动也是引发断层突水的重要因素。采掘扰动可能导致断层带中的岩石和土壤松动、破裂，进而形成导水通道。特别是对于充填型原生不导水断层，巷道掘进过断层可能不会引发突涌水灾害，但在工作面回采过断层后，受采掘扰动的影响，可能引发断层滞后突水。

工程设计与施工也是影响断层突水的重要因素。工程设计是预防断层突水的关键环节，合理的设计可以降低断层突水的风险。例如，通过合理的巷道布局和支护设计，可以减少对断层带的扰动和破坏；通过合理的排水系统设计，可以及时排除地下水，降低断层带中的水压。施工质量的好坏也是导致断层突水的直接因素之一。施工质量差可能导致巷道或地下工程的支护结构不稳定，容易受到断层带中岩石和土壤的挤压和破坏，从而增加断层突水的风险。施工温度也是影响断层突水的一个重要因素。施工温度的变化可能影响围岩的稳定性和地下水的流动状态。例如，在高温条件下，围岩可能发生热膨胀和软化，降低其强度和稳定性；同时，地下水的流动也可能受到温度的影响，从而改变断层带中的水压和流动状态。

工程监测与维护是及时发现和预防断层突水的重要手段。通过定期对巷道或地下工程进行监测，可以及时发现断层带的异常变化和突水征兆，从而采取相应的防治措施。工程维护也是预防断层突水的重要环节，定期对巷道或地下工程进行维护和修复，可以保持其稳定性和完整性，减少断层突水的风险。例如，及时对支护结构进行加固和修复，可以防止其受到断层带中岩石和土壤的挤压和破坏。

对于充填型原生不导水断层，巷道掘进过断层不会引发突涌水灾害，而是在工作面回采过断层后引发断层滞后突水。因此，对于断层滞后突水灾害工作面开采扰动是诱发断层滞后突水的主要工程因素。

2.3 断层滞后突水灾变条件

随着矿产资源的开采强度不断提高和开采深度的增加，矿井深部的岩体断层滞后突水灾害频率显著上升。此类突水现象的发生主要受三大因素的控制：导水通道的渗透性弱化、地下水的赋存特征及采动作用的影响。首先，断层作为重要的滞后突水灾害导水通道，其性质、结构特征及应力状态直接关系到突水发生的可能性。断层带的岩性组合及其构造特征为突水灾害提供了必要的地质基础，影响了水流的动向和流量。其次，地下水的赋存特征对断层介质的渗透弱化及其渗流特性具有重要影响。具体而言，地下水的流动性、化学成分以及其在断层带的分布状态，都会在一定程度上改变断层的渗透能力，进而影响突水的风险。此外，采动作用会引起断层整体结构及其应力场的变化，促使断层带内部的微孔隙和微裂隙的形成。这种微观结构的变化，结合地下水的流动和地应力的共同作用，最终导致了断层滞后突水灾害的发生。

2.3.1　导水通道灾变条件

断层作为导水通道引发突水灾害通常由两种形式组成：① 断层为非充填型断层或内部充填介质为压片岩、糜棱岩等的断层，断层破碎带为富水或导水通道，当掘进巷道或开采工作面揭露断层时引发即时断层突水灾害；② 充填型断层为非导水断层时，在采动作用下断层上下两盘发生错动滑移，引发断层滞后突水灾害。

易引发断层滞后突水灾变条件一般为充填型原生不导水断层。原生不导水断层内部充填物以泥质胶结物为主，属于不透水断层，通过钻探、物探及化探方法均显示为不导水构造，工作面巷道掘进揭露断层时由于掘进扰动较小，断层仍表现为不导水断层，但在工作面开采扰动影响下，不仅引发断层整体结构及应力场发生变化，还可能导致断层带充填介质微孔隙、微裂隙萌生，断层充填介质隔水性能削弱，这些微孔隙和微裂隙在地下水和地应力的共同作用下逐渐形成导水裂隙通道直至引发突水。由于这类断层较为隐蔽，难以完全查明，故其危险性最大。断层滞后突水灾变条件中的导水通道灾变是多种因素综合作用的结果。其中，断层本身的性质、结构变化以及与周围环境的相互作用是核心因素。当这些因素相互叠加并达到一定程度时，就可能引发断层滞后突水灾害。

2.3.2　地下水赋存灾变条件

断层滞后突水是由于断层作为导水通道，连接富水含水层与采空区而引发的。这种突水现象的发生与地下水的赋存特征密切相关，这些特征包括含水层的孔隙性、连通性以及水理性等。孔隙性决定了水在含水层内的贮存能力，连通性则影响水的流动路径，而水理性则与水的流动性质和行为密切相关。在地下水与断层的相互作用机制中，承压含水层的存在是一个重要因素。当承压含水层内的水通过断层渗入采空区时，会促使断层内的孔隙水和裂隙水从非饱和状态转变为饱和状态，这一过程易导致岩体的劈裂和破坏。而高水压的存在不仅会增加水在断层内的流动速率，还会加剧岩体的应力集中，从而提高突水的风险。因此，高承压含水层通常被视为引发断层滞后突水的重要地质灾变条件。

高承压含水层内的水通过渗透及水化作用进入断层的空隙，进而产生空隙斥力。这种斥力所集聚的能量可以被视为水化能或吸附能，这些能量的变化会对断层的稳定性产生重要影响。当空隙斥力超过断层泥质胶结的黏结力时，断层内部的空隙间距会增大，同时，断层泥质充填物也会发生明显的水化膨胀反应。这种水化膨胀的反应，结合了断层泥质胶结充填物在表面水化膨胀力与承压水压力的联合作用，对工作面采空区上方的充填型原生不导水断层中的断盘产生了一定的浮力作用。这种浮力作用导致断层泥质胶结物在断层面上的有效应力降低，从而促使断盘向采空区移动。随着这种移动，断层面将发生进一步张开，最终引发断层滞后突水灾害。

孔隙水和裂隙水是地下水的两种主要类型。在断层附近，这些地下水可能通过断层裂隙进入采空区，形成突水灾害。特别是当断层内部存在微孔隙和微裂隙时，这些微小的通道可能成为地下水运移的通道，经过发育，这些通道逐渐扩展并连通形成更大的导水通道。含水层承压水的水压力也是影响断层稳定性的重要因素。当水压力足够大时，它可能直接作用于断层带，导致断层带产生非同步受力及变形。这种变形进一步弱化断层充填介质的渗透性能，促进微观过水通道的形成和扩展。断层滞后突水灾变条件中的地下水赋存灾变条件是多种因素共同作用的结果。其中，承压含水层的存在、孔隙水与裂隙水的分布、水化作用与空隙斥力的产生以及水压力的作用都是关键因素。这些因素相互叠加并达到一定程度时，就可能引发断层滞后突水灾害。

2.3.3 工作面采动作用影响

工作面开采过程中，当工作面开采跨度达到断层失稳临界力时，断层易发生滞后突水灾变。断层破碎带的稳定性与采掘过程中临空面的跨度正相关，跨度越大断层失稳临界力越小，断层越容易发生失稳破坏。工作面开采临空面跨度大于巷道掘进临空面跨度，更易引发断层失稳，进而引发突水灾害。同时，断层破碎带的稳定性与断层介质成正相关，弹性模量越小，失稳临界力越小。当断层充填介质弹性模量小于周围地层弹性模量时，相较于周围地层，断层破碎带易发生失稳破坏。

工作面采动作用还会诱发断层活化，这是导致断层滞后突水的重要原因之一。采动诱发断层活化的力学效应包括断层带充填介质微孔隙、微裂隙萌生，以及断层上下两盘可能发生错动滑移等。这些效应都会导致断层充填介质的隔水性能削弱，逐渐在综合地应力、水压作用下形成导水裂隙通道。当这些通道与富水含水层连通时，就可能引发突水灾害。开采工作面巷道掘进过程中，断层破碎带未达到失稳临界力，因此充填型原生不导水断层仍表现出非导水特性，工作面开采过断层时，断层破碎带达到失稳临界力，断层发生失稳破坏，断层泥质胶结充填介质由非饱和渗流向饱和渗流转化，并最终引发滞后突水灾害。此外，工作面采动作用还会对围岩产生长期蠕变效应。在长期蠕变作用下，断层内部的微孔隙和微裂隙可能逐渐扩展并连通，形成更大的导水通道。这些通道在地下水的作用下可能进一步扩展和连通，最终引发断层滞后突水灾害。

综上所述，工作面采动作用对断层滞后突水灾变条件的影响是多方面的，包括开采跨度、断层介质性质、采动诱发断层活化的力学效应以及长期蠕变效应等。为了有效防控断层滞后突水灾害，需要综合考虑这些因素，并采取相应的防控措施，例如，可以通过加强地质勘探和监测、优化采矿设计方案、提高支护结构强度等措施来降低突水灾害的风险。同时，对于已经存在的断层滞后突水隐患，需要采取针对性的治理措施，如注浆加固、疏放水等，以确保矿山安全生产。

2.4　断层滞后突水灾变特征

2.4.1　断层滞后突水隐蔽性特征

断层在原生状态下可能为非导水断层，其内部充填介质以泥质胶结物为主，属于不透水断层。这种断层在未被扰动前，往往不具备导水性，因此难以通过常规的钻探、物探、化探等方法探测到其内部的含水情况。断层滞后突水往往发生在断层活化之后。断层活化是一个复杂的过程，涉及断层内部充填介质的松动、微孔隙与微裂隙的萌生及连通等多个阶段。这些过程在初期往往难以被察觉，因此断层滞后突水的隐蔽性特征在很大程度上源于断层活化过程的隐蔽性。地下水与断层之间的相互作用也是导致断层滞后突水隐蔽性特征的重要因素。地下水在断层附近可能通过渗透及水化作用进入断层空隙，产生空隙斥力，进一步影响断层的稳定性。这一过程难以直接观测和量化，增加了断层滞后突水灾害的隐蔽性。断层滞后突水灾害在发生前往往没有明显的征兆。巷道或工作面在揭露断层后，可能并不会立即突水，而是在长时间的矿压作用下，断层带逐渐活化并发生相对移动，断层带加宽，裂隙加深，与含水层导水裂隙沟通后，才发生滞后突水。这种滞后性使得断层滞后突水灾害的预测和防范变得尤为困难。由于断层滞后突水灾害的隐蔽性特征，其突水时间和地点往往难以准确预测。这使得生产作业过程中需要时刻保持警惕，并采取有效的防范措施来降低突水灾害的风险。

原生不导水断层的活化引发突水现象，主要源于其固有的无水和不导水特性。这类断层的隐蔽性特征使得其在突发水灾发生时，往往带来突发性的地质灾害，对施工人员及设备的安全造成直接威胁。断层的形成显著改变了岩体的力学性质，导致其强度指标和变形模量显著降低，例如，断层的激活可能引起岩体的剪切破坏，进而导致更大范围的位移和变形。此外，断层的存在同样影响着岩体的渗透性质，断层带的渗透性通常高于周围岩体，使地下水流动发生重新分布，从而可能引发更大范围的水害。在断层激活的过程中，断层中的水与岩体之间发生物理及化学作用，如引起矿物的溶解与沉淀，从而改变岩体的物理化学特性。此外，断层内水压将导致岩体应力分布的重新调整，而应力的变化又会影响岩体内部孔隙的状态，进一步导致地下水流量和水压力的改变。相关研究表明，随着水压的增加，岩体的孔隙可能发生液化，进而降低岩体的稳定性。因此，断层中的水与岩体之间的相互作用在力学形态和作用过程上是复杂而动态的。

在原始地质条件下，断层与含水层直接沟通，引发导水断层的突水事故比例较小；当原始地质条件下的非导水断层，在开采扰动影响下发生突水，即断层的活化，即使开采前采取了超前探水措施，确已摸清断层导水性，仍不能避免这类突水事故的发生。

为了降低断层滞后突水灾害的风险，需要加强地质勘探和监测工作。通过详细的地质勘探，可以了解断层的位置、性质、规模以及周围地层的岩性、水文地质条件等信息。同时，通过实时监测断层附近的地下水动态和地应力变化，可以及时发现断层活化的迹象，为采取防范措施提供依据。在采矿设计过程中，需要充分考虑断层滞后突水灾害的隐蔽性特征。通过优化采矿设计方案，如合理布置巷道和工作面的位置、调整开采顺序和速度等，可以降低对断层的扰动程度，从而减少断层活化的可能性。加强巷道和工作面的支护结构强度也是防范断层滞后突水灾害的有效措施之一。通过提高支护结构的承载能力和稳定性，可以抵御断层活化过程中产生的地应力和水压力作用，从而降低突水灾害的风险。尽管断层滞后突水灾害具有隐蔽性特征，但通过建立应急预案和救援体系，可以在灾害发生时迅速响应并采取相应的救援措施。这有助于减少灾害对人员和设备的损失，并保障矿山安全生产。

2.4.2 断层滞后突水滞后性特征

断层滞后突水灾变特征中的滞后性特征是关键且复杂的，它涉及断层活化、地下水渗流以及采矿活动等多个方面的相互作用。断层滞后突水往往不是突然发生的，而是经过了一个渐进的活化过程。在采矿活动的影响下，断层内部的充填介质逐渐松动，微孔隙和微裂隙逐渐萌生并连通，形成导水通道。这个过程是缓慢的，并且可能持续很长时间，因此导致了突水的滞后性。地下水在断层附近的渗流作用也是导致突水灾变滞后的重要因素。地下水通过断层内部的微小通道逐渐渗透，并在断层带内积聚。随着渗流作用的持续进行，断层带内的水压逐渐升高，当水压达到一定程度时，就会引发突水灾害。这个累积过程也是导致滞后性的原因之一。采矿活动对断层的扰动也是导致突水灾变滞后的关键因素。在采矿过程中，巷道和工作面的掘进会对断层产生扰动，导致断层内部的应力状态发生变化。这种扰动长时间作用使应力重新分布，并且逐渐累积，最终导致断层的活化和突水灾害的发生。断层滞后突水在发生前往往没有明显的征兆，巷道或工作面在揭露断层后，可能并不会立即突水，而是在长时间的采矿活动扰动下，断层逐渐活化并达到失稳临界力时，才会发生突水灾害。这种滞后性使得突水灾害的预测和防范变得尤为困难。由于滞后性特征的存在，断层滞后突水的时间和地点往往难以准确预测。这使得开采过程中人们需要时刻保持警惕，并采取有效的防范措施来降低突水灾害的风险。尽管断层滞后突水在发生前没有明显的征兆，但一旦突水发生，其灾害往往是突发性的。突水灾害可能迅速蔓延并造成严重后果，如淹没巷道、损坏设备、危及人员安全等。

因此，在时间上要考虑开采扰动对断层渗透弱化的影响，同时，由于断层突水区域为采空区，还要特别考虑断层突水治理技术的问题，若处理不好突水问题，则会造成财产损失和人员伤亡。因此，正确认识和分析开采扰动过程中原生不导水断层活化和突水的力学机理，采取有效手段，确保安全生产，这不仅关系到地下工程的建设安全和经济效益，还关系到煤炭资源回收和矿区水资源保护，也关系到煤炭工业的可持续发展。

2.4.3　断层滞后突水强危害性特征

断层滞后突水现象与一般构造型突水灾害不同，其主要特征为隐蔽性和滞后性。具体而言，断层滞后突水往往在开采工作面正常生产作业期间突然发生，这使得现场施工人员及设备面临极大的安全威胁。由于其突发性，施工人员可能在未做好充分准备的情况下遭遇突水，进而造成严重的生命危险及财产损失。此外，断层作为连接开采工作面与富水含水层的重要导水通道，往往引发大型或特大型的突水灾害。这类突水事件通常伴随着较高的水压和巨大的水量，极大地挑战矿井的排水能力，为矿井运营带来沉重的经济负担。突水强度的增加不仅可能导致排水系统的超负荷运转，还会在长时间内增加维护和修复的成本。同时，断层滞后突水通常发生在开采工作面采空区内，因此在空间上滞后于实际的开采工作面。这种特性使得井下注浆钻孔设计变得极为复杂，使滞后突水的治理成为了一项艰巨的技术难题。由于传统的治理方法难以适用于这种特定的环境，亟需针对断层滞后突水特性进行新技术和新方法的研究与开发。

断层滞后突水灾害发生时，工作面一般处于正常生产作业的情况。突水灾害的突然发生会对现场施工人员构成严重威胁，可能导致人员伤亡和设备损坏。突水灾害不仅会导致生产中断，还会带来沉重的排水经济负担。为了应对突水灾害，矿井需要投入大量的人力、物力和财力进行排水和抢险救援工作，这将对矿井的经济效益产生严重影响。断层滞后突水还可能导致地下水资源的破坏。突水灾害会改变地下水的渗流通道和流向，对地下水的补给、径流和排泄过程产生干扰，进而影响地下水资源的可持续利用。断层滞后突水还可能引发地面沉降、水土流失和环境污染等环境问题。突水灾害会导致地表土壤失去依托，引发地面沉降；同时，突水过程中携带的泥沙和污染物可能对地下水体和地表水体造成污染。

综上所述，断层滞后突水具有较强的危害性特征，如何有效地预防与控制原生不导水断层滞后突水对矿井安全至关重要。

2.5 本章小结

(1) 从断层的力学性质及充填介质类型角度，分析了不同类型断层可能诱发的地质灾害，进而得出引发断层滞后突水的地质构造特征及地质灾害形式。阐述了断层突水的受影响因素，包括地质因素、地下水因素及工程因素，分析了各影响因素对断层突水的作用机理。

(2) 研究了深部开采断层滞后突水的灾变条件，包括导水通道灾变条件、地下水赋存灾变条件及工作面采动作用影响，分析了各灾变条件对断层滞后突水的影响机制，为断层滞后突水机理研究奠定了基础。

(3) 分析了原生不导水断层滞后突水灾变特征，包括隐蔽性特征、滞后性特征及强危害性特征，为考虑时间效应的断层滞后突水机理提供了理论基础。

第 3 章　采动作用下断层滞后突水机理

在断层滞后突水灾害发生的过程中，断层充填介质的饱和度及地下水流态随着时间不断发生变化。本章以典型的深部岩体断层滞后型突水为地质力学模型，分析突水过程流态演化规律。基于流-固耦合理论，将断层弱化阶段分解为非饱和渗流阶段、低速稳定饱和渗流阶段以及快速饱和渗流阶段，分别通过理查德方程、达西定律以及布林克曼方程进行相应的描述；以典型断层滞后突水案例建立相应的有限元模型，并基于断层滞后突水的时间效应分析突水流态演化规律。将弹塑性理论引入到断层防突煤柱最小安全厚度的计算中，通过建立有限元模型分析不同防突厚度对应的防突煤柱塑性区范围，最终确定开采工作面防突煤柱最佳厚度。

3.1　断层滞后突水灾变演化过程

采动作用下断层两盘产生大量裂隙，断层渗透弱化引发突水取决于断层渗透系数的大小，主要影响因素包括：① 断层带内有效裂隙的张开度；② 断层带内有效裂隙的连续性；③ 断层内充填介质隔水性质。煤层开采过断层时断层滞后突水灾变演化过程可划分为 3 个阶段，如图 3-1 所示。

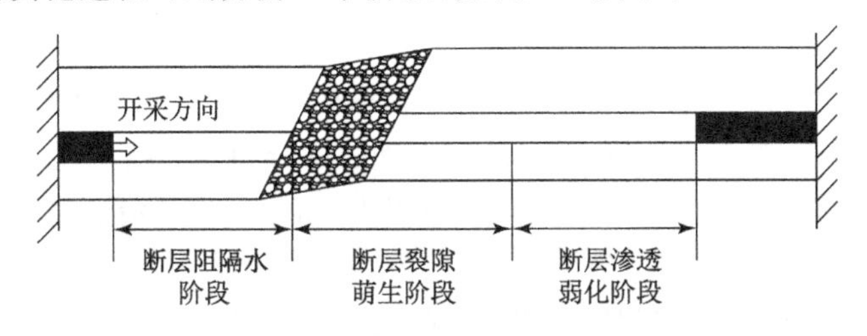

图 3-1　断层滞后突水灾变演化过程阶段划分

3.1.1　断层阻隔水阶段

断层阻隔水阶段是指，在煤层或其他地下资源开采初期，断层内部充填介质对断层性质产生显著影响，使得断层在此时期表现出明显的隔水特性，不具备导水性。这一阶段是断层滞后突水灾变演化过程中的起始阶段，也是预防和控制突水灾害的关键时期，它决定了断层在开采活动初期是否具备导水性。

在煤层开采前断层充填介质为致密充填结构，表现出较明显的隔水性，断层不含水且不具备导水性。煤层开采至断层初始阶段，断层两盘受力以压应力、剪应力为主，断层带内节理裂隙不发育，断层不具有透水性能，这种结构使得断层在受到开采活动扰动之前，能够有效地阻隔地下水的流动。

裂隙的张开度是影响断层阻隔水性能的重要因素。在断层阻隔水阶段，由于断层带内有效裂隙的张开度较小，地下水难以通过裂隙渗透进入断层内部。裂隙的连续性也是影响断层阻隔水性能的关键因素。在断层阻隔水阶段，断层带内有效裂隙的连续性较差，使得地下水无法形成连续的渗流通道。在断层阻隔水阶段，致密的充填介质使得断层能够有效地阻隔地下水的流动，因此，充填介质的隔水性质对断层阻隔水性能具有决定性影响。

了解断层阻隔水阶段的特征和影响因素，有助于在开采活动初期对断层进行准确的评估和预测，从而采取有效的预防措施，避免突水灾害的发生。通过对断层阻隔水阶段特征的深入了解，可以制定合理的开采方案，避免对断层造成过大的扰动，从而确保开采活动的安全进行。在断层阻隔水阶段，可以根据断层的隔水性能，优化排水系统的设计，确保在开采过程中能够有效地排除地下水，降低突水的风险。

3.1.2 断层裂隙萌生阶段

在地下水及开采扰动共同作用下，少量的地下水通过断层进入煤层顶板临空面，形成了一定量的涌水，此为断层滞后突水的第二阶段，即断层裂隙萌生阶段。

当工作面开采过断层时，断层致密充填结构受卸荷作用发生松动，内部萌生微孔隙与微裂隙，在持续的应力作用下，这些裂隙不断发育、扩展、延伸，最后形成宏观的破裂面；当应力超过破裂面的摩擦力时，两盘岩层沿破裂面发生明显的相对滑动位移。微孔隙与微裂隙的形成、发育和演化过程大大改变了断层及其附近区域岩体的物质组成和结构特征，在这一过程中岩体强度降低、稳定性降低。究其根本，断层滞后突水灾害的发生与断层的性质、结构特征及其应力状态密不可分，断层岩体的岩性和结构特征为断层滞后突水灾害的发生提供了基础。断层裂隙萌生阶段是一个至关重要的环节，它标志着断层从阻隔水状态向潜在突水状态的转变。

在断层裂隙萌生阶段，由于开采活动的扰动，断层内部的充填结构开始发生松动。这种松动使得原本致密的充填物之间产生了微小的空隙，为微孔隙和微裂隙的萌生提供了条件。这些微孔隙和微裂隙在初始阶段可能并不连续，但随着应力的持续作用，它们会逐渐发育、扩展并连通。在断层裂隙萌生阶段，断层带内的应力状态发生了变化。由于开采活动的进行，断层两盘之间的压剪作用逐渐减弱，而拉伸和剪切作用逐渐增强。这种应力状态的变化促进了微孔隙和微裂隙的萌生和扩展。开采活动对断层的扰动是断层裂隙萌生阶段的主要影响因素。开采过程中因爆破产生的振动会对断层内部的充填结构和应力状态产生显著影响。断层的性质，如断层的类型、走向、倾角等，也会影响断层裂隙的萌生和扩展。不同性质的断层在受到相同开采扰动时，其裂隙萌生的速度和规模可能会有所不同。地下水渗流对断层裂隙的萌生和扩展也具有一定的影响。渗流作用会冲刷和运移断层内部的充填介质，使得微孔隙和微裂隙更容易扩展和连通。

了解断层裂隙萌生阶段的特征和影响因素，有助于在开采活动过程中及时发现断层裂隙的萌生情况，从而采取有效的预警措施，避免突水灾害的发生。根据断层裂隙萌生阶段的特征，可以制定合理的开采方案，避免对断层造成过大的扰动，从而确保开采活动的安全进行。在断层裂隙萌生阶段，可以根据裂隙的发育情况，优化防治水措施的设计和实施，如加强排水系统的建设、提高防水墙的强度等，以降低突水的风险。

3.1.3　断层渗透弱化阶段

断层渗透弱化阶段是指，在开采活动的影响下，断层内部的充填结构、裂隙等发生显著变化，导致断层渗透性逐渐减弱，进而可能引发突水灾害的阶段。此阶段中，断层内部的微观结构变化与地下水运移的相互作用成为主导因素。在开采扰动裂隙萌生后，渗流诱发破碎岩体裂（孔）隙增大、扩展，并对充填介质进行冲刷运移，从而使初始渗水通道扩展演化形成贯穿、连续的过水通道，由于流-固耦合效应，断层岩体结构的渗透性持续增加，导致经由断层导水通道进入煤层开采工作面的涌水量不断增大，最终形成滞后型突水灾害。断层渗透弱化阶段是一个关键且复杂的环节，它涉及断层内部结构的蠕变过程以及地下水运移规律的动态变化。

在断层渗透弱化阶段，断层内部的裂隙系统开始发生明显变化。原有的微孔隙和微裂隙在持续应力作用下逐渐扩展、连通，形成更为宏观的破裂面。这些破裂面的形成使得断层内部的渗透通道更加复杂，渗透性逐渐增强。然而，随着裂隙的进一步发育，断层内部的充填介质可能被冲刷、运移，原有的致密充填结构可能因应力作用而松动、破碎，形成更多的渗透通道，断层内的水经由渗透通道流失，导致断层渗透性逐渐减弱。同时，地下水对充填介质的冲刷作用也可能导致充填介质被逐渐运移、流失，从而进一步降低断层的渗透性。

在断层渗透弱化阶段，地下水运移规律也发生显著调整。由于断层内部裂隙的变化和充填介质的流失，地下水在断层内部的流动路径变得更加复杂。同时，地下水对断层内部结构的冲刷作用会导致新的渗透通道的形成，渗透压力随之变化，进一步影响地下水的运移规律。开采活动产生的扰动贯穿于断层裂隙萌生阶段和断层渗透弱化阶段，同样是导致断层渗透弱化阶段发生的主要因素之一。受开采过程中振动的影响，地下水压力发生变化，都会对断层内部结构产生显著影响，从而导致裂隙系统的变化和充填介质的流失。断层的性质，如断层的类型、走向、倾角等，也会影响断层渗透弱化阶段的进行，如不同性质的断层在受到相同开采扰动时，其渗透弱化的速度和程度可能会有所不同。

3.2 断层滞后突水流-固耦合力学模型

3.2.1 基于流-固耦合的煤层开采力学模型

在煤层开采过程中，由于开采活动的扰动，断层内部的充填结构、裂隙系统等会发生显著变化，进而影响地下水的运移规律。同时，地下水对断层内部结构的冲刷作用也可能导致新的渗透通道的形成，从而引发突水灾害。因此，建立基于流-固耦合的煤层开采力学模型，对于研究断层滞后突水机理、预警突水灾害以及指导制定开采方案具有重要意义。

大多数断层并非以单一破裂面的形式存在，而是以宽度不一的断裂带形式展现。在断层的形成过程中，靠近破裂面的岩石经历了碎裂、研磨及胶结等多重作用，最终形成了破碎带。此外，破碎带围岩由于受到应力集中作用的影响，通常会产生大量的裂缝，这些裂缝汇聚形成裂缝密集带。这些破碎带和裂缝密集带结构的复杂性在很大程度上影响了岩体的力学性质及流体渗透特性。

在煤层开采过程中，采空区围岩的应力场与渗流场之间的相互作用显得尤为重要。煤层采空区的形成不仅改变了原有的地应力场，同时也为地下水提供了有效的运移通道。随着煤层围岩发生应力重分布，应力的变化导致围岩（包括断层）的体积发生变化。这种体积的变化引起了围岩孔隙率、渗透率等参数的变化，从而影响了渗流场的特性。同时，渗流场中孔隙水压力场的变化又引发了岩体有效应力的变化，最终引起围岩（包括断层）应力场与位移场的相应改变。因此，在研究煤层开采扰动过程对断层渗透性能影响时，应充分考虑围岩应力场与渗流场之间的耦合作用机制，这对于预测突水风险及优化采矿设计具有重要意义。

为简化分析，将围岩及断层均视为均质、各向同性的弹性多孔介质。地下水在围岩中的渗流运动通过达西定律描述；岩体的应力与变形通过经典弹性力学理论描述；根据有效应力原理，水压力与岩体有效应力之和为岩体总应力。

(1) 渗流基本方程

渗流连续性方程为：

$$\nabla \cdot (\rho v)=\frac{\partial(\rho\varphi)}{\partial t} \tag{3-1}$$

达西定律运动方程为：

$$v=\frac{k}{\mu}\nabla p \tag{3-2}$$

考虑水的压缩性，流体状态方程为：

$$\rho=\beta\rho_0 e^{-\beta p} \tag{3-3}$$

式中：ρ 为水的密度；v 为渗流速度；φ 为介质孔隙率；p 为流体压力；k 为渗透系数；μ 为水的动力黏度，$\mu=0.001$ Pa·s；ρ_0 为水的标准密度，$\rho_0=1\ 000$ kg/m^3；β 为水的压缩率，$\beta=4\times10^{-10}$/Pa。

(2) 力学基本方程

根据经典弹性力学理论，岩体主要服从平衡方程、几何协调方程及本构方程。围岩介质平衡方程为：

$$\sigma_{ji,f}+F_i=0 \tag{3-4}$$

几何协调方程为：

$$\varepsilon_{ij}=\frac{1}{2}(u_{ij}+u_{ji}) \tag{3-5}$$

本构方程为：

$$\varepsilon_{ij}=\frac{1+\nu}{E}\sigma_{ij}-\frac{\nu}{E}\sigma_{kk}\delta_{if} \tag{3-6}$$

$$\varepsilon_{kk}=\frac{1-2\nu}{E}\sigma_{kk} \tag{3-7}$$

式中：σ 为岩土体应力；F 为岩体附加应力；ε 为岩体变形模量；E 为弹性模量；ν 为泊松比；δ 为挠度。

(3) 流-固耦合控制方程

煤层周边围岩及断层渗流场和应力场的耦合作用遵循有效应力原理：

$$\sigma_{总}=\sigma+p \tag{3-8}$$

式中：σ 为岩体有效应力；p 为水压力；$\sigma_{总}$ 为总应力。

等温条件下，多孔介质孔隙率动态参数 φ 为：

$$\varphi=\frac{\varphi_0+\varepsilon_v+(1-\varphi_0)\Delta p/K_s}{1+\varepsilon_v} \tag{3-9}$$

式中：φ_0 为初始孔隙率；ε_v 为体积应变；K_s为介质常数。

根据渗透率与体积应变的关系可由科泽尼-卡尔曼(Kozeny-Carman)方程推导得到渗透率 k 与体积应变的关系式：

$$k=k_0\frac{1}{1+\varepsilon_v}\left(1+\frac{\varepsilon_v}{\varphi_0}\right)^3 \tag{3-10}$$

其中，k_0 为初始渗透率。

通过流-固耦合模型，可以实时监测和分析开采过程中围岩应力场和渗流场的变化情况，及时发现可能的突水点，并采取相应的预警措施。由流-固耦合模型的模拟结果，可以制定合理的开采方案，避免因不合理的开采行为对断层造成过大的扰动，从而确保开采活动的安全进行。在开采过程中，可以根据流-固耦合模型的模拟结果，优化防治水措施的设计和实施，以降低突水的风险。

3.2.2 断层渗透弱化力学模型

3.2.2.1 渗流通道力学扩展模型

地下水渗透力对断层破碎带岩体应力场环境的影响作用主要通过对渗水裂(孔)隙通道的潜蚀、冲刷、扩径破坏作用实现。地下水优先向构造带的软弱区域运移，并从关键节点突涌而出造成突水事故。断层组内破碎岩体基本呈现散体状结构形式，区域内岩体由岩块骨架(如断层角砾岩等)和充填物组成，细小充填物填充于岩块裂(孔)隙中，岩块之间未经充填的空隙则构成了良好的渗水通道。煤层工作面开采后所产生的断层临空面使得断层组内的地下水存在很好的突涌口，地下水克服通道充填物和通道壁之间的摩擦力后渗入煤层工作面，在断层破碎带岩体裂(孔)隙通道中运动过程中会对充填物颗粒产生渗透压力作用，可使颗粒物质产生移动，细小颗粒物质最终被迁移带出岩体，导致岩体裂(孔)隙增加和结构稳定性变差。

地下水在断层破碎带岩体中流动时会对孔隙或裂隙产生静水压力、渗流动水压力和拖拽力的三重力学作用：静水压力是一种表面力，对孔隙或裂隙壁产生法向作用力；渗流动水压力是体积力，力的作用方向与地下水流动方向一致，对岩体空隙细小充填物产生沿水流方向作用力；拖拽力是一种面力，对通道壁产生沿水流方向的切向拖拽作用。煤层工作面回采导致工作面内小断层组裂隙萌生，产生初步裂(孔)隙渗水通道，通道内充填有细小土颗粒，假定该通道壁面平整、顺直，长度远大于宽度，建立地下水渗流对通道的力学扩展作用模型如图 3-2 所示。

根据连续介质渗流理论，地下水在有充填物的通道中流动时，充填物内任一点受到的静水压力和渗流动水压力分别为：

$$p=n\gamma(H-z) \tag{3-11}$$

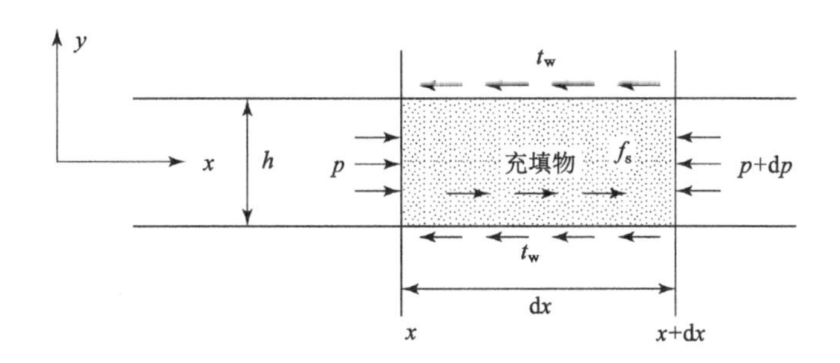

图 3-2　地下水渗流对通道的力学扩展作用模型

$$\overline{\boldsymbol{f}_s}=\gamma\bar{\boldsymbol{j}} \tag{3-12}$$

式中：p 为静水压力；$\overline{\boldsymbol{f}_s}$为渗流动水压力矢量；$n$ 为充填物的孔隙率；γ 为地下水容重；H 为流体的水力水头；z 为位置水头；$\bar{\boldsymbol{j}}$ 为渗流水力坡度矢量。

取 x 断面至 $x+\mathrm{d}x$ 断面之间的充填物为研究对象，积分求和得到该段充填物受到的渗流动水压力合力 $\boldsymbol{F}_s$ 为：

$$\boldsymbol{F}_s=\int_{-\frac{h}{2}}^{\frac{h}{2}}\int_{x}^{x+\mathrm{d}x} n\gamma\boldsymbol{J}\,\mathrm{d}x\mathrm{d}y=nh\gamma\boldsymbol{J}\,\mathrm{d}x \tag{3-13}$$

式中：h 为初始通道宽度；$\boldsymbol{J}$ 为通过裂隙充填物中渗流的水力坡度。根据力的平衡原理，通道壁对充填物阻力的合力应与渗流动水压力的合力大小相等、方向相反。此外，根据作用力与反作用力原理，通道壁受到的拖拽力大小等于通道壁对充填物的阻力，也就等于渗流动水压力的合力，即拖拽力 $\boldsymbol{t}_w$ 满足：

$$\boldsymbol{F}_s=2\boldsymbol{t}_w\mathrm{d}x \tag{3-14}$$

将式(3-13)代入式(3-14)，整理得到：

$$\boldsymbol{t}_w=\frac{h}{2}n\gamma\boldsymbol{J} \tag{3-15}$$

根据上述分析可知，地下水渗流对破碎带岩体渗水通道扩展的力学作用表现在三个方面：在静水压力作用下，通道壁面发生法向张拉变形和位移，使通道沿法向扩展；在渗流动水压力作用下，充填物在渗透方向上发生剪切变形和位移，在渗透压力的持续作用下，破碎带岩体通道颗粒由初始紧实致密的结构逐渐转化为松散、稀疏的结构，甚至由塑性形态向液态转化；在拖拽力的作用下，通道壁面发生切向变形和位移，壁面的土体颗粒在水的浸泡和切向力作用下，极易出现迁移现象并随水流流出。此外，渗流对通道的扩展作用随充填物孔隙率、水力坡度以及通道宽度等的增大而加剧。

在渗透压力的持续作用下，当渗透速度达到充填细小颗粒的迁移启动的临界速度，或者当水力坡降达到充填物颗粒的临界坡降时，颗粒出现液化并悬浮于水中，被水流运移带出通道，产生类似于管涌的现象。此时，可以将水流看成是由水和充填物颗粒组成、密度增加的单相泥沙流。同时，充填物颗粒随水流一起流动后，可以视通道内的孔隙率 $n=1$，故地下水渗流对通道壁的静水压力和拖拽力由式(3-11)和式(3-15)转化为：

$$\boldsymbol{p}=\gamma_{\mathrm{f}}(H-z) \tag{3-16}$$

$$\boldsymbol{t}_{\mathrm{w}}=\frac{h}{2}\gamma_{\mathrm{f}}\boldsymbol{J} \tag{3-17}$$

式中：γ_{f} 为携带充填物颗粒的地下水的容重，即泥沙流的容重。可见，携带充填物颗粒的地下水渗流对通道的垂向和切向扩展作用大于无充填物水流，并且随着越来越多的岩体颗粒被水流带出，水流的容重进一步增加，从而导致渗透压力和拖拽力进一步增加，对渗水通道的冲刷扩展作用进一步加强。

3.2.2.2 断层渗透弱化力学模型

在地下水的物理化学弱化和力学扩展综合作用下，断层组岩体裂(孔)隙通道中的原有充填物颗粒不断被运移带走，导致断层组岩体孔隙率增加；另一方面，在静水压力和拖拽力的作用下，地下水对岩体产生溶蚀作用(液体将破碎岩体固体状态转化为可迁移颗粒的液体状态)，导致新增岩体颗粒剥落迁移至裂(孔)隙通道内，并被水流迁移带走，从而破碎带岩体渗透性不断增强。裂(孔)隙和渗透性的增大又反过来增加渗流速度和渗透压力，导致更多的岩体颗粒被地下水迁移带出岩体，渗流-应力耦合作用导致断层带岩体的渗透性不断增加。可见，断层破碎带的应力-渗流属于变质量流-固耦合力学行为，随着充填物颗粒的不断迁移，破碎岩体的孔隙率和渗透率随时间不断变化，在多位学者的研究基础上，将破碎岩体视为多孔介质，总结得出渗流作用下破碎岩体孔隙率随时间的变化方程：

$$\frac{\partial\varphi}{\partial t}=\lambda(1-\varphi)Cq_{\mathrm{f}} \tag{3-18}$$

式中：φ 为孔隙率；t 为时间；λ 为溶蚀系数，表征流体潜蚀松散破碎体中固体颗粒的能力；C 为流体中颗粒的体积分数，表征流体的密度或者容重；q_{f} 为渗流速度。

由式(3-18)可知，渗流速度加快和水流中颗粒含量增加均可以加快破碎岩体孔隙率的变化速率。孔隙率的变化导致破碎岩体渗透率发生变化，两者之间的关系采用下式定义：

$$k=k_0\left(\frac{\varphi}{\varphi_0}\right)^3\left(\frac{1-\varphi_0}{1-\varphi}\right)^2 \tag{3-19}$$

式中：k_0 为初始渗透率；φ_0 为初始孔隙率。

受工作面采动作用影响，断层由密实充填结构转化为近散体结构，即由完全微弱透水层转化为具有一定透水能力的透水层，断层组孔隙率增加到 φ_0，断层渗透率相应增加到 k_0，侏罗系含水层地下水可通过断层组内的孔隙渗透到采空区，渗透过程中伴随着地下水对断层岩体的物理化学弱化和力学扩展作用，导致断层组孔隙率不断增长，断层孔隙率随地下水渗透时间的变化曲线如图 3-3 所示，断层组孔隙率随渗透时间的变化过程可分为三个阶段：初始缓慢增长阶段、快速增长阶段、后期稳定阶段。

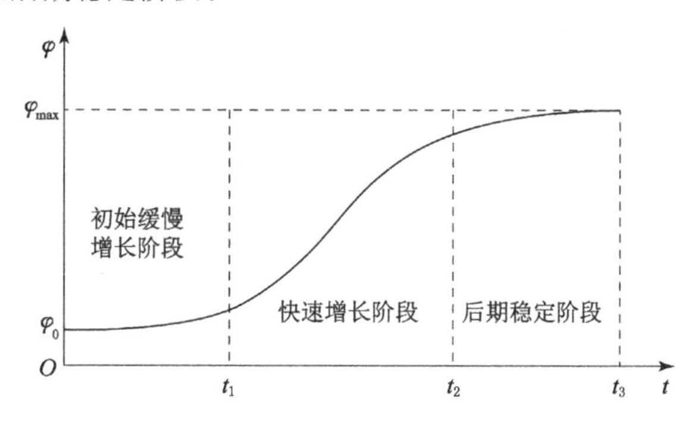

图 3-3　断层孔隙率随地下水渗透时间变化曲线

在初始缓慢增长阶段，流动地下水对断层岩体的溶蚀扩径作用刚刚开始，此时岩体孔隙率、渗透率均较低，地下水流速较慢，地下水对断层的溶蚀扩径作用较弱，导致孔隙率增加较为缓慢，对应断层弱化的孕育阶段。经过一段时间的断层弱化作用，断层孔隙率、渗透率达到一定数值，孔隙率随时间的变化率增加，溶蚀扩径作用加快，断层内部的细小颗粒被带走，孔隙率变化进入快速增长阶段，在此阶段内断层由弱透水地层快速演化至强透水地层，此阶段对应断层弱化的增长阶段。当断层介质内的大部分细小颗粒被带走，断层内仅剩不能移动的断层角砾岩等充填物，流动地下水的溶蚀扩径作用逐渐消失，断层孔隙率逐渐达到最大值，相应渗透率也达到最大值，此时断层的导水能力达到最大，大量地下水经由断层组不断涌向采空区，完成突水过程，此后工作面涌（突）水量也维持稳定，此阶段对应断层弱化完成阶段。

从力学角度来看，地下水渗流、岩体骨架受力变形和细小充填物发生迁移运动三者之间存在非线性耦合关系，共同组成破碎岩体渗流的非线性系统。根据突变理论，当系统控制参量可以满足平衡条件时，断层带破碎岩体骨架颗粒难以被潜蚀，孔隙率不再增大，工作面涌（突）水量趋于稳定；当系统控制参量满足某一特定条件时，系统结构发生失稳，骨架颗粒承力结构被水流蚀溃瓦解，导致破碎岩体渗流失稳，诱发突水灾害。

如上文所述，断层组孔隙率可分为初始缓慢增长阶段、快速增长阶段、后期稳定阶段三个阶段。从多孔介质流体流动角度考虑，它们分别对应于非饱和渗流、低速饱和渗流、快速饱和渗流三种流态，可分别采用理查德方程、达西定律、布里克曼方程描述。

(1) 断层非饱和渗流——理查德方程

断层渗透弱化初期，新生裂(孔)隙尚未相互贯通，与侏罗系含水层地下水连通性较差。初始状态时，非饱和的裂(孔)隙包含部分稳定的气体和液体。随着流体在介质中流动，裂(孔)隙逐渐饱和。采用的控制方程如下：

$$\rho\left(\frac{C_m}{\rho g}+S_e S\right)\frac{\partial p}{\partial t}+\nabla\cdot\rho\left(-\frac{K_s}{\mu}k_r(\nabla p+\rho g\ \nabla D)\right)=Q_m \tag{3-20}$$

式中：p 为液体压力；C_m 为湿度；S_e 为有效饱和度；S 为饱和度；K_s 为水力传导率；μ 为液体动力黏度；k_r 为相对渗透率；ρ 为流体密度；g 为重力加速度；D 为水头高度；Q_m 为源汇项。

与达西定律相比较，理查德方程呈现高度非线性特征。由于 θ, S_e, C_m, k_r 等材料和水力特性在非饱和阶段(流体压力为负)不断变化，当达到饱和阶段(流体压力为正)时，变为恒定值，使方程的非线性程度增加。介质中流体体积分数在残值 θ_r 到体积分数最大值 θ_s 范围内变化。θ, S_e, C_m, k_r 等参数的大小需要通过模型中采用的本构关系确定。计算中采用 vanGenuchten 模型表示各参数之间的定量关系：

$$S_e=\begin{cases}\dfrac{1}{[1+|\sigma H_p|^n]^m}, & H_p<0\\ 1, & H_p\geqslant 0\end{cases} \tag{3-21}$$

$$\theta=\begin{cases}\theta_r+S_e(\theta_s-\theta_r), & S_e\neq 1\\ \theta_s, & S_e=1\end{cases} \tag{3-22}$$

$$C_m=\begin{cases}\dfrac{\alpha m}{1-m}(\theta_s-\theta_r)S_e^{\frac{1}{m}}(1-S_e^{\frac{1}{m}})^m, & S_e\neq 1\\ 0, & S_e=1\end{cases} \tag{3-23}$$

$$k_r=\begin{cases}S_e^{t}[1-(1-S_e^{\frac{1}{m}})^m]^2, & S_e\neq 1\\ 1, & S_e=1\end{cases} \tag{3-24}$$

式中：H_p 为岩体裂隙中压力头，用来表示裂隙中水分的张力；θ 为流体体积分数；n 为形状参数；m 为另一个形状参数；t 为时间。

在受工作面扰动之前，岩体内存在一个近似稳定的流场。由于断层受开采扰动的渗透活化以及对周围岩层的影响是一个渐变的过程，因此可以将扰动前岩体内的渗流场作为非饱和渗流阶段的初始值。而断层由于受工作面开采扰动，内部胶结面弱化并产生许多新的裂(孔)隙。这些新生裂(孔)隙由于没有与断层顶部贯通，其孔隙水压力可认为是零或负值。由于断层活化前相对于岩层为不透水层，因此在计算中，可将断层受扰动后的初始渗透率看作流-固耦合影响下计算得到稳定渗透率。

(2) 断层低速饱和渗流——达西定律

当断层过渡到饱和阶段之后，其渗流规律按照达西定律计算。公式如下：

$$\rho S\frac{\partial p}{\partial t}-\nabla\cdot(\rho v)=Q_{\mathrm{m}} \tag{3-25}$$

$$\boldsymbol{v}=\frac{k}{\mu}(\nabla\boldsymbol{p}+\rho g\boldsymbol{N}) \tag{3-26}$$

式中：$\boldsymbol{p}$ 为孔隙中的水压力；S 为综合压缩系数；Q_{m} 为源汇项；k 为岩块的渗透率；ρ 为浆液的密度；μ 为浆液的动力黏度；$\boldsymbol{v}$ 为浆液在岩块中的达西速度；g 为重力加速度；$\boldsymbol{N}$ 为沿重力方向的单位矢量力。

由于不考虑断层围岩地下水溶蚀及运移作用，孔隙率与渗透率均为常数，而在断层，孔隙率和渗透率为变量，它们与流速、时间的定量关系由式(3-18)、式(3-19)表示。

式(3-18)定义的是任一点处流速与孔隙率的关系。由于断层尺寸很大，导致断层内部孔隙中绝大部分的充填物在短时间内不能从断层底部流失，而是沿流线迁移一段距离后在新的地方产生淤积，任一点孔隙率的变化会对附近孔隙率产生影响。因此，将孔隙率与流速变化进行全局积分从而计算出断层内任一点孔隙率变化对断层整体渗透性的贡献，式(3-18)可变换为以下形式：

$$\frac{\partial\varphi}{\partial t}=\lambda_1(1-\varphi)Cq_{\mathrm{f}}+\lambda_2\int_{\Omega}(1-\varphi)Cq_{\mathrm{f}}\mathrm{d}t \tag{3-27}$$

由于在非饱和渗流阶段流速很低，因此忽略该阶段孔隙率变化情况，因此本阶段断层内孔隙率初始值可近似认为是断层受扰动后的初始孔隙率。整个渗流场范围内采用达西定律作为控制方程，并在断层区域内添加微分控制方程，断层与岩层间设置为零通量边界。

(3) 断层快速饱和渗流——布林克曼方程

由于断层内大部分细小颗粒均已流失，地下水在角砾岩等充填物形成的骨架的裂(孔)隙中快速流动，达西定律不再适用。从流体力学角度分析，由于断层多孔介质受到地下水侵运搬蚀作用影响，此时多孔介质对流体的约束作用十分微弱，流体流动主要受流体本身黏滞力影响，因此需要考虑流体黏滞作用对流体动能的消耗，应采用描述快速渗流的布里克曼方程描述。其控制方程如下：

$$\frac{\partial(\varepsilon_{\mathrm{p}}\rho)}{\partial t}+\nabla\cdot(\rho v)=Q_{\mathrm{br}} \tag{3-28}$$

$$\frac{\rho}{\varepsilon_p}\left(\frac{\partial u}{\partial t}+(u\cdot\nabla)\frac{u}{\varepsilon_p}\right)=-\nabla p+\nabla\cdot\left\{\frac{1}{\varepsilon_p}\left[\mu(\nabla u+(\nabla u)^{\mathrm{T}})-\frac{2}{3}\mu(\nabla\cdot u)I\right]\right\}-\left(\frac{\mu}{\kappa}+Q_{\mathrm{br}}\right) \tag{3-29}$$

式中：ε_p 为孔隙率；I 为单位张量；Q_{br} 为单位流量的物质源；κ 为渗透率。

计算中将饱和渗流阶段获得的孔隙率及渗透率作为本阶段初始值，计算断层内渗流场与采空区涌水量变化。

3.3 断层滞后突水有限元模型建立

本节依托典型断层滞后突水工程，采用有限元软件 COMSOL Multiphysics 对断层滞后突水过程进行模拟，通过分析断层滞后突水多物理场演化规律及考虑时间效应的突水流态演化规律，得出断层滞后突水机理。

3.3.1 典型工程断层滞后突水概况

山东能源临矿集团王楼煤矿 13301 工作面回采过程中揭露 F21 断层组斜穿工作面，F21 断层组与轨道巷和胶带巷相交位置如图 3-4 所示，断层组内共揭示断层 8 处，断层性质均为正断层，断层倾角 35°～75°，断层落差 1.5～13 m，整个断层组平均厚度约 80 m。

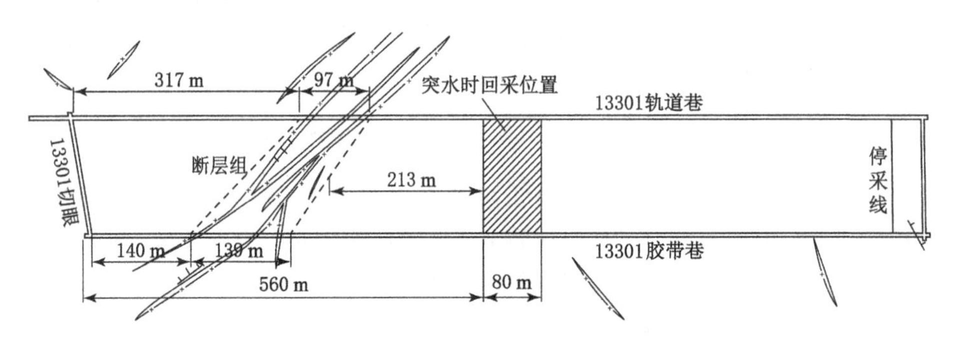

图 3-4　断层组位置及突水时回采位置

13301 工作面涌水量随回采推进度及时间变化曲线如图 3-5 所示。13301 工作面推采方向为 F21 断层组上盘至断层下盘，当推进度为 0～460 m，即推采上盘 300 m 过断层推采下盘 160 m 期间，工作面水量维持在 75 m³/h 左右；当推进度为 460～480 m，即推采过断层 160～180 m 时为缓慢突水阶段，工作面水量从 75 m³/h 逐渐上涨到 180 m³/h；当推进度为 460～530 m，即推采过断层 180～230 m 时为快速突水阶段，工作面水量从 180 m³/h 急速上涨到 800 m³/h。

13301 工作面开采过断层后出现大量涌水，在时间上呈现出明显的滞后特征，属于典型的断层滞后型突水。

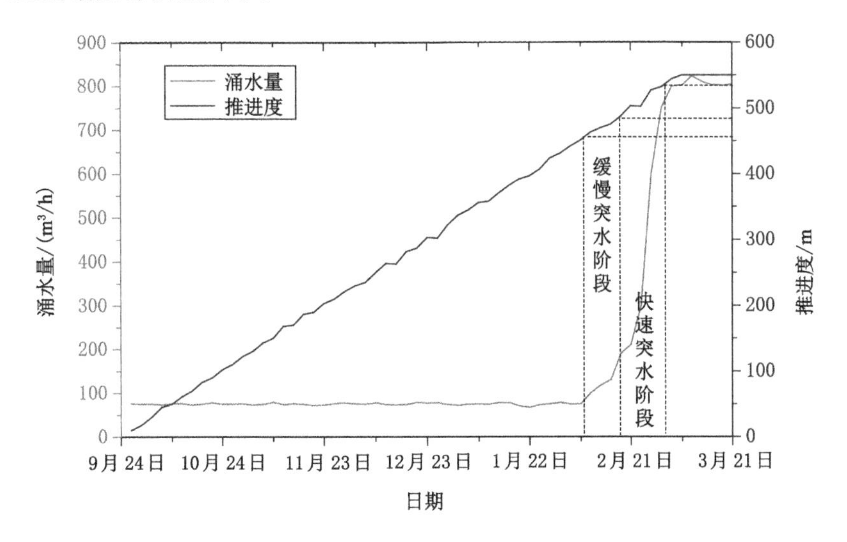

图 3-5　13301 工作面涌水量与推进度的关系曲线图

根据水源探查分析结果，侏罗系含水层为 13301 工作面突水的主要水源。受开采扰动影响，F21 断层组沟通侏罗系含水层与开采工作面，即导水关键通道为斜穿 13301 与 13303 工作面的 F21 断层组。

3.3.2　有限元模型建立

如图 3-6 所示，根据 $3_上$ 煤层相关地层及断层的主要地质特征，采用有限元软件 COMSOL Multiphysics，构建三维有限元数值计算模型。模型取计算深度标高 −650～−900 m，x 方向长 1 267 m，y 方向长 524 m。计算模型由侏罗系蒙阴组含水砂岩、二叠系上石盒子组、二叠系下石盒子组、$3_上$ 煤层顶板、$3_上$ 煤层、$3_上$ 煤层底板及斜穿工作面断层组构成。

模型四周边界为辊支撑边界，只能发生上下方向的位移，即 $u=0$；下边界为固定约束，即 $u=0,v=0$；上边界为承压边界，模拟上覆岩层的重力，取 $\sigma=13.3$ MPa。在模型中施加岩体重力引起的体载荷。

岩体为饱水状态，模型上边界设定水压力 3 MPa，模拟侏罗系水压；采空区边界为自由出水边界，即 $p=0$；模型四周边界和下边界均设定为不透水边界，即 $\rho v=0$。计算过程中考虑地下水自重对渗流过程的影响，设定模型为稳态模型，不考虑时间因素的影响。

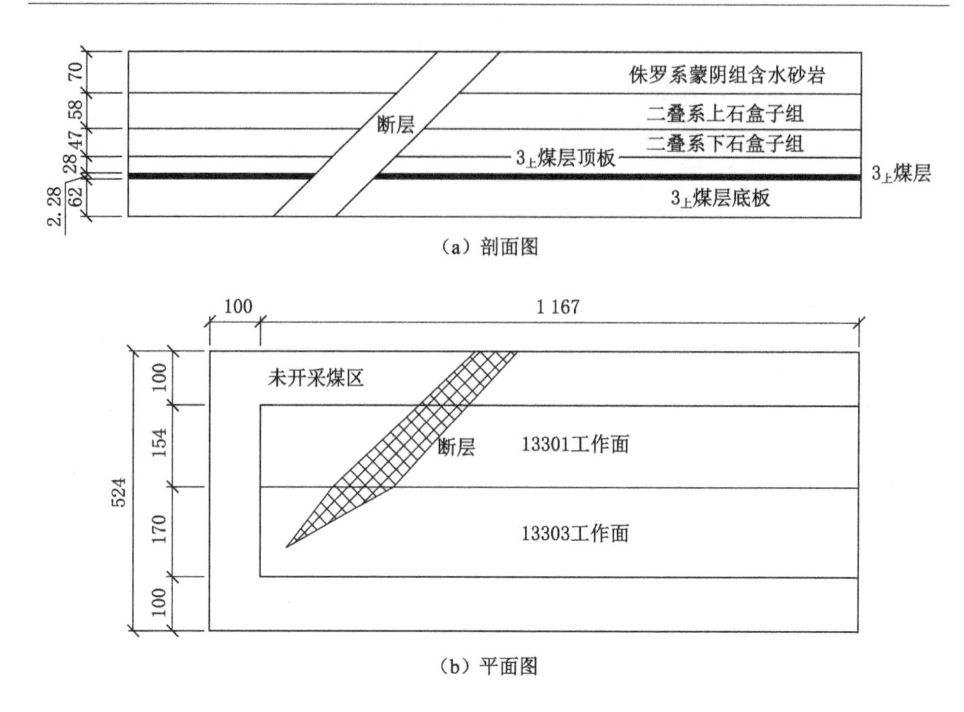

图 3-6　$3_{上}$ 煤层相关地层分布图(单位:m)

模型网格采用特别细化的自由三角形网格,最大单元边长为 40 m,最小单元边长为 0.15 m,曲率解析度为 2.5,同时为提高计算精度,在断层及临空面附近采用加密网格,模型网格剖分结果如图 3-7 所示。

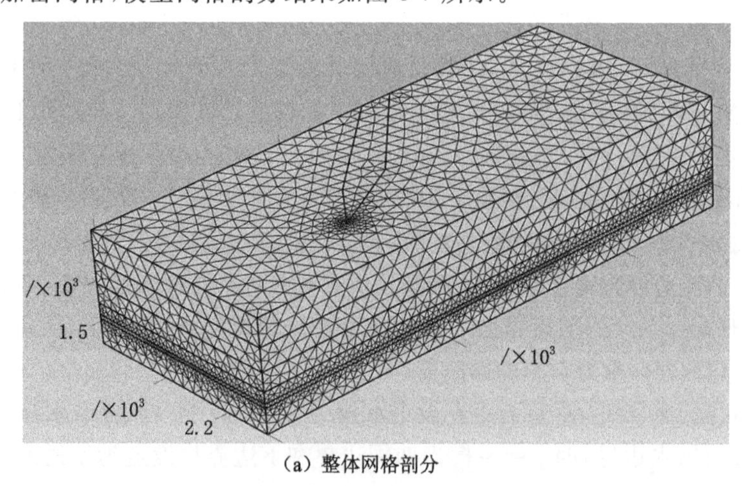

(a) 整体网格剖分

图 3-7　三维模型网格剖分结果

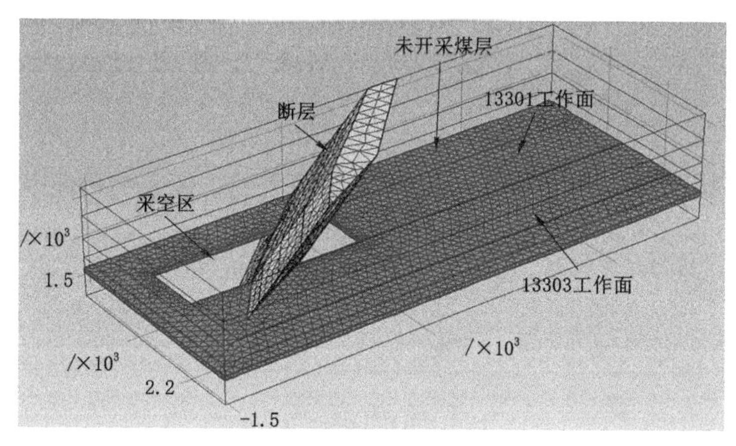

（b）断层及采空区位置

图 3-7(续)

3.4　开采过程中多物理场模拟演化规律

计算过程中煤层回采距离取 100 m,200 m,300 m,400 m,500 m,600 m 共 6 种工况,分别对应回采工作面未进入断层、在断层中、过断层后 3 个阶段,模拟开采过程中采空区及周边围岩的应力场、位移场和渗流场,分析工作面回采过程中断层渗透率、采空区涌水量随回采距离的变化关系。

3.4.1　压力场分布分析

煤层工作面不同回采距离对应的渗流压力场分布如图 3-8 所示。

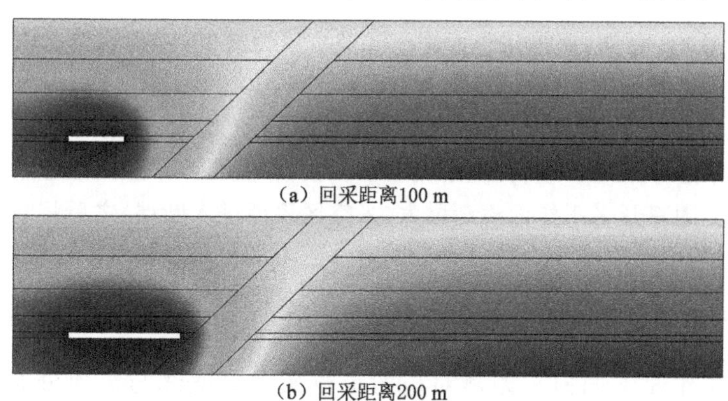

（a）回采距离100 m

（b）回采距离200 m

图 3-8　不同回采距离对应的渗流压力场分布

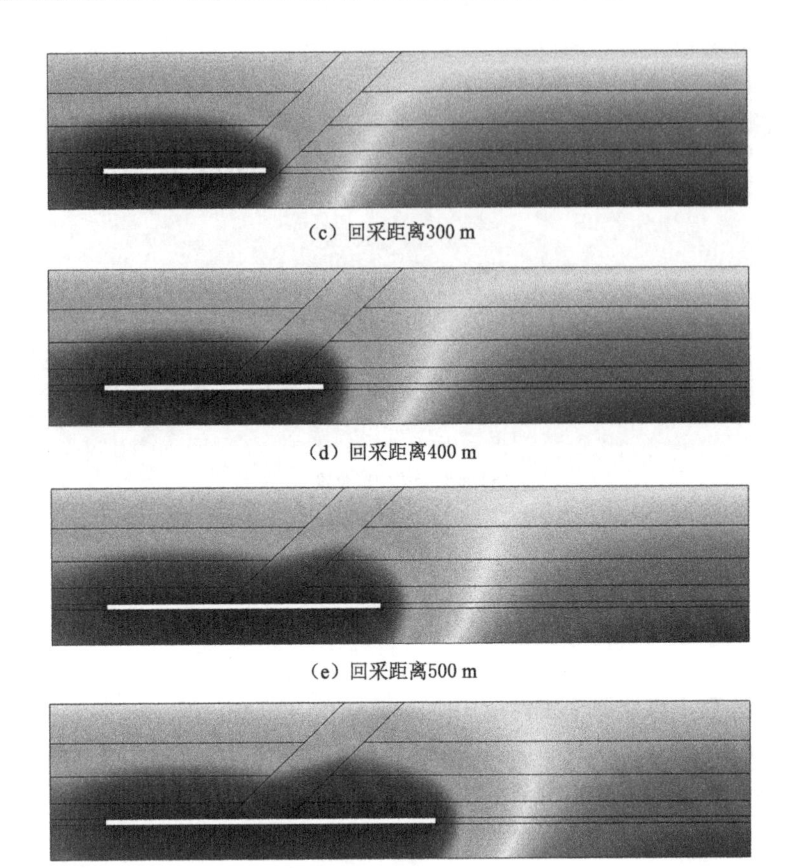

(c) 回采距离300 m

(d) 回采距离400 m

(e) 回采距离500 m

(f) 回采距离600 m

图 3-8(续)

分析图 3-8 可知,回采工作面附近孔隙水压力最低,距离回采工作面远处接近模型下边界处孔隙水压力最高。煤层采空区与大气直接接触,形成了地下水运移通道,为自由出水界面,导致煤层采空区附近压力场最低。在距离采空区较远的模型下边界附近区域,孔隙水流动极其缓慢,其孔隙水压力数值基本接近静止水压力。随着开采工作面逐渐增大,采空区逐渐进入断层,之后将断层全部包含,在此过程中断层水压力场分布与围岩水压力场分布趋势基本一致。

3.4.2 压力等值线及流速分布分析

煤层工作面不同回采距离对应的渗流压力等值线与流速分布如图 3-9 所示。

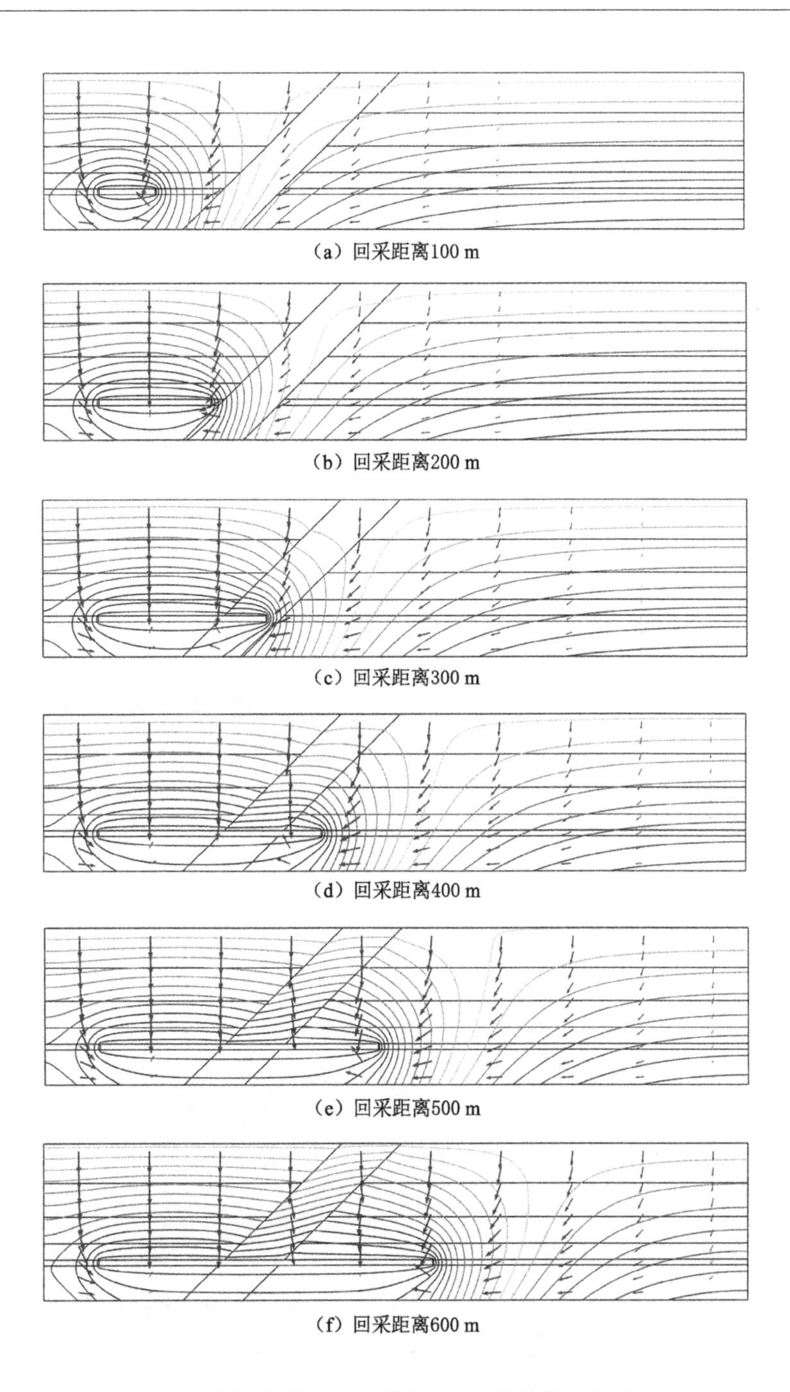
（a）回采距离100 m

（b）回采距离200 m

（c）回采距离300 m

（d）回采距离400 m

（e）回采距离500 m

（f）回采距离600 m

图 3-9　不同回采距离对应的渗流压力等值线与流速分布

分析图 3-9 可知,回采工作面周边压力等值线较其他区域密集,煤层开采迎头工作面位置附近压力等值线最为密集。可见,当地下水由侏罗系含水层向煤层开采临空面流动时,在煤层工作面迎头附近压力等值线密集、地下水流速最大,地下水运移速率最快;在距离煤层工作面较远距离处地下水流速很小,地下水运移速率最慢。煤层开采工作面经过断层时并未出现孔隙水压力等值线的突变。

3.4.3 围岩竖向位移场分布分析

煤层工作面不同回采距离对应的围岩竖向位移分布如图 3-10 所示。

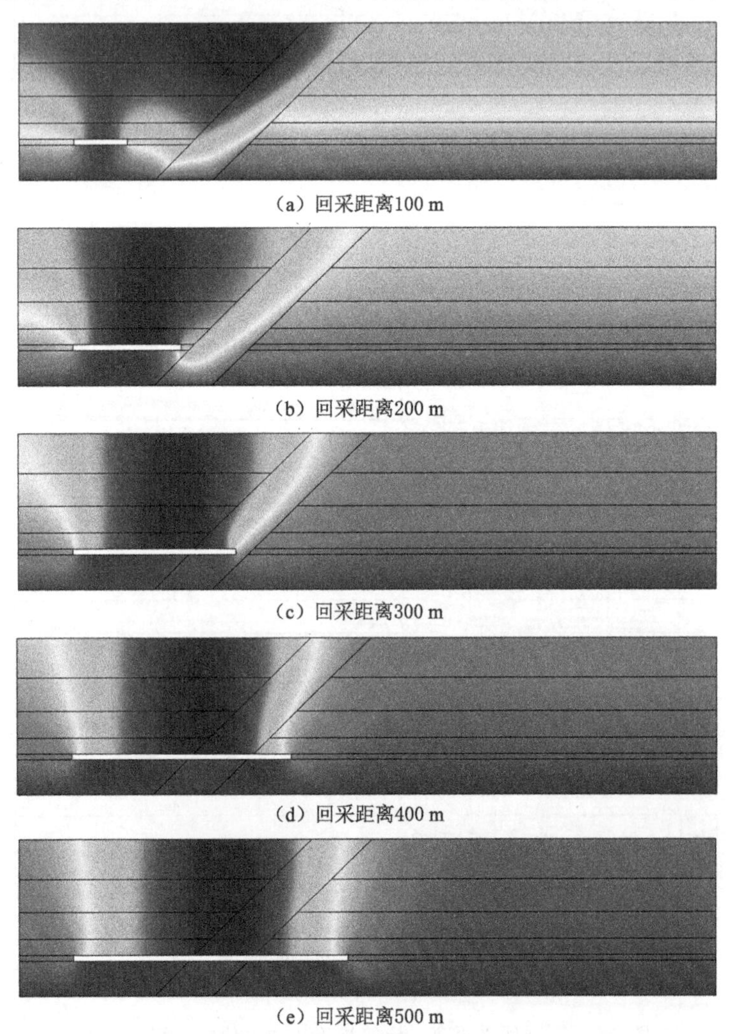

(a) 回采距离100 m

(b) 回采距离200 m

(c) 回采距离300 m

(d) 回采距离400 m

(e) 回采距离500 m

图 3-10 不同回采距离对应的围岩竖向位移

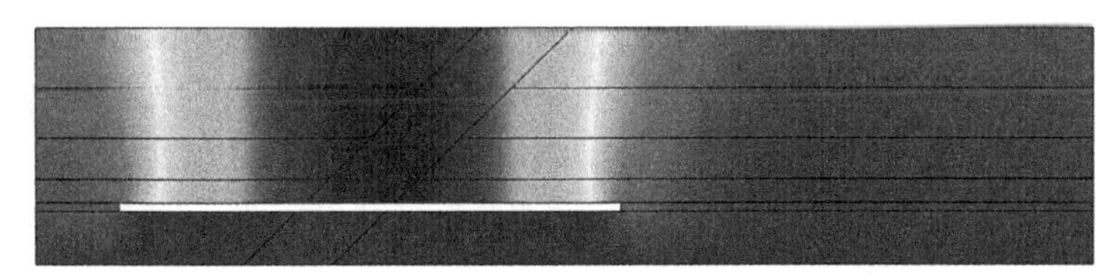

(f) 回采距离600 m

图 3-10(续)

分析图 3-10 可知,随着煤层开采工作面的持续推进,煤层顶板位移不断增大。当煤层开采距离较小时,围岩竖向位移呈漏斗状分布,由煤层采空区顶板向上发展。当煤层开采距离较大时,围岩竖向位移呈近似矩形分布,由煤层采空区顶板近似竖直向上发展,煤层开采扰动对围岩其他区域影响较小。

3.4.4　采动影响下断层渗透率分布分析

不同开采距离对应的断层渗透率分布如图 3-11 所示。

(a) 煤层开采100 m　(b) 煤层开采200 m

(c) 煤层开采300 m　(d) 煤层开采400 m

图 3-11　不同开采距离对应的断层渗透率分布

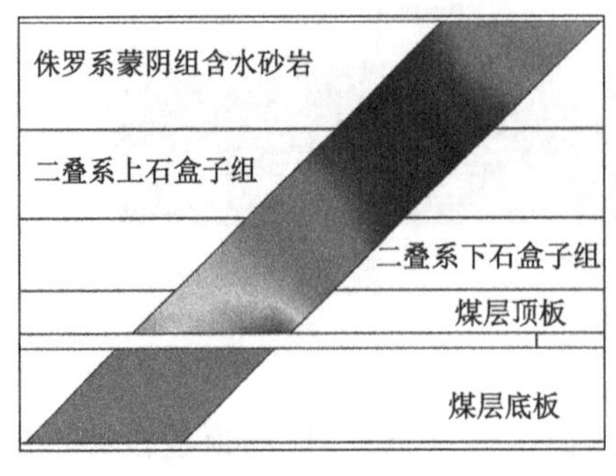

(e) 煤层开采500 m

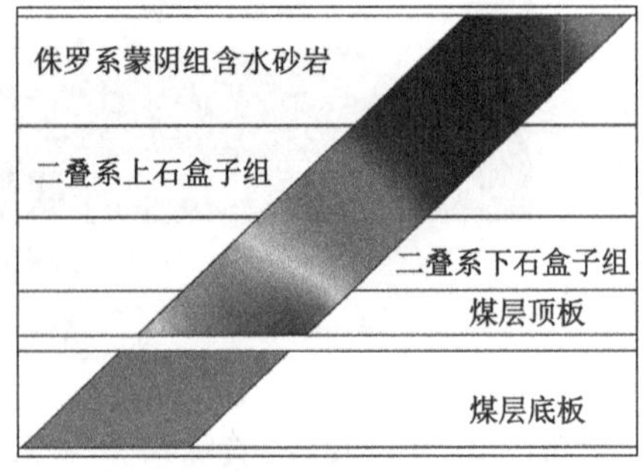

(f) 煤层开采600 m

图 3-11(续)

在煤层开采还未进入断层时,断层受开采扰动较小,断层渗透率数值基本维持在初始渗透率不变;随着工作面不断回采,采空区开始进入断层内部,断层内部应力场与渗流场发生重分布,导致断层内部渗透率发生明显改变。随着断层内部临空面不断扩大,断层整体渗透率增加,在临空面附近区域断层渗透率上升最为显著。

随着煤层开采通过断层后,由于流-固耦合效应所产生的断层渗透率增加量达到最大值,地下水由侏罗系含水层不断流向煤层开采采空面,断层滞后突水的开采扰动断层裂隙萌生阶段完成,断层随即进入断层渗透弱化阶段。

3.5 考虑时间效应的突水流态演化规律

3.5.1 断层非饱和渗流阶段

断层非饱和渗流阶段流动控制方程采用理查德方程,围岩采用达西定律,在断层与周围岩层交界处,设定为压力连续条件。采用自由三角形网格剖分,在断层内部以及断层与岩层交界处增加网格密度,以提高计算精确性,如图 3-12 所示。

不同时刻断层内部有效饱和度分布随时间变化如图 3-13 所示,黑色区域为完全饱和区,灰色区域为未饱和区。在饱和区与非饱和区之间存在一个过渡区域,其厚度与断层尺寸相比较十分微小,可近似认为是一条分界线。

由于断层上部导通了侏罗系含水层,地下水以较低的流速自上向下逐渐流入断层直至断层饱和,而岩层的渗透性较低,地下水由岩层向断层的流动不明显。

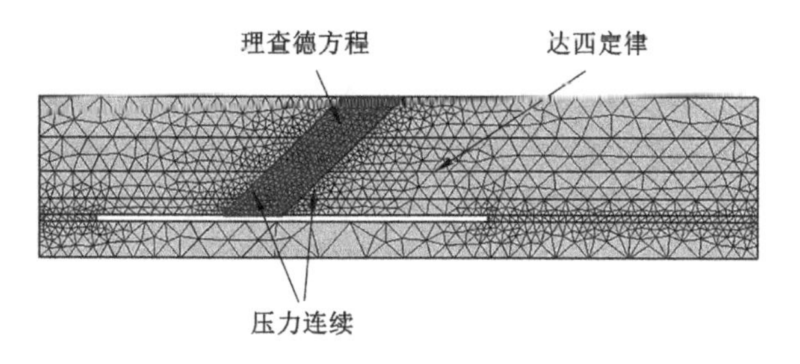

图 3-12 非饱和阶段计算设定与网格剖分

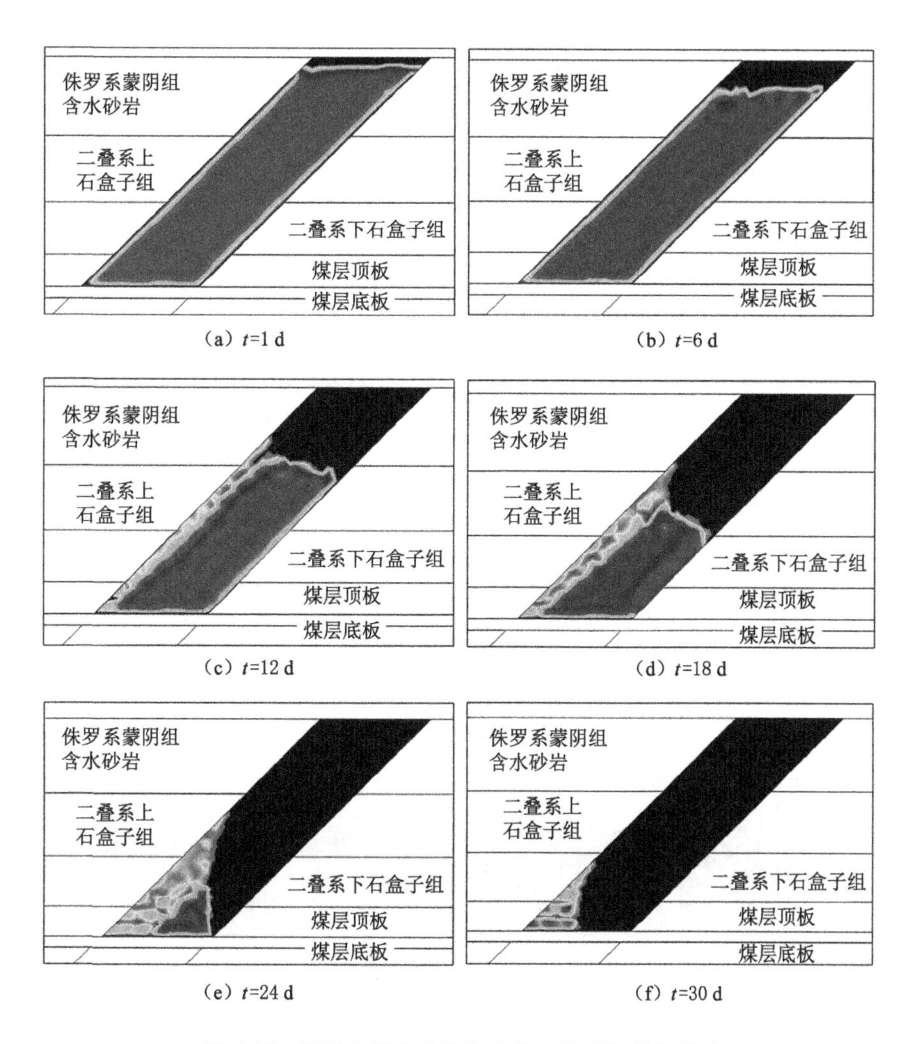

(a) t=1 d (b) t=6 d (c) t=12 d (d) t=18 d (e) t=24 d (f) t=30 d

图 3-13 断层内部有效饱和度分布随时间变化情况

由于裂(孔)隙内地下水未完全饱和，且流速较为缓慢，因此地下水对裂(孔)隙溶蚀作用不明显，渗透率的变化可以忽略，饱和区扩展随时间呈近似线性关系。断层内的渗流受侏罗系含水层水压力与重力作用共同影响，在初始阶段，断层内渗流受侏罗系含水层影响巨大，分界面近似为水平线。当时间超过 18 d 后，重力作用影响逐渐明显，分界面逐渐倾斜，到达 24 d 时，分界面几近竖直。此时，饱和区穿过煤层顶板扩展到断层底部，断层将侏罗系含水层导通至临空面，此后在饱和范围内可以认为断层内渗流形式由非饱和渗流转化为稳定饱和渗流，控制方程应采用达西定律进行描述。当时间超过 24 d 后，分界面的推进逐渐平缓，地下水通过断层的饱和区流入采空区。此时地下水对断层的溶蚀扩径作用逐渐增强，断层底部上盘区域仍存在部分区域未被饱和，但其影响可以忽略，断层内渗流进入孔隙率快速增长阶段。

断层非饱和渗流阶段不同时刻的压力场变化如图 3-14 所示。可以看出，初始阶段断层及附近区域内孔隙水压力与临空面基本相同，压力由侏罗系含水层沿断层顶部向下扩展。与有效饱和区发展类似，压力传递也存在一个过渡区，该区域内压力梯度很大，可认为是一个分界面，即压力传递锋面。整个过程压力传递与时间呈近似线性关系，且传递过程非常缓慢，压力传递锋面的推进速率远滞后于有效饱和区分界面。当达到 24 d 时，压力传递锋面传至二叠系上石盒子组。由对应的有效饱和度变化图可知，此时在断层已形成近似稳定饱和的渗流场，压力锋面位置几乎不再变化，仅过渡区范围继续缓慢增大，过渡区内压力梯度缓慢减小，由非饱和渗流引起的压力场变化趋于稳定。

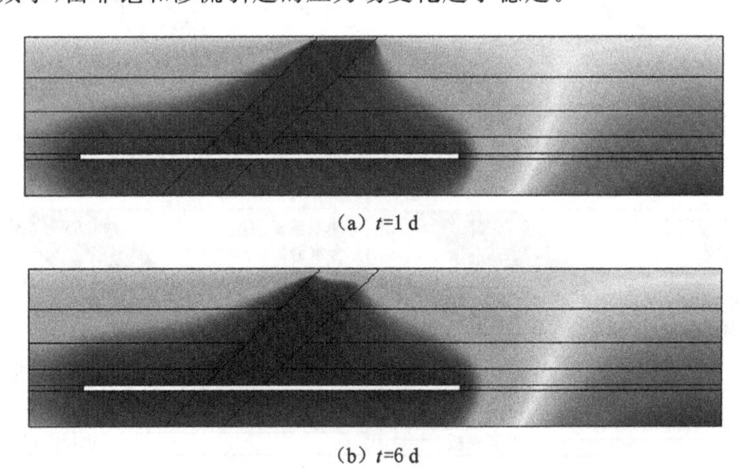

(a) t=1 d

(b) t=6 d

图 3-14　断层非饱和渗流阶段不同时刻压力场变化

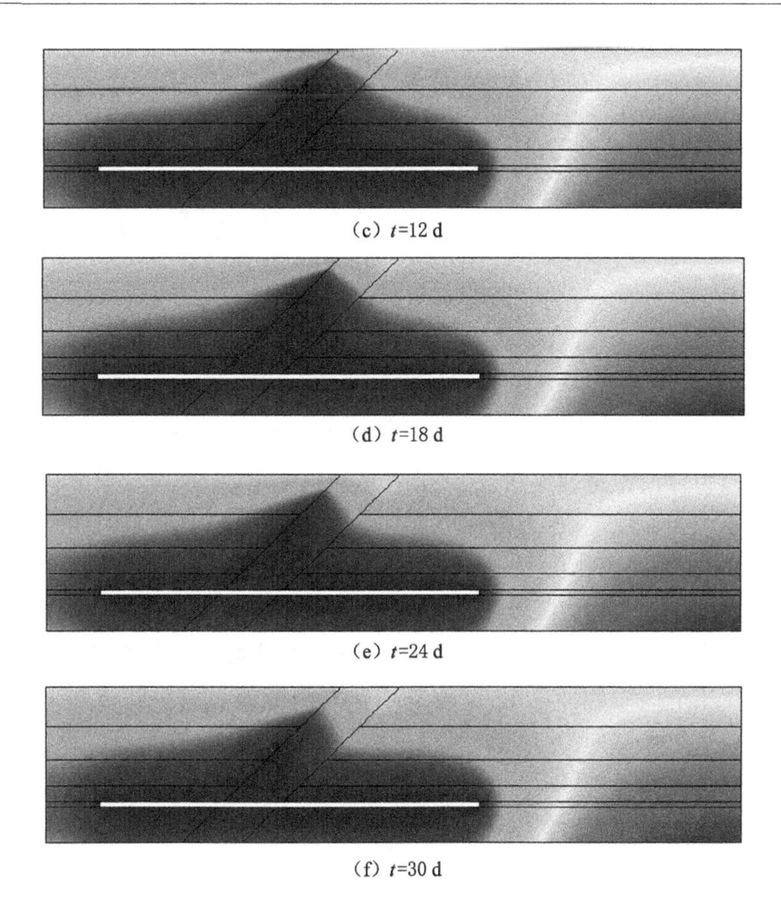

(c) t=12 d

(d) t=18 d

(e) t=24 d

(f) t=30 d

图 3-14(续)

综上所述,非饱和渗流阶段断层内裂(孔)隙逐渐饱和,压力场变化较为缓慢,断层内流速较低,可暂不考虑渗流对孔隙率的影响。整个渗流过程约为 30 d。之后,断层内裂(孔)隙完全饱和,断层内形成稳定的渗流场,进入低速稳定渗流阶段。

3.5.2　断层低速饱和渗流阶段

由于在非饱和渗流阶段流速很低,因此忽略该阶段孔隙率变化情况,本阶段断层内孔隙率初始值可近似认为是断层受扰动后的初始孔隙率。整个渗流场范围内采用达西定律作为控制方程,并在断层区域内添加微分控制方程,断层与岩层间设置为零通量边界。采用自由三角形网格剖分,在断层内部以及断层与岩层交界处增加网格密度,以提高计算精确性,如图 3-15 所示。

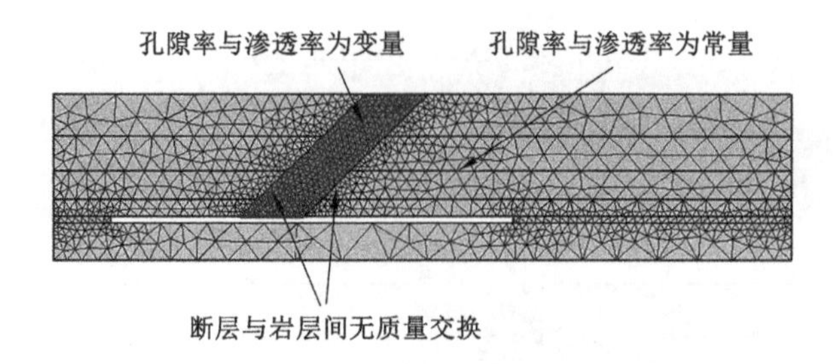

图 3-15　低速饱和阶段计算设定与网格剖分

低速饱和渗流阶段不同时刻的压力场变化如图 3-16 所示。可以看出，该阶段沿断层压力锋面推进速率很快，表明在渗流影响下，岩层内孔隙率与渗透率变化显著。压力锋面以上，压力与侏罗系含水层基本相同，且随着时间增加压力进一步增大，表明在渗流作用下，渗透率进一步增加，压力耗散持续减小。当时间超过 20 d 后，沿上盘附近区域压力开始突增，压力传递呈现出不均衡趋势，表明该区域地下水的溶蚀扩径作用显著增强。地下水带走了大量充填介质，断层骨架在重力作用下产生局部塌陷，导致渗透率大幅增加。当时间达到 40 d 时，锋面尖端突进到距临空面 80 m 范围内，可认为渗流耦合平衡状态已破坏，断层内部形成大量过水通道，断层已由弱透水地层快速演化至强透水地层，断层内地下水进入快速渗流阶段，达西定律不再适用，控制方程应改用布林克曼方程表述。

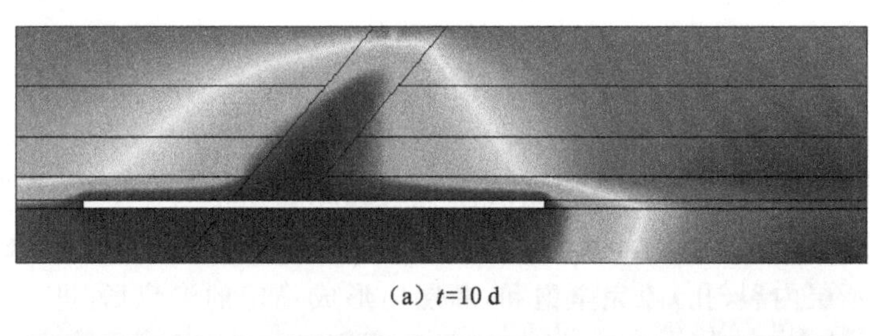

(a) t=10 d

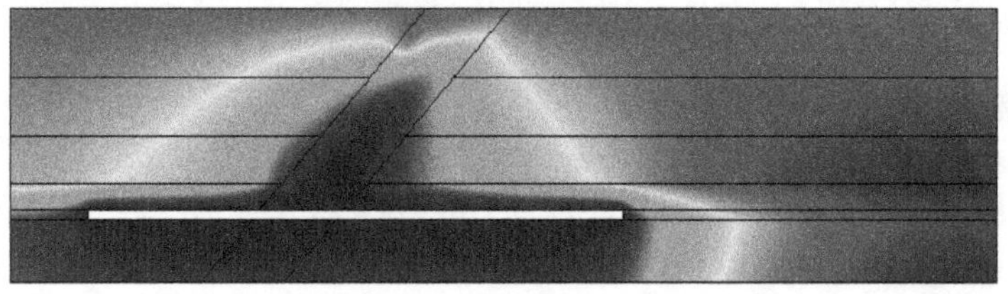

(b) t=20 d

图 3-16　断层低速饱和渗流阶段不同时刻压力场分布

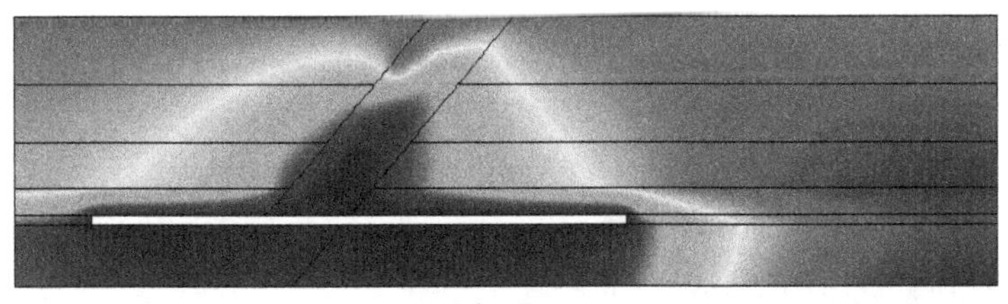

(c) t=30 d

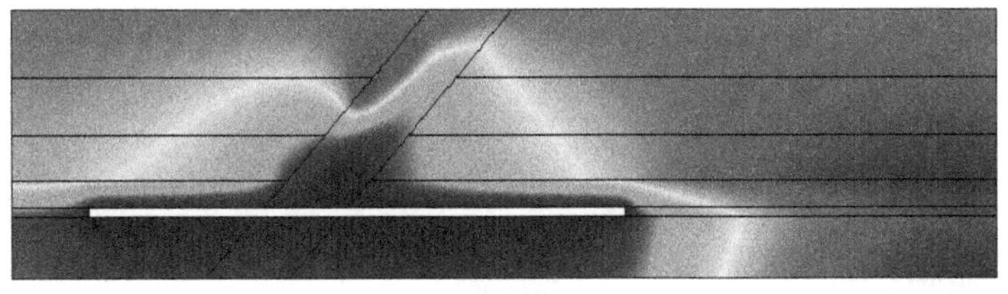

(d) t=40 d

图 3-16(续)

3.5.3　断层快速渗流阶段

该阶段断层中渗流采用布林克曼方程、周围岩体采用达西定律进行表述，在断层与围岩交界处，设定为压力连续条件。采用自由三角形网格剖分，在断层内部以及断层与岩层交界处增加网格密度，以提高计算精确性，如图 3-17 所示。

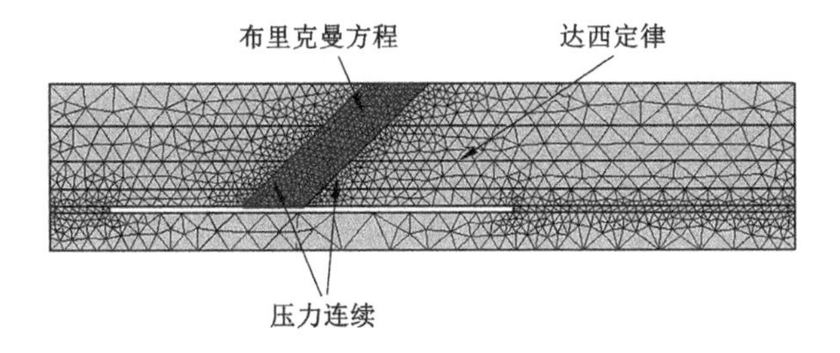

图 3-17　快速渗流阶段计算设定与网格剖分

快速饱和渗流阶段不同时刻的压力场变化如图 3-18 所示。可以看出，该阶段沿断层压力锋面推进速率几乎没有变化，表明在渗流影响下，岩层内孔隙率与渗透率变化较小。断层在强透水状态，断层内迅速形成近似稳定的渗流场，流速与低速饱和渗流阶段相比大幅提高，并基本趋于稳定。通过对断层底部边界进行积分计算，可得到断层弱化后涌水量最大值约为 800 m^3/h。

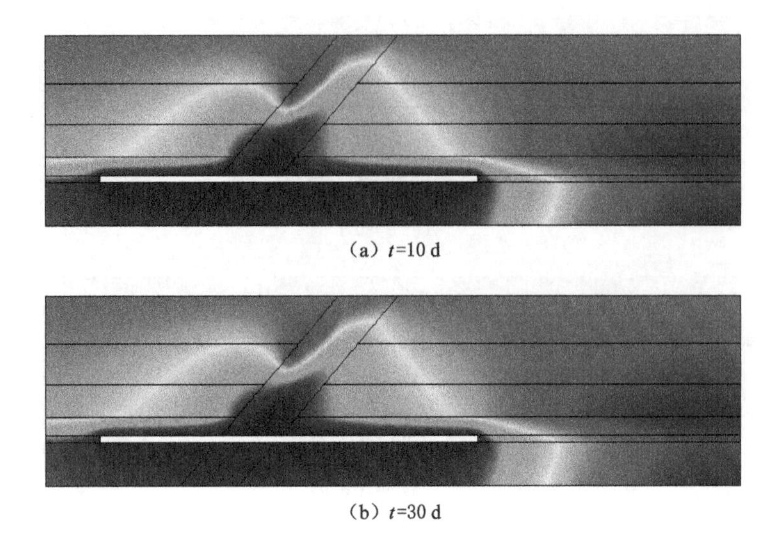

（a）t=10 d

（b）t=30 d

图 3-18　断层快速饱和渗流阶段不同时刻压力场分布

3.5.4　涌水量模拟对比分析

如图 3-19 所示，分别采用达西定律与布里克曼方程作为低速饱和渗流阶段与快速渗流阶段的控制方程，对地下水在断层组内的饱和流动进行数值模拟，最终得到断层组涌水量随时间的变化曲线。通过与现场实测涌水量进行对比，涌水量理论计算曲线与现场涌水量曲线吻合较好，验证了理论的合理性。

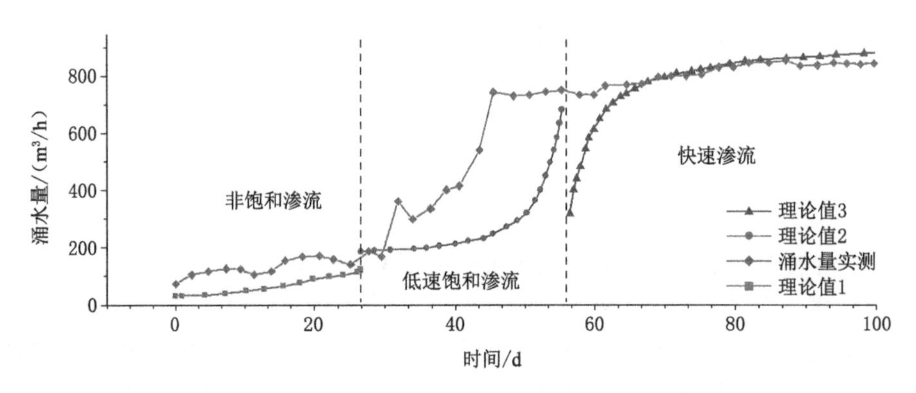

图 3-19　断层组涌水量随时间变化曲线计算值与实际值对比

3.6 防突煤柱最小安全厚度数值求解

13301 工作面回采完成后，与之相邻的 13303 工作面随即进入回采阶段。如图 3-20 所示，引起断层滞后突水灾害的 F21 断层组不仅斜穿 13301 工作面，而且在 13303 工作面内部也有分布，该断层组斜穿 13301 工作面后进入 13303 工作面并在内尖灭。

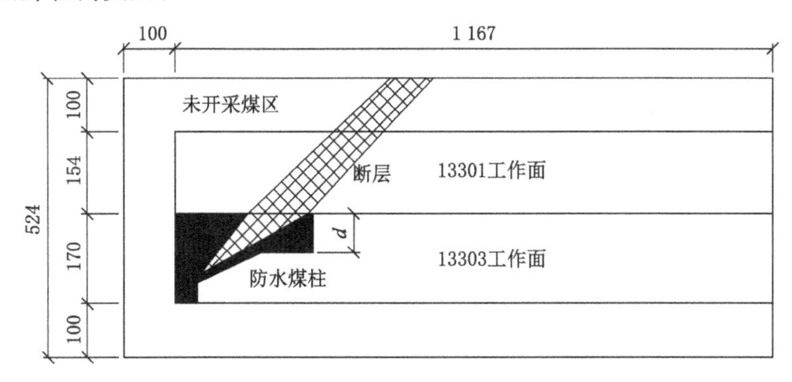

图 3-20　13303 工作面防水煤柱位置平面图(单位:m)

为保证 13303 工作面回采过程中不会发生由断层组弱化导致的涌水事故，决定在靠近断层区域留设防突煤柱，通过防突煤柱隔断断层组与回采区之间的水力联系，进而使得断层组无法导通侏罗系含水层与 13303 工作面采空区。由于防突煤柱的存在，煤层开采对断层组的扰动作用减小，断层基本不会萌生裂(孔)隙形成初始导水通道，保证 13303 工作面回采安全。

基于岩体弹塑性理论分析防突煤柱塑性区范围，防突煤柱发生塑性变形时的临界条件为：

$$|\tau|+\sigma\tan\varphi-c=0 \tag{3-30}$$

式中：τ 为剪切应力；σ 为滑动面正应力；c 为黏聚力；φ 为内摩擦角。

通过莫尔应力圆，可将其转化为以下形式：

$$\frac{1}{2}(\sigma_1-\sigma_3)+\frac{1}{2}(\sigma_1+\sigma_3)\sin\varphi-c\cos\varphi=0 \tag{3-31}$$

式中：σ_1 为第一主应力；σ_3 为第三主应力。

取 13301 工作面与走向垂直的剖面建立有限元模型，计算防突煤柱的最小安全厚度，当防突煤柱在断层内的部分不发生塑性变形时，即认为断层保持完整，不会发生突水。模型边界条件已在上文中说明，此处不再赘述，建立的有限元模型如图 3-21 所示。

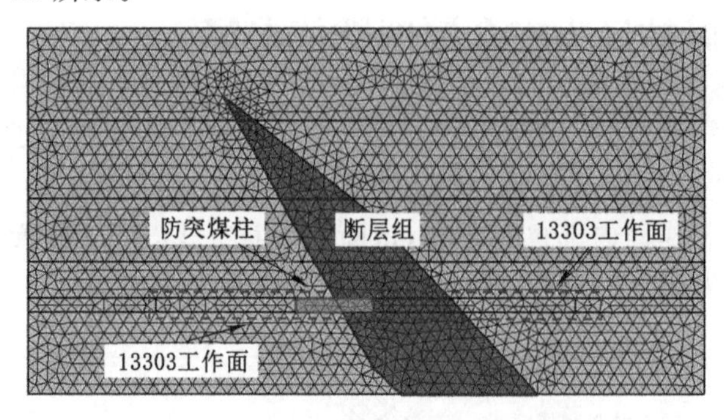

图 3-21　防突煤柱位置及模型网格剖分

计算防突煤柱厚度分别为 25 m、30 m、35 m、40 m、45 m、50 m 时，防突煤柱塑性区范围。计算结果见图 3-22，图中黑色区域为塑性区，浅灰色区域为弹性区域。

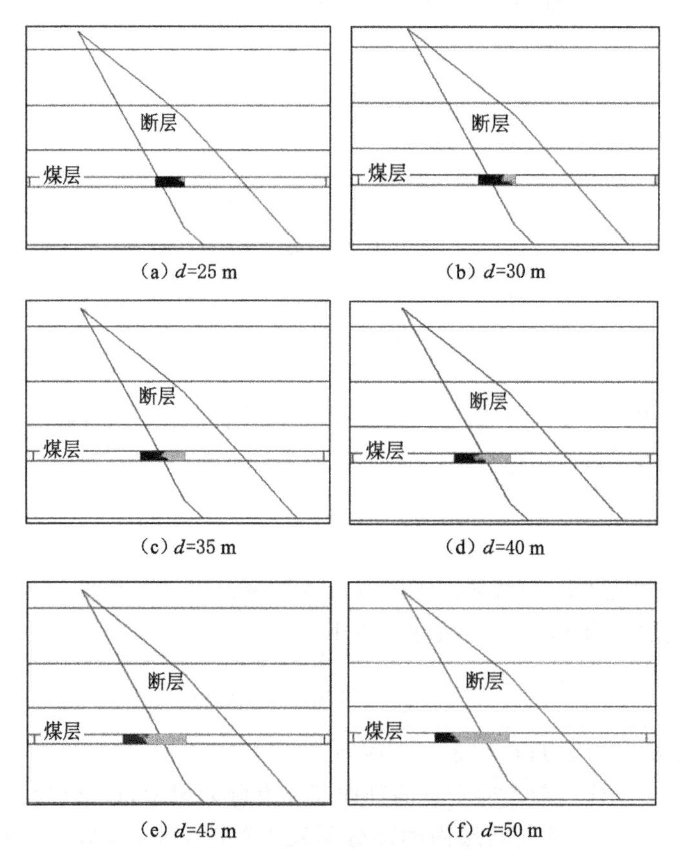

(a) d=25 m　(b) d=30 m

(c) d=35 m　(d) d=40 m

(e) d=45 m　(f) d=50 m

图 3-22　不同防突煤柱厚度对应的塑性区范围

分析图 3-22 可知，当防突煤柱厚度为 25 m、30 m 时，防突煤柱塑性区范围伸入断层内部，开采扰动影响下断层发生裂（孔）隙萌生、渗透弱化过程的可能性非常大；当防突煤柱厚度为 35 m、40 m 时，防突煤柱塑性区边界在断层边界附近，断层依然有渗透弱化的风险；当防突煤柱厚度为 45 m、50 m 时，煤柱塑性区边界距离断层边界的距离分别为 2.5 m、4.6 m，但在增大防突煤柱厚度的过程中，模型结果显示防突煤柱塑性区的变化不明显。综合考虑煤层开采突水风险与煤炭开采经济性，结合多次模拟测试结果，分析认为当防突煤柱厚度为 46 m 时，13303 工作面开采不会引起断层组的活化，为最佳防突厚度。

3.7　断层滞后突水地质模型试验研究

以王楼煤矿 13301 工作面原生不导水断层滞后突水为研究对象，构建三维水文地质力学模型，通过大型流-固耦合地质模型试验研究采动作用下断层滞后突水机理，得到开采扰动、应力场与渗流场共同作用下应力-渗流-损伤耦合机制；研究采动作用下充填型原生不导水断层突水的时间效应，得到断层活化多场信息及其时空演化规律。

3.7.1　模型试验系统装置及信息采集系统

断层滞后突水地质模型试验系统装置由模型试验台架、水压恒定加载系统、静力液压加载控制系统和多场信息采集系统 4 部分组成。

（1）模型试验台架

模型试验台架由组合式反力架、可视化试验箱和底座组成，模型试验的几何相似比取为 1∶300，整体模型尺寸（长×高×宽）为 2.4 m×2.4 m×1.2 m，如图 3-23 所示。

图 3-23　模型试验台架

组合式反力架和底座由25Mn合金钢制成，起到反力墙的作用，以保持模型架的整体稳定性。反力架采用组合式设计，构件拼接及拆卸简单方便。可视化试验箱由高强度透明有机钢化玻璃组合而成，可以直观观察试验进行过程中断层活化的过程。

(2) 水压恒定加载系统

如图3-24所示，水压恒定加载系统由空压机、恒压气动隔膜泵及耐压水箱组成，模拟采动过程中侏罗系承压含水层。空压机型号为S50，提供最大压力为0.8 MPa，通过压力控制器可实现控制精度为0.5%FS；恒压气动隔膜泵型号为QBY40，通过空压机对耐压水箱提供恒定水压。

图3-24 水压恒定加载系统

(3) 静力液压加载控制系统

静力液压加载控制系统由液压油缸、液压控制柜和恒压伺服控制系统组成，如图3-25所示。该系统能对模型体顶部进行均匀加载，最大加载压力为25 MPa，加载精度为0.01 MPa，稳压时间大于360 h。为了满足本次模型试验的要求，液压加载系统的水头高度控制在4 m以上。

图3-25 静力液压加载控制系统

(4) 多场信息采集系统

① 监测传感器

本试验使用的传感器包括应力计、渗压计、应变片及位移计,如图 3-26 所示。渗压计及应力计量程为 1.5 MPa,灵敏度为 0.1 kPa,直径为 29 mm,厚度为 10 mm,本实验将应力、位移和渗压传感器进行耦合连接,实现了多元信息的实时监测和采集。

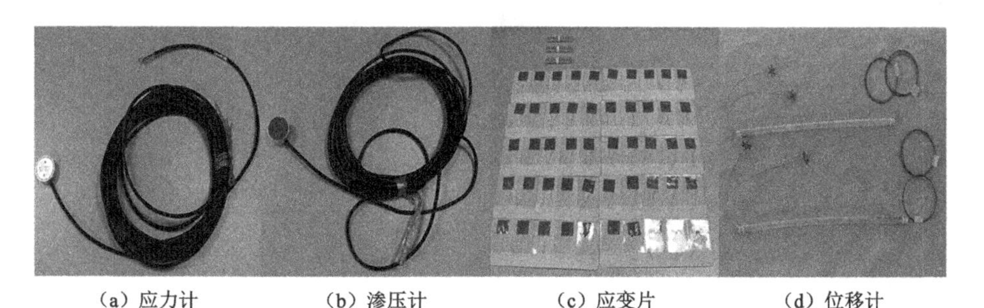

(a) 应力计　(b) 渗压计　(c) 应变片　(d) 位移计

图 3-26　监测传感器

② 应变砖制作及防水处理

本试验采用应变监测点处的相似材料的配比来制作应变砖,应变砖的尺寸为 30 mm×30 mm×30 mm。采用箔式纸基型电阻应变片,型号为 BX120-3BA,将应变片和端子用慢干型胶粘贴于应变砖表面,并用焊锡将导线和引线连接,如图 3-27 所示。由于电测法的信号传输容易受到水环境的干扰,所以焊接接口的裸露部分表面涂抹防水玻璃胶来对电阻应变监测元件进行防水处理。

图 3-27　应变砖及防水处理

③ 自动化数据采集分析系统

本试验采用自动化数据采集分析系统对试验数据进行收集和分析，包括 XL2101G 静态应变仪量测系统和微机控制多通道试验系统。其中，XL2101G 静态应变仪量测系统用于采集渗压计、应力计及应变砖监测数据，而微机控制多通道试验系统通过光栅尺监测位移计监测数据。如图 3-28 所示。

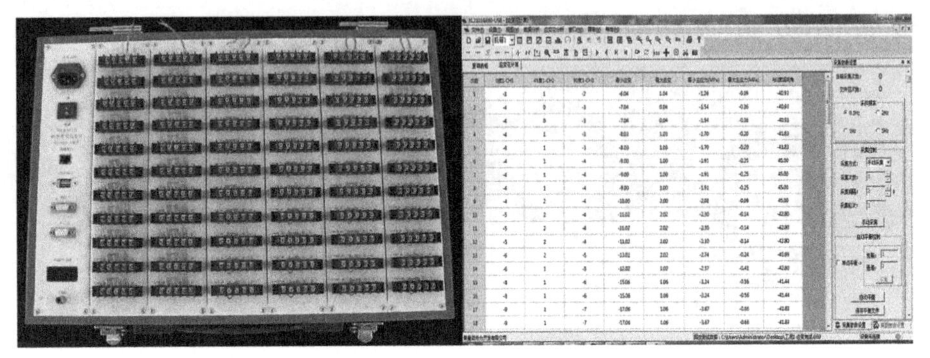

(a) XL2101G静态应变仪量测系统　　(b) XL2101G静态应变仪软件界面

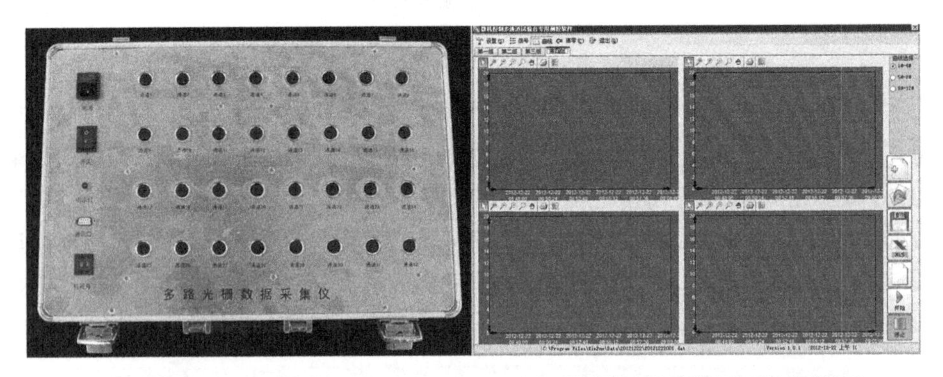

(c) 微机控制多通道试验系统　　(d) 微机控制多通道试验系统软件界面

图 3-28　自动化数据采集分析系统

3.7.2　新型流-固耦合相似材料

对于流-固耦合断层滞后突水地质模型试验的难点在于相似材料的研制，既要考虑相似材料体系的物理力学特性，同时要模拟相似材料体系的非亲水特性，即相似材料在地下水长期浸润作用下，能够真实模拟出地层的渗透-弱化-损伤过程。本试验基于流-固耦合相似原理，开展了大量相似材料配比试验，研发出适用于断层滞后突水模拟的非亲水相似材料体系。

3.7.2.1　流-固耦合相似原理

模型试验的相似原理是指模型上重现的物理现象应与原型相似，即要求模型材料、模型形状和荷载等均须遵循一定的规律，把原型(P)和模型(M)之间具有相同量纲的物理量之比称为相似比尺，用字母 C 代替。

根据弹性力学方程或量纲分析方法可以推导相似判据。

(1) 由平衡方程建立的相似条件为：

$$\frac{C_{\gamma}C_{\mathrm{L}}}{C_{\sigma}}=1 \tag{3-32}$$

式中：C_{γ}为容重相似比尺；C_{L}为几何相似比尺；C_{σ}为应力相似比尺。

(2) 由几何方程建立的相似条件为：

$$\frac{C_{\varepsilon}C_{\mathrm{L}}}{C_{\delta}}=1 \tag{3-33}$$

式中：C_{ε}为应变相似比尺；C_{δ}为位移相似比尺。

(3) 由物理方程建立的相似条件为：

$$\frac{C_{\sigma}}{C_{\varepsilon}C_{\mathrm{E}}}=1 \tag{3-34}$$

式中：C_{E}为弹性模量相似比尺。

(4) 时间相似条件为：

$$C_{\mathrm{t}}=\sqrt{C_{\mathrm{L}}} \tag{3-35}$$

式中：C_{t}为时间相似比尺。

(5) 渗透系数相似条件为：

$$C_{\mathrm{k}}=\frac{\sqrt{C_{\mathrm{L}}}}{C_{\gamma}} \tag{3-36}$$

式中：C_{k}为渗透系数相似比尺。

对于地质力学模型，除要满足上述关系式，还要求 $C_{\varepsilon}=1$ 和材料的各项强度指标相似常数一致。$C_{\varepsilon}=1$ 要求原型与模型的应力-应变曲线和莫尔强度包线相似。

本模型试验中，选取 $C_{\mathrm{L}}=300$，$C_{\gamma}=1$，则：

$$C_{\sigma}=C_{\delta}=C_{\mathrm{E}}=C_{\mathrm{L}}=300,C_{\gamma}=C_{\varepsilon}=1,C_{\mathrm{t}}=C_{\mathrm{k}}\approx 17.32$$

3.7.2.2　原岩强度及渗透性测试

对目标地层进行现场取样，并对取样进行标准试样加固，测试强度及渗透性，如图 3-29 所示，测试结果如表 3-1 所示。

（a）标准试样加工

（b）强度测试实验

图 3-29　原岩强度与渗透性测试

表 3-1　原岩强度与渗透性测试结果

岩层编号	岩层名称	厚度 /m	抗压强度 /MPa	内摩擦角 /(°)	弹性模量 /($\times 10^9$ Pa)	渗透系数 /(cm/s)
S1	细砂岩	60.05	55.6	35	1.31	4.17×10^{-4}
S2	中砂岩	65.94	63.7	38	1.82	6.14×10^{-5}
S3	粗砂岩	32.47	72.1	42	2.23	1.14×10^{-6}
S4	砾岩	6.72	52.6	32	1.15	4.60×10^{-6}
S5	砂岩	56.07	47.5	31	0.92	1.20×10^{-5}
S6	泥岩	18.00	21.5	25	1.33	5.70×10^{-5}
S7	$3_{上}$煤	2.08	7.0	18	0.62	2.48×10^{-4}
S8	断层带	26.07～40.27（断距）	2.74～23.10	—	—	1.04×10^{-3}～1.45×10^{-3}

3.7.2.3　流-固耦合相似材料的研制

(1) 原材料的选择

在流-固耦合相似模型试验中,模型的几何形状和相似材料的各项物理力学性质应与原型相似。因此,正确选择相似材料并确定满足相似关系的配比往往是模型试验成功的关键。

参考国内外大量资料,本试验的相似材料选取碳酸钙、白水泥和石蜡作为胶结剂,石英砂和滑石粉作为骨料,硅油和铁粉作为调节剂,并配以适量的拌合水。为满足相似材料的性能要求,石英砂粒径为 315～1 180 μm;铁粉粒径为 74 μm;滑石粉粒径为 44 μm;石灰石粉粒径为 15 μm;水泥采用 P·O 32.5 级白色硅酸盐水泥;硅油黏度为 1 500 cs;石蜡采用低熔度优质石蜡。

(2) 相似材料配比试验设计

为了得到不同配比的性能,设计 29 组配比,对相似材料的基本力学参数单轴抗压强度和抗渗性进行测试,材料配比见表 3-2。

表 3-2　相似材料配比表　　单位:g

序号	砂	铁粉	白水泥	碳酸钙	硅油	石蜡	滑石粉
1	385	27	6	9	12	14	0
2	355	25	10	11	21	25	9
3	320	23	14	12	40	34	17
4	340	27	5	11	20	36	18
5	350	28	10	13	43	13	0
6	358	28	16	8	11	25	9
7	335	30	5	13	41	24	9
8	345	30	10	8	10	36	18
9	361	32	16	12	21	13	0
10	341	23	5	10	40	23	17
11	360	28	10	13	10	36	0
12	367	25	15	8	20	12	9
13	376	29	5	14	10	13	9
14	350	27	10	8	20	24	18
15	335	25	14	10	39	34	0
16	358	30	5	8	20	36	0
17	348	29	10	11	40	12	9

表 3-2(续)

序号	砂	铁粉	白水泥	碳酸钙	硅油	石蜡	滑石粉
18	350	29	15	13	10	23	18
19	358	23	5	12	19	34	8
20	353	24	9	7	39	11	17
21	374	24	15	11	10	24	0
22	357	26	5	8	40	23	0
23	360	26	10	10	10	34	9
24	360	26	14	12	19	11	17
25	373	29	5	11	10	12	18
26	365	29	10	12	19	23	0
27	337	27	13	7	37	32	8
28	365	47	5	21	10	37	0
29	340	44	9	23	42	12	17

(3) 测试试样的制备

为测试不同配比的试样的物理力学性能与抗渗性，每组配比分别制作了 3 个强度测试试样与 3 个渗透性测试试样，共 174 组测试试样，部分测试试样如图 3-30 所示。

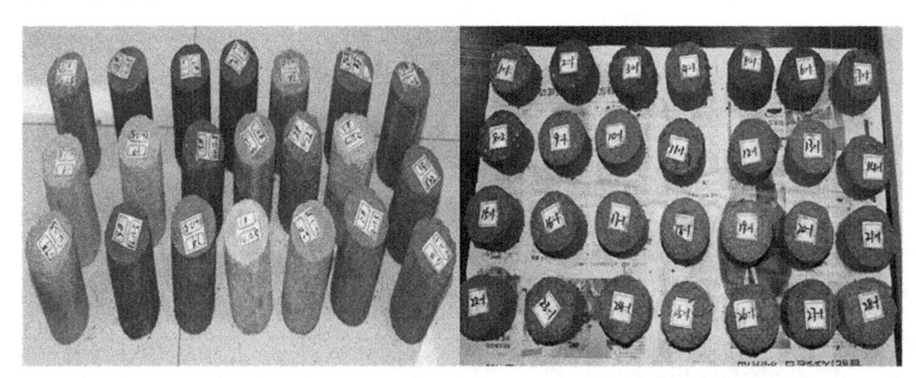

(a) 强度测试试样　　(b) 渗透性测试试样

图 3-30　部分测试试样

将搅拌好的相似材料装入模具压实，然后脱模贴上标签，放置在常温下干燥。不同材料的性质，试样制作过程包括：① 按照比例称取胶结剂、骨料和调节剂；② 将石英砂、滑石粉、碳酸钙和白水泥 4 种细颗粒材料混合均匀，再加入适量拌合水搅拌均匀；③ 加入调节剂硅油和铁粉并搅拌均匀；④ 将石蜡加热至液态，并与材料迅速混合；⑤ 将配好的相似材料装模，并压实；⑥ 完成脱模，并在室温下养护。

（4）相似材料性能测试试验

① 单轴抗压试验及分析

本试验测试采用高 100 mm、直径 50 mm 的圆柱体标准试样，试样制备后对试样质量、体积进行测试，并得出试样密度，最后对 7 d 龄期试样进行无侧限单轴抗压试验，并自动绘出相似材料试样单轴抗压试验的应力-应变曲线，如图 3-31 所示，强度测试结果见表 3-3。

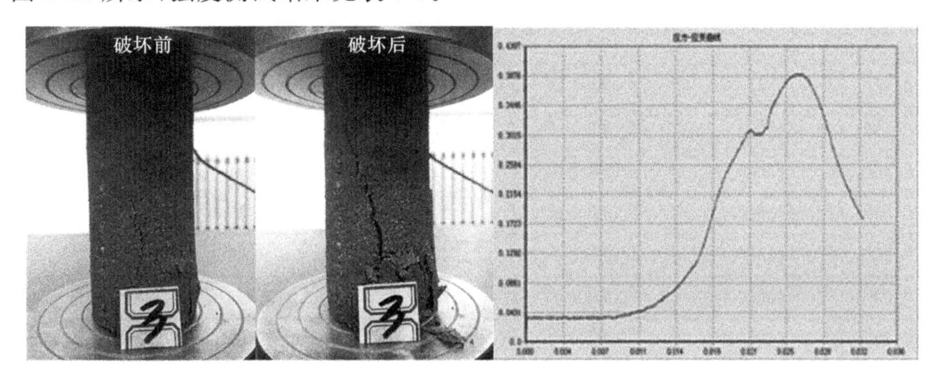

图 3-31　单轴抗压试验及相似材料的应力-应变曲线

表 3-3　单轴抗压强度测试结果

序号	质量 /g	体积 /cm³	密度 /(g/cm³)	压力值 /kN	强度 /kPa
1	435.4	196.1	2.22	0.525 29	267.7
2	436.9	195.9	2.23	0.491 20	250.3
3	434.7	195.8	2.22	0.407 27	207.5
4	435.3	196.1	2.22	0.287 00	146.2
5	420.7	196.5	2.14	0.333 83	170.1
6	447.8	196.4	2.28	0.890 97	454.0
7	437.4	196.1	2.23	0.324 84	165.5
8	451.8	196.4	2.30	0.605 47	308.5
9	436.1	196.4	2.22	0.557 14	283.9
10	431.6	196.2	2.20	0.282 13	143.8

表 3-3(续)

序号	质量 /g	体积 /cm³	密度 /(g/cm³)	压力值 /kN	强度 /kPa
11	446.5	194.1	2.30	0.606 22	308.9
12	442.5	196.6	2.25	0.835 89	425.9
13	442.6	195.8	2.26	0.376 17	191.7
14	447.4	196.2	2.28	0.627 20	319.6
15	435.7	196.2	2.22	0.338 33	172.4
16	433.0	195.9	2.21	0.272 76	119.0
17	431.3	196.0	2.20	0.449 61	229.1
18	451.2	196.1	2.30	0.741 85	378.0
19	450.1	196.5	2.29	0.374 67	190.9
20	430.3	196.4	2.19	0.331 21	168.8
21	448.0	196.4	2.28	0.872 99	444.8
22	419.6	196.1	2.14	0.210 57	107.3
23	452.7	195.9	2.31	0.737 35	375.7
24	446.1	196.5	2.27	0.980 89	499.8
25	448.1	196.5	2.28	0.525 29	267.7
26	426.7	196.6	2.17	0.343 95	175.3
27	426.8	196.6	2.17	0.295 24	150.4
28	441.6	196.2	2.25	0.280 63	143.0
29	445.9	196.4	2.27	0.292 24	148.9

本试验表明，相似材料抗压强度的调控范围为 107.3～499.8 kPa，所以该相似材料的抗压强度和弹性模量的可调性较强，可模拟不同类型中低强度的岩石。

试验中发现，水泥和石蜡的含量是影响材料抗压强度的主要因素。当水泥含量小于 5%时，材料抗压强度随水泥含量的增加而减弱，此时石蜡的黏结作用成为材料的主要强度；当水泥含量由 5%增加到 10%的过程中，材料抗压强度随水泥含量的增加而增强，此时水泥含量的增加成为材料强度增加的主要因素。石蜡作为一种塑性胶凝剂，在水泥成分含量不变时，石蜡含量的增加会使材料的强度线性降低。

② 渗透性试验及分析

渗透系数是表征相似材料水理性的主要特征指标。本试验采用常水头实验法对相似材料渗透试样进行测试，渗透性测试试验如图3-32所示，渗透性测试结果见表3-4。

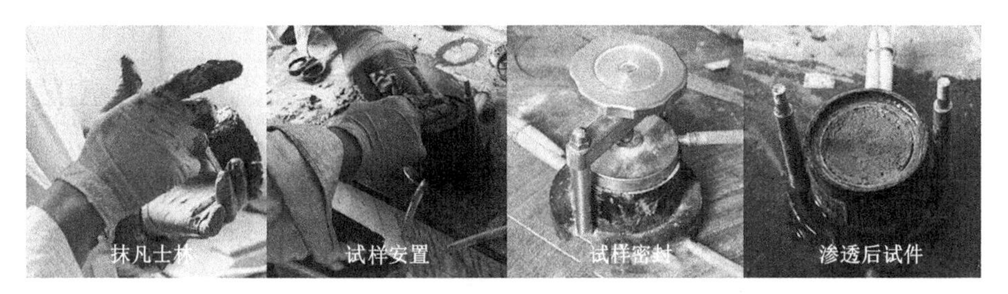

图3-32 渗透性测试试验

表3-4 渗透性测试结果

序号	质量/g	渗流量/(cm³/s)	水头/cm	渗流面积/cm²	渗流长度/cm	渗透系数/(×10⁻³cm/s)
1	236.3	85.1	375.0	30.0	4.0	1.892
2	254.3	130.0	375.0	30.0	4.0	2.889
3	246.8	253.2	375.0	30.0	4.0	5.626
4	248.9	174.6	375.0	30.0	4.0	3.881
5	249.8	229.3	375.0	30.0	4.0	5.095
6	235.9	191.3	375.0	30.0	4.0	4.250
7	235.8	251.1	375.0	30.0	4.0	5.581
8	253.8	49.1	375.0	30.0	4.0	1.092
9	262.7	38.4	375.0	30.0	4.0	0.853
10	253.4	93.0	375.0	30.0	4.0	2.067
11	254.8	45.6	375.0	30.0	4.0	1.014
12	242.0	202.8	375.0	30.0	4.0	4.506
13	220.5	308.0	375.0	30.0	4.0	6.844
14	248.0	125.4	375.0	30.0	4.0	2.786
15	247.8	237.7	375.0	30.0	4.0	5.282
16	253.2	221.1	375.0	30.0	4.0	4.914
17	238.0	222.4	375.0	30.0	4.0	4.943
18	255.5	66.6	375.0	30.0	4.0	1.481
19	249.9	249.0	375.0	30.0	4.0	5.533

表 3-4(续)

序号	质量/g	渗流量/(cm^3/s)	水头/cm	渗流面积/cm^2	渗流长度/cm	渗透系数/($\times10^{-3}$cm/s)
20	250.9	154.4	375.0	30.0	4.0	3.431
21	252.8	71.0	375.0	30.0	4.0	1.578
22	244.4	323.9	375.0	30.0	4.0	7.197
23	254.1	135.5	375.0	30.0	4.0	3.011
24	252.0	144.5	375.0	30.0	4.0	3.211
25	245.0	230.3	375.0	30.0	4.0	5.117
26	250.6	255.3	375.0	30.0	4.0	5.673
27	247.7	276.6	375.0	30.0	4.0	6.146
28	254.8	88.0	375.0	30.0	4.0	1.956
29	249.4	211.3	375.0	30.0	4.0	4.696

在试验中发现,材料的渗透系数可以通过调整石蜡和硅油的质量比来进行宏观调控。石硅比在 1∶3 左右时,渗透系数较大;随着石蜡比例的增加,材料的渗透系数迅速减小。

(5) 相似材料配比选择

比较原岩与相似材料强度与渗透性,得出对应的相似配比见表 3-5。

表 3-5 相似材料配比选择

岩层编号	岩层名称	岩样		配比编号	相似材料	
		抗压强度/MPa	渗透系数/(cm/s)		抗压强度/kPa	渗透系数/(cm/s)
S1	细砂岩	55.6	4.17×10^{-4}	5	170.1	5.095×10^{-3}
S2	中砂岩	63.7	6.14×10^{-5}	3	207.5	5.626×10^{-3}
S3	粗砂岩	72.1	1.14×10^{-6}	17	229.1	4.943×10^{-3}
S4	砾岩	52.6	4.60×10^{-6}	19	190.9	5.533×10^{-3}
S5	砂岩	47.5	1.20×10^{-5}	27	150.4	6.146×10^{-3}
S6	泥岩	21.5	5.70×10^{-5}	16	119.0	4.914×10^{-3}
S7	$3_上$煤	7.0	2.48×10^{-4}	—	125.3 *	3.219×10^{-3} *
S8	断层带	1.74～23.1	1.04×10^{-3}～1.45×10^{-3}	22	107.3	7.197×10^{-3}

* 为方便开采,$3_上$煤相似材料采用亲水材料配比,其中石英∶石膏=2∶1;搅拌过程中,配比材料加入适量墨水染色。

3.7.3　断层滞后突水地质模型试验

(1) 测点布置设计

在煤层开采过程中，断层及其围岩力学状态在不断发生变化，其中孕育着滞后突水的前兆信息，通过设置关键点实时监测应力、渗压及位移等信息，分析断层灾变演化特征及规律。关键点布置如图 3-33 所示，其中监测断面 1# 位于煤层上方 15 cm，监测断面 2# 位于煤层上方 45 cm。

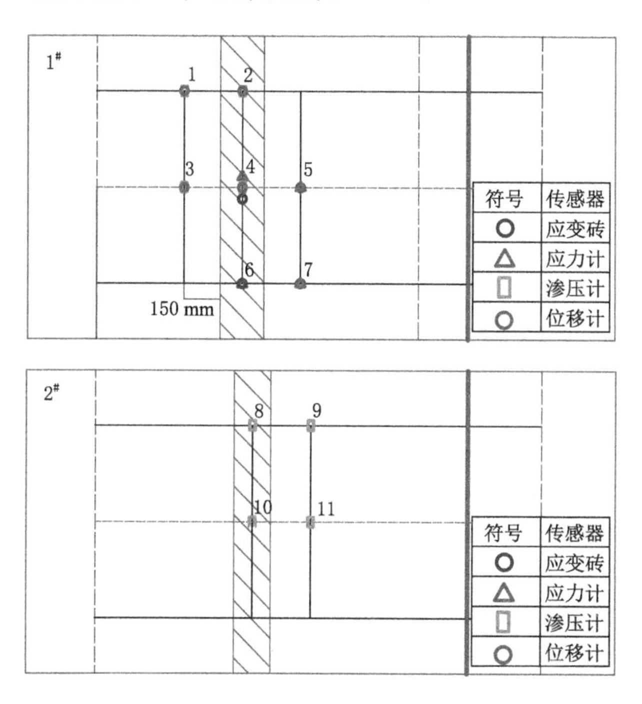

图 3-33　关键点传感器布置示意图

在监测断面 1# 中，同一监测点可监测采动过程中断层及其围岩相互靠近的应力、渗压、位移及应变演化规律。在监测断面 2# 中，同一监测点可监测采动过程中断层及其围岩渗压演化规律。

(2) 试验实施过程

① 相似地层铺设

本试验利用研制的新型流-固耦合相似材料对岩体和煤层进行模拟。根据流-固耦合相似材料室内试验的结果，模型各层岩体和煤层对应不同的相似材料配比，自上而下为含水层充填 S1 细砂、S2 中砂、S3 粗砂、S4 砾岩、S5 砂岩、S6

泥岩、煤层相似材料、S6 泥岩、S1 细砂、S4 砾岩、S1 细砂以及断层，如图 3-34 所示。

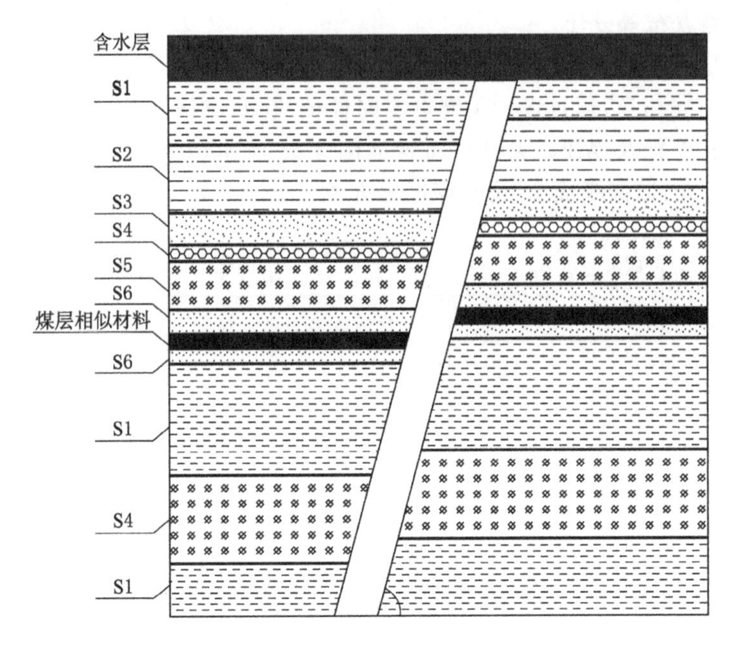

图 3-34　试验各层分布示意图

断层滞后突水地质模型采用夯实填筑法制作，如图 3-35 所示，其基本流程包括：① 筛选符合试验粒径要求的石英砂，烘箱内去除水分，预制断层铺设模具；② 按照材料配比称量各组分质量，在搅拌机内先后混合搅拌石英砂、铁粉、白水泥、碳酸钙、滑石粉，待搅拌均匀后依次放入融化后的石蜡，搅拌均匀后掺入硅油、水，充分搅拌；③ 将搅拌均匀的相似材料放入模型台架内，自下而上分层铺设相似材料，其间通过小型振动夯机逐层碾压，碾压结束标准为达到预定标高与密实度；④ 模拟地层间通过白云母粉均匀隔离；⑤ 在铺设过程中在监测关键点布设传感器；⑥ 通过预制好的倾角与断层带宽度的模具铺设断层相似材料；⑦ 模型顶部采用预制好的水箱封闭，最终吊装同步加载液压油缸、反力梁等；⑧ 最后封闭模型试验顶部及周边缝隙，达到模型试验内体封闭耐压目的。

② 微型传感器埋设

在模型试验相似材料铺设过程中，按照设计对各监测断面内监测关键点埋设微型传感器。对于监测断面 1#，埋设的传感器包括渗压计 4 个、应力计 4 个、位移计 3 个、应变砖 4 个；对于监测断面 2#，埋设的传感器包括渗压计 4 个。监测传感器埋设流程如图 3-36 所示。

图 3-35　模型相似地层铺设流程

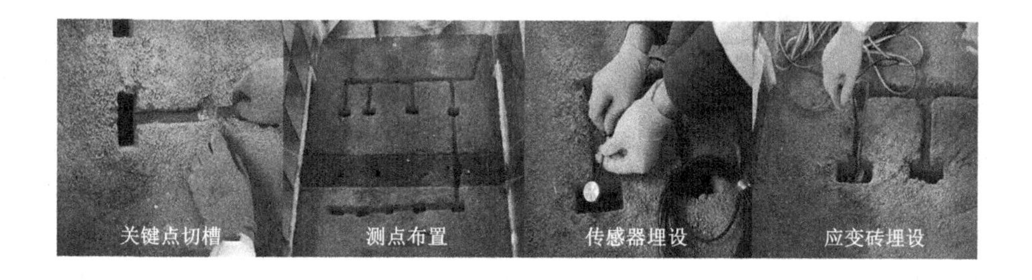

图 3-36　监测传感器埋设流程

③ 模拟开采过程

该试验采用人工开采的方式，根据开采设计，模型试验的几何相似比为 1∶300，时间相似比为 1∶17。单次开采步距为 5 cm，每 8 h 开采一次，整个模型共开采 36 步，12 d 开采完成，共开采 180 cm。其中，断层上盘开采 40 cm（开采 8 次），断层带开采 15 cm（开采 3 次），过断层后开采 125 cm（开采 25 次）。在模型开采过程中，各监测元件均采用实时采集的方式全程记录模型体的内部信息，实时监测采动过程中断层及围岩应力、应变、渗压、位移等数据的变化规律，模拟开采过程如图 3-37 所示。

图 3-37　模型模拟开采过程

3.7.4　模拟试验结果分析

(1) 位移监测结果与分析

图 3-38 为监测断面 1# 监测位移变化曲线。其中，图 3-38(a)为断层内位移随开采步数变化曲线，图 3-38(b)为断层附近围岩位移随开采步数变化曲线，图 3-38(c)为断层及断层附近围岩位移随开采步数变化曲线对比。

分别对比图 3-38(a)中关键点 2 与关键点 4 及图 3-38(b)中关键点 1 与关键点 3 可知，工作面中部位移变化量大于工作面端部围岩变化量；对比图 3-38(c)中关键点 3 与关键点 4 可知，对于相邻测点，断层位移变化量大于断层附近围岩变化量。由此得出，开采扰动对断层影响大于对围岩影响。

断层及附近围岩位移随开采扰动呈阶段性变化规律：① 开采至断层阶段(开采 1 至 8 步)，由于断层及附近围岩距离较远，且工作面前期开采扰动较小，位移增加不明显；② 开采穿过断层阶段(开采 8 至 11 步)，断层及附近围岩受开采扰动作用显现，位移增加速率较低；③ 断层后开采初始阶段(开采 12 至 20 步)，断层及围岩受开采扰动作用逐渐显著，断层及围岩位移持续增加；④ 断层初始突水阶段(开采 21 至 23 步)，断层及围岩位移增加速率明显增加，此阶段为位移变化率的最大阶段；⑤ 断层快速突水阶段(开采 24 至 36 步)，断层及围岩位移增加速率降低，且逐渐趋于平稳，断层内突水进入稳定阶段。

(2) 应力监测结果与分析

图 3-39 为监测断面 1# 应力变化曲线。其中，图 3-39(a)为断层内应力随开采步数变化曲线，图 3-39(b)为断层附近围岩应力随开采步数变化曲线，

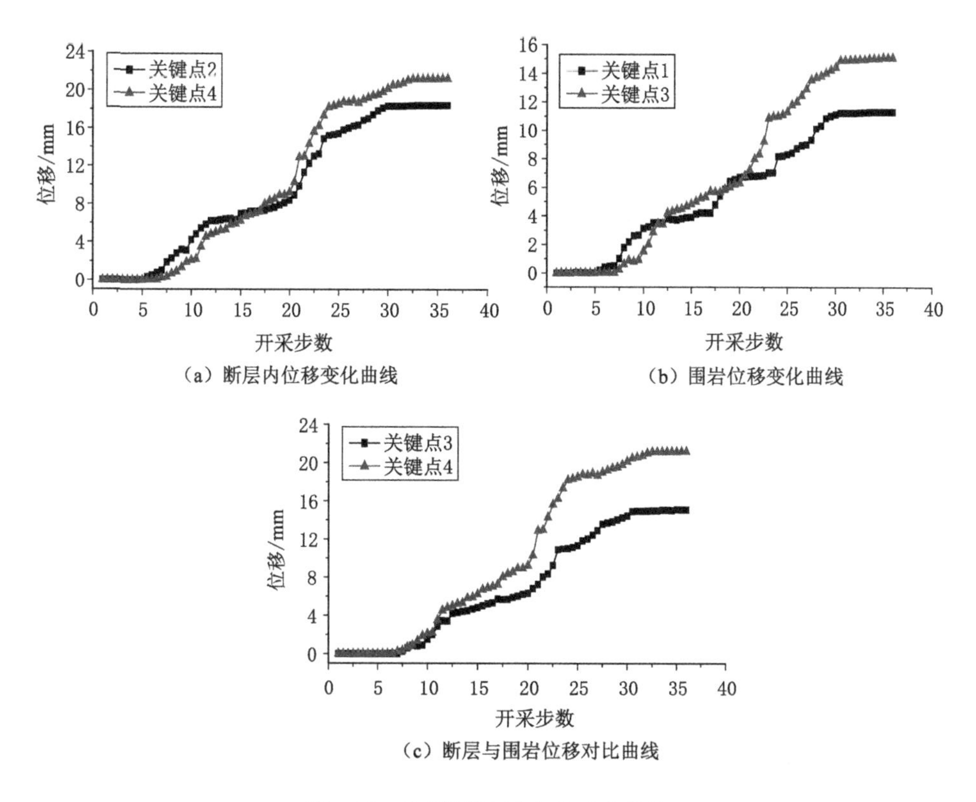

(a) 断层内位移变化曲线

(b) 围岩位移变化曲线

(c) 断层与围岩位移对比曲线

图 3-38　监测断面 1# 位移变化曲线

图 3-39(c)为断层及断层附近围岩应力随开采步数变化曲线对比。

分别对比图 3-39(a)中关键点 4 与关键点 6 及图 3-39(b)中关键点 5 与关键点 7 可知,工作面中部应力变化量大于工作面端部围岩应力变化量;对比图 3-39(c)中关键点 4 与关键点 5 可知,对于相邻测点,断层应力变化量大于断层附近围岩应力变化量。

断层及附近围岩应力随开采扰动呈阶段性变化规律:① 开采至断层阶段(开采 1 至 8 步),由于断层及附近围岩距离较远,且工作面前期开采扰动较小,应力仍为初始加载应力,应力变化不明显;② 开采穿过断层阶段(开采 8 至 11 步),断层及附近围岩受开采扰动作用显现,应力开始增加;③ 断层后开采初始阶段(开采 12 至 20 步),断层及围岩受开采扰动作用逐渐显著,由于断层结构卸荷作用,断层及围岩应力减小;④ 断层初始突水阶段(开采 21 至 23 步),断层及围岩应力减小速率明显增加,此阶段为应力变化率的最大阶段;⑤ 断层快速突水阶段(开采 24 至 36 步),断层及围岩应力减小速率降低,且逐渐趋于平稳,断层内突水进入稳定阶段。

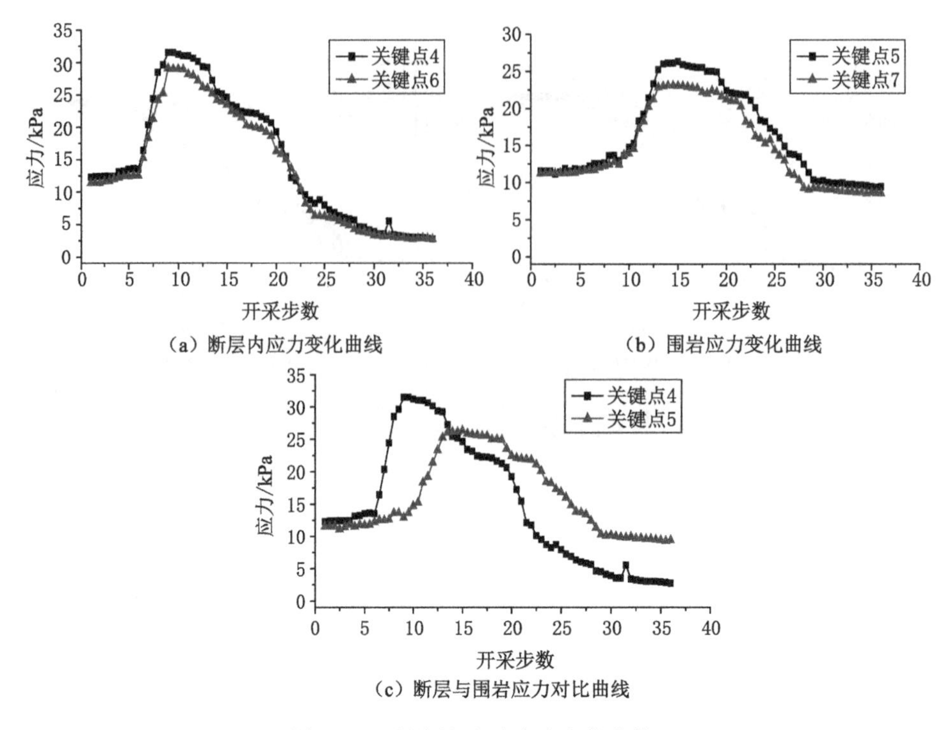

图 3-39 监测断面 1# 应力变化曲线

由此得出,开采扰动对断层及附近围岩位移及应力具有相同的影响,在采动作用下,其具有相同的位移与应力变化特征及规律。

(3) 应变监测结果与分析

图 3-40 为监测断面 1# 应变变化曲线,本书以监测断面视电阻率的变化来体现应变的变化。其中,图 3-40(a)为断层内应变随开采步数变化曲线,图 3-40(b)为断层附近围岩应变随开采步数变化曲线,图 3-40(c)为断层及断层附近围岩应变随开采步数变化曲线对比。

分别对比图 3-40(a)中关键点 4 与关键点 6 及图 3-40(b)中关键点 5 与关键点 7 可知,工作面中部应变变化量大于工作面端部围岩应变变化量;对比图 3-40(c)中关键点 4 与关键点 5 可知,对于相邻测点,断层应变变化量大于断层附近围岩应变变化量。

断层及附近围岩应变随开采扰动呈阶段性变化规律:① 开采至断层阶段(开采 1 至 8 步),工作面受开采扰动较小,应变增加不明显;② 开采穿过断层阶段(开采 8 至 11 步),断层及附近围岩受开采扰动作用显现,应变持续增加;③ 断层后开采初始阶段(开采 12 至 20 步),断层及围岩受开采扰动作用逐渐显

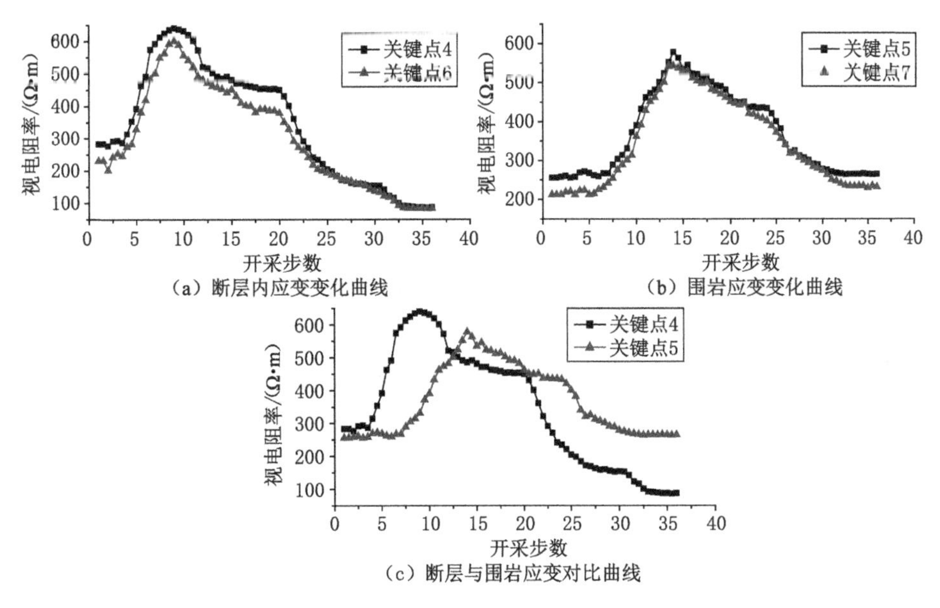

图 3-40　监测断面 1# 应变变化曲线

著，由于断层结构卸荷作用，断层及围岩应变开始减小；④ 断层初始突水阶段(开采 21 至 23 步)，由于水的浸润侵蚀作用，断层及围岩应变减小速率明显增加，此阶段为应变变化率的最大阶段；⑤ 断层快速突水阶段(开采 24 至 36 步)，断层及围岩应变减小速率降低，且逐渐趋于平稳，断层内突水进入稳定阶段。

由此得出，在采动作用下，断层与附近围岩在应变与应力变化特征及规律上相吻合。

(4) 渗压监测结果与分析

图 3-41 为监测断面 1# 断层内渗压变化曲线，而断层附近围岩渗压监测不到规律性数据。

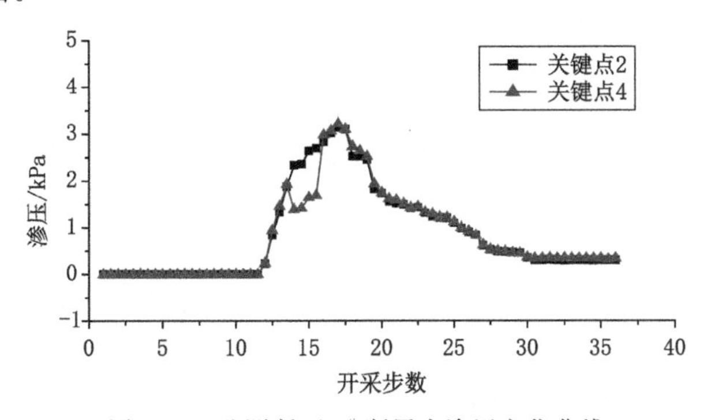

图 3-41　监测断面 1# 断层内渗压变化曲线

对比图 3-41 中关键点 2 与关键点 4 渗压变化曲线可知，对于监测断面 1#，断层内渗压变化情况不同于位移、应力与应变变化特征，在工作面中部及端部渗压差异性较小。

对于监测断面 1#，断层及附近围岩渗压随开采扰动阶段性变化规律为：① 开采至断层阶段(开采 1 至 8 步)，工作面受开采扰动较小，无水压影响；② 开采穿过断层阶段(开采 8 至 11 步)，断层及附近围岩较小，无水压影响；③ 断层后开采初始阶段(开采 12 至 20 步)，断层及附近围岩受开采扰动影响，断层结构整体产生错动滑移，断层带内逐渐萌生微孔隙、微裂隙，断层介质渗压持续增加，当断层介质达到饱和后，采空区出现少量渗水，临近采空区断层及附近围岩水压降低；④ 断层初始突水阶段(开采 21 至 23 步)，断层及附近围岩下端产生突水临空面，断层及围岩渗压减小速率明显增加；⑤ 断层快速突水阶段(开采 24 至 36 步)，断层及围岩水压减小速率降低，且逐渐趋于平稳，断层内突水进入稳定阶段。

图 3-42 为监测断面 2# 渗压变化曲线。其中，图 3-42(a)为断层内渗压随开采步数变化曲线，图 3-42(b)为断层附近围岩渗压随开采步数变化曲线，图 3-42(c)为断层及断层附近围岩渗压随开采步数变化曲线对比。

分别对比图 3-42(a)中关键点 8 与关键点 10 及图 3-42(b)中关键点 9 与关键点 11 可知，对于监测断面 2# 相邻测点，断层内渗压变化情况不同于位移、应力与应变变化特征，在工作面中部及端部渗压差异性较小；对比图 3-42(c)中关键点 10 与关键点 11 可知，对于监测断面 2#，断层内渗压明显高于附近围岩水压，表明在滞后突水过程中，断层为关键突水通道。

对于监测断面 2#，断层及附近围岩渗压随开采扰动阶段性变化规律为：① 开采至断层阶段(开采 1 至 8 步)，工作面受开采扰动较小，无水压影响；② 开采穿过断层阶段(开采 8 至 11 步)，断层开始由非饱和状态向饱和状态变化，水压开始对断层造成影响，而对于断层附近围岩则无水压影响；③ 断层后开采初始阶段(开采 12 至 20 步)，断层及附近围岩受开采扰动影响，断层结构整体产生错动滑移，断层带内逐渐萌生微孔隙、微裂隙，断层介质渗压持续增加，当断层介质达到饱和后，采空区出现少量渗水，断层整体水压下降，对于断层附近围岩，受到承压水的持续浸润影响，其水压逐渐增加；④ 断层初始突水阶段(开采 21 至 23 步)，断层及附近围岩下端产生突水临空面，断层渗压减小速率明显增加，对于断层附近围岩，其水压持续增加；⑤ 断层快速突水阶段(开采 24 至 36 步)，断层及围岩水压变化速率降低，且逐渐趋于平稳，断层内突水进入稳定阶段。

图 3-43 为监测断面 1# 断层内关键点 4 与监测断面 2# 断层内关键点 10 渗压随开采步数变化曲线对比。

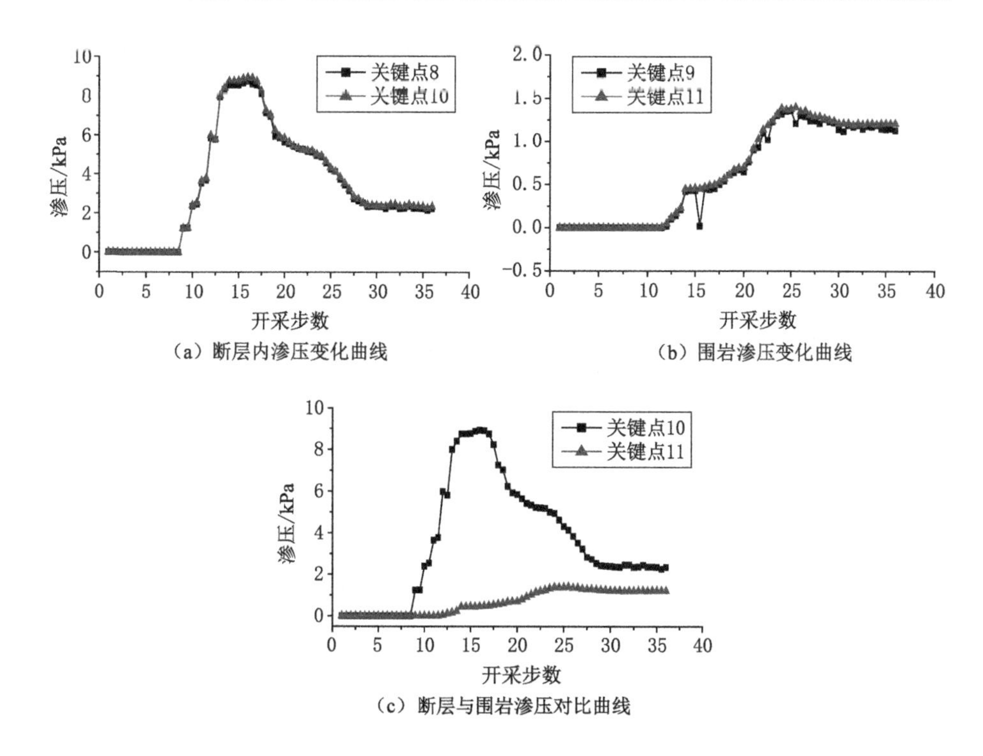

(a) 断层内渗压变化曲线

(b) 围岩渗压变化曲线

(c) 断层与围岩渗压对比曲线

图 3-42 监测断面 2# 渗压变化曲线

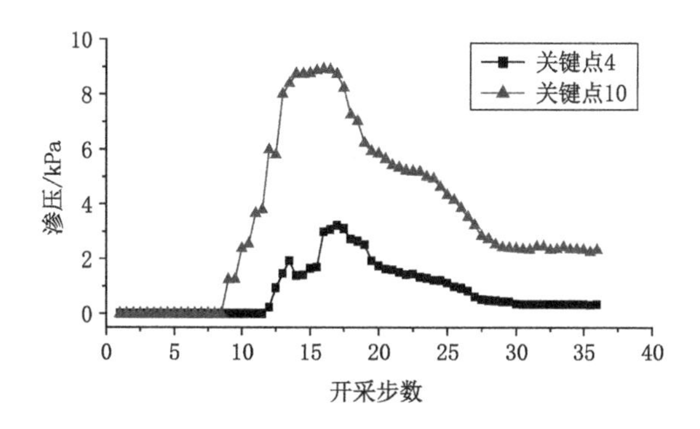

图 3-43 监测断面 1# 与 2# 渗压变化曲线

分析图 3-43 可知,断层不同监测界面渗压变化特征及规律相同,但在变化量与变化时间(体现在开采步距)上存在差异。相较于监测关键点 10,关键点 4 临近采空区,由于受到断层内水力梯度及采空区影响,关键点 4 渗压变化量小于关键点 10 渗压变化量;同时,开采过程中承压水对断层自上而下产生渗透弱化作用，关键点 4 渗压变化在时间上滞后于关键点 10 渗压变化，体现出了显著的时间滞后性。

3.8 本章小结

（1）分析断层滞后突水灾变演化过程，将断层滞后突水灾变演化过程划分为 3 个阶段：断层阻隔水阶段、断层裂隙萌生阶段及断层渗透弱化阶段。

（2）以典型的深部岩体断层滞后型突水为地质力学模型，基于流-固耦合理论，建立断层渗流弱化力学模型。将断层渗透弱化阶段分解为非饱和渗流阶段、低速饱和渗流阶段及快速饱和渗流阶段，分别通过理查德方程、达西定律以及布林克曼方程进行相应的描述。

（3）基于典型断层滞后突水案例，采用多场耦合软件建立相应的有限元数值模型，分析开采过程中断层渗透弱化多场物理演化规律，基于断层滞后突水关键突水通道渗透性变化规律，得到具有时间效应的地下水流态演化规律。

（4）基于岩体弹塑性理论，得到防突煤柱发生塑性变形时的临界条件。结合滞后突水工程地质条件，建立防突煤柱有限元数值模型，通过分析断层滞后突水防突煤柱塑性区范围，确定防突煤柱最佳安全厚度为 46 m。

（5）开展了断层滞后突水的地质模型试验，研制了新型流-固耦合相似材料及模型试验装置系统。以石英砂、滑石粉、碳酸钙、白水泥、石蜡、硅油、铁粉等为原料，研制了适用于流-固耦合模型试验的非亲水相似材料体系，建立了由试验台架、水压恒定加载系统和静力加载控制系统组成的地质模型试验装置系统。

（6）开展了采动作用下断层滞后突水物理模拟试验，分析了断层滞后突水过程中位移场、应力场、渗流场演化规律，进一步验证并揭示断层滞后突水的通道形成机理。

第 4 章　采动作用下断层滞后突水多场信息演化规律

对断层滞后突水机理的正确认识为突水灾害预警判识提供了重要的指导，在采动作用、地应力及含水层承压水共同作用下，断层充填介质受到持续的渗流-弱化-损伤作用，断层介质由微孔隙、微裂隙逐渐扩展、贯通向渗流通道渐进转化，在地下水物理化学作用下，断层介质损伤的积累导致孔隙率发生变化，进而影响地下水流态的转化，最终形成滞后突水灾害。本章结合断层滞后突水多场信息监测预警，对突水过程中多物理场进行分析，主要分析了断层滞后突水快速饱和渗流阶段多物理场演化规律，进而得出基于温度场与渗流场的断层滞后突水监测预警判识准则；同时对断层滞后突水相邻工作面留设防突煤柱，开展了矿井深部岩体断层滞后突水多物理场在线实时监测，重点分析了留设断层防突煤柱多物理场演化规律并对多物理场进行监测预警判识。

4.1　矿井概况与现场水文地质条件

4.1.1　矿井概况

王楼煤矿位于山东省济宁市以南的市中区喻屯镇境内，地理坐标为东经 116°32′10″～116°41′14″，北纬 35°07′48″～35°13′39″，行政区划归济宁市管辖。工业广场位于喻屯镇后王楼村北首，北距济宁市约 25 km。王楼井田位于济宁煤田的南部，矿井面积为 93.769 6 km^2，采矿权有效期限 26 年(2008 年 2 月 21 日—2034 年 2 月 12 日)。王楼煤矿井田北与兖矿集团三号井相邻，南与军城煤矿相邻，东以泗河煤矿 $16_{上}$ 煤层－350 m 底板等高线垂切线及奥灰露头为界，西至济宁支断层。井田形状不规则，其东西长为 8.7～13.2 km，南北宽 3.4～7.9 km，面积 66.585 0 km^2。

矿井采用立井配合暗斜井开拓，分－680 m 和－900 m 两个水平。－680 m 水平为生产水平，－900 m 水平为开拓水平。设计生产能力 90 万 t，年实际原煤产量 200 万 t。

可采或局部可采煤层共有五层，分别为山西组 $3_{上}$ 煤，太原组 $10_{下}$、$12_{下}$、

$16_上$、17 煤等。其中 $3_上$ 煤为主采煤层，$16_上$ 煤全区可采，$10_下$ 煤局部可采，$12_下$ 及 17 煤局部可采。$3_上$ 煤为中厚煤层，其余均为薄煤层。

4.1.2 水文地质条件

本井田上组煤露头隐伏于上侏罗统之下，下组煤露头在董庄断层西侧的水 BC-10 孔附近，为晚侏罗系地层覆盖，在井田东南部下组煤层露头为第四系覆盖，东南为奥灰隐伏露头区，井田东部为南阳湖，湖区面积约占全井田面积的 55%。

4.1.2.1 含水层

(1) 松散层含水层(组)

第四系厚 185.56～338.76 m，平均约 255.00 m，东薄西厚，为冲、湖积沉积物，根据沉积环境、岩相组合，结合物性特征，第四系可分为上、中、下三组，下组又可分为上($Q_{下2}$)、下($Q_{下1}$)两段，其中上组及下组上段为含水层段，中组及下组下段为相对隔水层段，现分述如下：

① 上组含水层(组)

底板埋深 51.60～80.25 m，平均厚约 68.60 m。该组地层主要由 4～15 层褐黄色细砂、砂质黏土组成，局部夹黏土薄层。砂层较松散，透水性好，属潜水～弱承压水，主要补给来源为大气降水，其次为河床的侧向补给。鹿洼煤矿附近饮用水井深 40 m，静水位埋深 1.94 m，水量 30 m^3/h，水质属 $SO_4 \cdot HCO_3$-$Na \cdot Mg \cdot Ca$ 型，矿化度 1.334 g/L，含氟量高达 4.5 mg/L。该层段属强富水孔隙含水层，为工农业生产及生活用水主要水源。

② 下组上段含水层(组)

该层(组)主要由 2～3 层褐黄色厚层细砂和薄层黏土组成，底板埋深 148.05～185.25 m，厚 22.85～53.85 m，含水砂层 2～9 层，厚度 12.85～41.85 m，砂层较稳定，富水性较好，属于承压水。

(2) 基岩含水层(组)

① 上侏罗统砂砾岩裂隙含水层

矿区内揭露该层的最大残厚 885.90 m。主要由棕红色、浅棕红色细砂岩、粉砂岩间夹砾岩组成。上部地层为灰色厚层状泥岩，厚 12.25～151.85 m，平均约 95.31 m，能起到良好的隔水作用，一般情况下隔断与松散层之间的水力联系。中部有岩浆侵入，矿区内岩浆岩厚 80.00～136.30 m，平均 98.00 m。本区内所施工钻孔，岩浆岩厚 83.00～127.00 m，平均 107.65 m。按其富水性自上而下划分为岩浆岩顶部及邻近 J_3m 砂岩段、岩浆岩底部及邻近 J_3m 砂岩段、J_3m 下部砂砾岩段三个含水段。

a. 岩浆岩顶部及邻近J_3m砂岩含水层

该含水层以紫红色粉砂岩、浅棕红色及浅灰色细砂岩为主，局部夹灰色为主的砾岩。砂岩累厚10.05～138.50 m，平均50.02 m，砂岩裂隙发育不均，差异性较大，一般岩石较致密，在风化带及断层破碎带，裂隙比较发育。矿区内水BC-3、BC-8号孔在施工过程中，均发生漏水现象，漏失量大于2.5 m^3/h。本次补勘3C-6号钻孔，在513.40 m全漏，说明本层段富水性较强。

b. 岩浆岩底部及邻近J_3m砂岩含水层

该含水层砂岩以薄层粉砂岩至中厚层细砂岩为主，砂岩累厚25.80～117.20 m，平均约58.56 m，细砂岩多为硅质胶结，岩石较致密。矿区内以往施工3C-1、3C-4号钻孔漏失量较大至全漏。济宁三号井精查阶段抽水试验，水位标高32.94～33.17 m，单位涌水量为0.10～0.11 L/(s·m)，富水性中等，渗透系数为0.417～0.614 m/d，矿化度为0.97～0.99 g/L，水质属SO_4-Na型。

c. J_3m下部砂砾岩含水层

该含水层段包括上侏罗系第一段与二段下部。其中一段多为浅紫红色粉砂岩、棕红色细砂岩，砂岩累厚9.30～56.25 m，平均约26.70 m。底部砾岩不稳定，常为细、粉砂岩，厚度变化较大，厚度3.90～66.55 m。二段底部多为砾岩或砂砾岩，砾岩多为浅灰色，厚1.50～8.90 m，平均5.31 m，成分为石英岩、石英砂岩，分选差，泥硅质胶结，砾径一般1.0～3.0 cm，大者可达9.0 cm，顶底含砾较少。此含水段主要在细砂岩及砾岩中含水。在钻探过程中未发现漏水现象。鹿洼煤矿精查阶段抽水钻孔单位涌水量为0.08～0.10 L/(s·m)，水质均属SO_4-Na型，说明其富水性不均一，水循环条件较差，以静储量为主。

② 上、下石盒子组砂岩裂隙含水层

在本井田西侧分布有上、下石盒子地层，最厚处约200 m，其中含有数层几米至几十米厚的砂岩裂隙含水层，本组含水层在钻孔钻进过程中未发现漏水现象，富水不强。在本井田未做过本组含水层相关水文地质工作，缺乏对应水文地质资料。

③ 山西组$3_上$煤层顶、底板砂岩裂隙含水层

$3_上$煤顶底板砂岩统称3砂。3砂为开采$3_上$煤层的直接充水含水层，但在断层构造的影响下，3砂与侏罗系含水层对口相接部位，补给条件相对较好。$3_上$煤层顶板砂岩，以浅灰色中、细砂岩为主，厚度为2.60～26.28 m，平均约10.65 m。$3_上$煤层底板砂岩，以浅灰色至灰白色中、细砂岩为主，厚度为3.70～23.85 m，平均约11.96 m。大部分岩石坚硬、完整，穿过该层位的钻孔均未发生漏水现象，充水空间不发育。济宁三号井精查阶段抽水水位标高37.37 m，单位涌水量0.01 L/(s·m)，矿化度1.834 g/L，水质属HCO_3-Na型。鹿洼煤矿3砂中曾抽

水3次,水位标高29.67～29.68 m,钻孔单位涌水量0.04～0.08 L/(s・m),矿化度为1.621～1.636 g/L,水质属SO_4-Na・Ca型。均说明3砂富水性弱,补给条件较差,主要以静储量为主。

④ 太原组石灰岩岩溶裂隙含水层

a. 三灰含水层

厚2.02～10.09 m,平均6.41 m,浅灰至褐灰色,含燧石及铁锰质结核,含有裂隙,被方解石充填。补勘区内有22孔见三灰,未发生漏水现象。济宁三号井精查勘探抽水试验,水位标高34.27～34.76 m,降深54.64 m时,单位涌水量0.003 L/(s・m),矿化度2.303 4 g/l,水质属HCO_3-Na型。鹿洼煤矿精查勘探抽水,水位标高28.71～29.26 m,单位涌水量为0.03～0.06 L/(s・m),矿化度2.066～2.352 g/L,水质属SO_4-Ca・Na型。

b. 十$_下$灰含水层

厚3.97～6.59 m,平均5.19 m,局部裂隙发育,充填方解石脉,区内共有14个孔揭露十$_下$灰,仅有位于断层附近的水BC-2号孔漏水,604 m至终孔全漏。济宁三号井精查阶段,在十$_下$灰深部抽水,水位标高34.75～35.15 m,单位涌水量0.001 L/(s・m),水质属SO_4・HCO_3-Ca・Mg・Na型。在泗河煤矿－300 m水平以浅抽水试验,单位涌水量可达0.2 L/(s・m),水质属HCO_3・SO_4-Na・Ca型。说明十$_下$灰富水性很不均一,浅部富水性中等、深部富水性较弱。十$_下$灰为开采16$_上$煤层的直接充水含水层。

c. 其他灰岩含水层

五至九灰为12$_下$煤层附近的灰岩,其中五灰厚1.39～2.61 m,平均1.79 m。揭露该层的17孔中,均未发生漏水。八灰厚1.29～3.85 m,平均2.63 m,未发生漏水,说明这几层薄层灰岩充水空间不发育,因此正常情况下,这些薄层灰岩对12$_下$煤层开采影响不大。

⑤ 奥陶系石灰岩岩溶裂隙含水层

本井田内揭露奥灰钻孔4个,最大揭露厚度为55.56 m,该灰岩岩溶裂隙较发育,方解石充填,局部多见小溶洞,溶洞直径1～2 cm。

济宁三号井精查阶段,施工60个揭露奥灰钻孔,随着埋藏深度的不同,奥灰富水性具有明显的垂向变化规律。16$_上$煤层底板标高－500 m以浅范围内,有33个孔揭露奥灰,14个孔漏水,漏水孔率42%,抽水单位涌水量0.107～1.830 L/(s・m),富水性强,矿化度0.581 1～0.618 4 g/L,属HCO_3・SO_4-Ca・Mg型,水循环条件较好;16$_上$煤底板标高－500～－700 m范围内,有17个孔揭露奥灰,4个孔漏水,漏水孔率24%,单位涌水量0.01～0.02 L/(s・m),富水性弱,矿化度2.151 g/L,属SO_4-Ca型水,地下水循环交替条件较差;－700 m以深,奥灰富水性更弱，有10个孔揭露奥灰，均不漏水。

揭露奥灰的4个孔中，有3个孔奥灰顶界面在－550 m左右，有1个孔奥灰顶界面在－450 m左右。对水BC-3、水BC-10两孔的奥灰水进行抽水试验，水BC-3孔奥灰水埋深930.1 m，单位涌水量0.016 L/(s·m)；水BC-10孔奥灰水埋深528.3 m，单位涌水量0.022 L/(s·m)。说明井田内深部奥灰富水性相对弱，浅部富水性相对较强。

4.1.2.2　隔水层

(1) 松散层隔水层(组)

① 中组隔水层(组)

底板埋深106.85～150.00 m，厚38.75～80.40 m。含黏土4～15层，累厚12.70～33.70 m，由棕黄、灰黄、灰绿色砂质黏土组成，东部与南部钙质黏土、黏土较厚，向北黏土变薄，砂层增厚，但砂层多为透镜状，连续性较差。黏土类隔水性能较好，能有效地阻止上部含水层与下部含水层之间的联系。

② 下组下段隔水层(组)

底板埋深230.50～293.85 m，为第四系底界，厚81.00～121.70 m，平均厚93.99 m，黏土类5～10层，厚14.45～73.75 m，由黏土、砂质黏土组成，隔水性能较好。下覆地层有较厚的泥岩，成为松散层和基岩段良好的隔水层段。鹿洼井田精查勘探曾对下组下段中的砂层进行抽水试验，水位标高29.55 m，单位涌水量为0.02 L/(s·m)，矿化度0.848 g/L，水质属$HCO_3 \cdot SO_4 \cdot Cl\text{-}Na$型。说明下组下段含水性较弱，以隔水性能为主。

(2) 基岩隔水层(组)

① 上侏罗统泥岩、粉砂岩隔水层

上侏罗统上部地层为灰色厚层状泥岩，厚12.25～151.85 m，平均约95.31 m，能起到良好的隔水作用，一般情况下隔断与松散层之间的水力联系。下部砂砾岩裂隙含水层之间均有数十米至上百米致密状泥岩、粉砂岩组成的良好隔水层，上下含水层之间一般不直接发生水力联系。

② $3_{上}$煤层上覆隔水层

除$3_{上}$煤露头附近外，在$3_{上}$煤顶板之上赋存着上、下石盒子组，上、下石盒子组厚0～200 m(东薄西厚)，多以粉、细砂岩为主，局部见较厚的泥岩，能起到良好的隔水作用，阻止上侏罗统下部砂砾岩水的下渗。

③ $17^{\#}$煤下伏隔水层

$17^{\#}$煤至奥灰正常间距为41.90～64.70 m，平均53.01 m，岩性主要为泥岩、粉砂岩、铝质泥岩和石灰岩，局部夹薄层砂岩。铝质泥岩、泥岩较完整，灰岩、粉砂岩裂隙较发育，内有方解石充填。共有5个钻孔见C2地层，有5个钻孔见十三灰(平均 2.06 m),有 2 个钻孔见十四灰。因此,本段中的泥岩、粉砂岩、石灰岩共同组成压盖隔水层,阻止奥灰水底鼓。

13301 工作面所采煤层为山西组上部 $3_上$ 煤层,下距 $3_下$ 煤层 41.88~62.22 m,平均 49.52 m,距太原组石灰岩(三灰)93.46~105.55 m,平均 100.13 m。顶板主要为泥岩、粉砂岩,偶有中、细砂岩,底板为泥岩和砂质泥岩。

影响 13301 工作面回采的含水层主要为上侏罗统砂砾岩裂隙含水层和山西组 $3_上$ 煤层顶、底板砂岩裂隙含水层。

4.2 监测预警目的及内容

4.2.1 监测预警目的

王楼煤矿 3 采区首采 13301 工作面采用走向长壁后退式采煤法,综合机械化采煤工艺,双滚筒采煤机割煤开采。13301 工作面开采过程中经过 F21 断层破碎带,水文地质条件极为复杂,2013 年 3 月,13301 工作面发生断层滞后突水,峰值涌水量达 800 m^3/h。由水文地质资料分析可知,13301 工作面断层破碎带部分延伸至 13303 工作面,严重威胁邻近 13303 工作面安全开采。结合前期物探成果及水文探查孔分析,通过留设断层防突煤柱,开展采动作用下 13303 工作面断层突水监测预警研究,掌握开采过程中矿井深部岩体多场信息演化规律,为 13303 工作面安全开采及 13301 工作面水害治理提供保障。

4.2.1.1 采动作用下断层突水多场信息监测预警

采动作用下断层突水多场信息监测预警是一个综合性的技术体系,它涉及地质、水文、力学、信息技术等多个学科领域。采矿工程的风险性在相当程度上受到开采技术条件和矿井水文地质条件的制约,同时,所采用的开采方法亦对风险程度产生重要影响。不同的开采技术与方法可能会导致不同的应力分布和水流模式,这直接关系到矿井的安全性和生产效率。因此,对监测预警系统进行合理设计十分重要,监测系统的设计应确保信息的可获得性和可传递性,以便及时获取相关数据并做出响应。在此,重点强调信息的可获得性,以确保在突水风险评估中获取必要的数据;同时也强调信息的可传递性,即监测结果能够与潜在突水事件之间建立有效的联系。这种联系不仅有助于识别潜在风险,还能为及时采取应对措施提供科学依据。在煤矿开采过程中,煤层上覆岩层受到采动活动的影响而发生破断,从而引起应力场的相应变化与调整。此外,在采动应力与承压水的共同作用下,不仅会进一步扩张岩体内存在的裂隙,甚至可能在岩体中形成新的裂隙。地下水沿着这些裂隙迁移,导致上覆岩层裂隙水的水压和水温发生显著变化。这些变化不仅影响到岩体的力学性能，也为突水风险的发生创造了条件，因此，深入理解这些动态变化的机制对于保障矿井安全至关重要。

(1) 采动过程中应力变化分析

在煤炭开采过程中，工作面前方和底板岩体会受到支承压力的影响，导致应力重新分布。这种应力变化可能引发断层的活化或突水风险。因此，对应力变化进行实时监测和分析，对于预测断层突水风险、制定防治措施具有重要意义。应力是反映煤层顶板破坏状态的重要指标，煤层顶板的应力场在工作面推进过程中，其任意一点的应力值会随之不断变化，这种应力的变化不仅与开采深度、采掘方法以及围岩特性等因素密切相关，还受地质构造及水文条件的影响。顶板破坏试验结果表明，当顶板的应力值低于其原岩应力时，顶板钻孔将出现耗水现象。此外，随着应力的降低，钻孔的耗水量呈现出上升的趋势。钻孔耗水量的峰值恰好出现在顶板应力值的最低谷位置，这一现象揭示了顶板应力与其导水能力之间的密切关联性；由上述关系可以推断，在工作面回采过程中，顶板应力与顶板导水裂隙带的导水性能呈现出反向变化的特征。当顶板应力增大时，导水裂隙带的导水能力会减弱；而当顶板应力减小时，导水裂隙带的导水能力则相应增强。这一动态变化强调了应力状态对顶板水文特性的影响。

应力变化的监测方法包括：① 钻孔应力计监测法。在断层及其周围区域布置钻孔应力计，通过监测钻孔壁上的应力变化来反映断层及其周围岩体的应力状态。钻孔应力计可以实时监测岩体的应力变化，具有高精度和实时性的优点。② 微震监测法。微震监测是通过监测地下岩体中的微小震动来推断岩体的应力状态。当岩体受到开采扰动时，会产生微小震动，这些震动可以被微震监测设备捕捉到，并用于分析岩体的应力变化。

(2) 采动过程中水压变化分析

水压作为影响断层稳定性的关键因素之一，其变化能够直接反映断层及其周围岩体的渗透性和稳定性状态。因此，对水压进行实时监测和分析，对于预测断层突水风险、制定防治措施具有重要意义。在采动作用的影响下，原生孔隙和裂隙的开裂和扩展现象是十分普遍的。裂隙的进一步发展会导致上部含水层的水沿裂隙带迁移，从而与煤层顶板的破坏带相连通，这一过程是突水灾害发生的诱因。水的迁移可能会在煤层顶板下方形成潜在的水压积聚，从而增加突水的风险，因此，对煤层顶板不同深度的煤系裂隙水进行水压监测，可以有效掌握上部各含水层之间的水力联系。通过对顶板导水裂隙带高度的深入分析，可以对监测位置发生突水的可能性进行系统评估。这一监测与分析不仅能够为突水的预警提供科学依据，同时也为采取相应的防治措施奠定基础，以确保矿井的安全生产。

水压变化的监测方法包括:① 水压传感器监测法。在断层及其周围区域布置水压传感器,通过监测水体在断层及其周围岩体中的压力变化来反映断层的渗透性和稳定性状态。水压传感器可以实时监测水压数据,具有高精度和实时性的优点。② 光纤光栅监测法。通过光纤光栅传感器,可以实时监测断层及其周围区域的水压、水温等多场信息。光纤光栅传感器具有抗干扰能力强、测量精度高等优点,适用于复杂地质环境下的水压监测。

(3) 采动过程中水温变化分析

水温作为重要的监测指标之一,能够反映断层及其围岩的应力状态、渗流状况。由于地温的影响,不同深度的含水层水温存在显著差异。这种温度差异会随着煤层的开采而加剧,当上部含水层通过孔隙和裂隙通道进入隔水层内部或与下部含水层相连通时,差异性更加显著。此过程中,过水通道附近的岩体温度以及煤系裂隙水的水温往往会出现异常升高的情况。这种温度的变化不仅与岩体的物理特性有关,也可能是由于水流动引起的热交换效应所致,这为提前预判突水的发生提供了重要的参考。因此,通过对煤系裂隙水的水温进行实时监测,可以有效地评估突水发生的潜在风险。这种监测不仅能够提供关于水温变化的重要信息,还可以反映出地下水流动的动态特征,从而为矿井的安全管理和突水预警提供重要依据。结合其他物理力学参数的监测,可以进一步提高突水预警系统的准确性和可靠性。同时,水温的变化与岩体的应力状态密切相关。在采动过程中,随着岩体的变形和破裂,应力状态发生变化,从而影响水温的变化。水温的变化可以反映地下水在断层及其周围岩体内的流动状态和流动速度,从而间接判断突水的可能性和规模。通过对水温变化的持续监测和分析,可以及时发现断层活化或突水的征兆,为现场安全生产和防治水工作提供重要依据。

水温变化监测方法包括:① 光纤光栅监测技术。光纤光栅传感器具有高精度、高灵敏度、抗干扰能力强等优点,被广泛应用于水温变化的监测。通过将光纤光栅传感器安装在钻孔内或断层附近,可以实时监测水温的变化。② 钻孔测温法。通过在钻孔内安装测温元件(如热电偶、热敏电阻等),可以测量钻孔内不同深度的水温。这种方法适用于对断层及其周围岩体进行定点测温。

在采动过程中,水温的变化往往呈现出一定的时空演化规律。通过分析不同时间、不同位置的水温数据,可以揭示水温变化的趋势和特征,为预警突水风险提供依据。基于水温变化的监测数据和分析结果,可以建立多场信息突水预警判识准则。当水温变化达到或超过预设的阈值时,触发预警机制,及时采取措施防范突水灾害。

综上所述,煤层顶板突水监测中的应力反映了顶板隔水层在采动影响下所受破坏以及导水性能的变化状况,水压直接反映导水裂隙带导升部位,水温则反映是否有深部承压水的补给。因此,可以通过对这3项监测指标的综合分析,进行突水预测预报。

4.2.1.2　煤层顶板突水的监测预警条件及适用范围

煤层顶板突水的监测预警依赖于对水质、物理参数和水量变化的多维监测。水质中某些特征离子浓度出现显著变化,可能意味着存在外部水源的渗入,预示顶板突水的风险;监测区域的pH值、矿化度等物理化学指标的波动,亦可作为突水的预警信号;在开采过程中,若水压出现异常波动并接近含水层水压,可能意味着上覆含水层的水位已接近监测位置,此时突水风险加大;钻孔水量或巷道涌水量的急剧增加,也是突水发生的潜在指示;水温传感器显示的温度出现变化,通常表明导水通道已经形成,这进一步增加了突水的可能性。

煤层顶板突水的监测预警系统适用于不同的矿井类型及多种地质条件。对于矿井类型,监测预警系统适用于深井矿井、承压水层赋存矿井以及采用长壁开采、高强度开采或位于保水开采区的矿井,监测并及时预警可降低突水事故发生时人员伤亡的风险。在地质方面,针对强富水区域、断裂构造发育区以及采动影响显著区,需建立监测预警系统来实现监测和预警。此外,雨季或强降雨区域以及人类活动影响较大的地区也应作为重点监测对象。通过综合考虑地质背景、矿井类型和开采方式,结合现代化监测技术与经验判断,可有效降低煤矿生产中的突水风险,实现安全、高效的矿井管理。

综上所述,在对集中导水通道采取留设防突煤柱后,由于断层滞后突水的隐蔽性与滞后性,常规工程措施并不能做到万无一失。通过前期断层滞后突水过程中水文地质资料分析与物探数据结果,在有突水危险的地段埋设传感器进行实时突水监测预警,一方面可以对工程效果做出评价,通过突水监测预警直接指导煤矿安全生产;另一方面通过各类传感器对岩体中多物理场进行实时监测,对钻孔应力、水压、水温综合分析得出煤层上部裂隙发育程度及与各含水层水力联系,进一步指导断层滞后突水工作面水害注浆治理工作。

4.2.2　监测预警内容

13303工作面采取走向长壁后退式采煤法,综合机械化采煤工艺,双滚筒采煤机割煤开采方式,在留设断层防突煤柱的基础上,监测预警内容主要包括:

(1) 根据开采工作面现场实际情况,选取合理的监测位置进行布点设计,保证监测设备在开采过程中不受破坏,实现良好的数据采集,达到13303工作面采动过程中对矿井断层深部岩体多物理场进行实时在线监测的目的。

(2) 安装光纤光栅钻孔应力计。采用光纤光栅钻孔应力计对工作面顶板应力进行监测，将 13303 工作面的顶板岩层运动的压力的变化传递到传感器中，通过采集压力数据监测顶板压力的变化，实现对采动影响条件下顶板突水监测预警。

(3) 安装光纤光栅渗压计。将光纤光栅渗压计布设在钻孔出水处，通过渗压计数据的采集与顶板水压梯度的变化评价采动影响条件下突水倾向性，并可实时预测预警。

(4) 安装光纤光栅温度计。采用光纤光栅温度计监测采动过程中工作面顶板水温变化，通过数据的采集与分析，对 13303 工作面顶板突水进行监测预警。

4.3 现场监测预警方案

4.3.1 监测预警范围确定

(1) 监测预警深度确定

根据 13303 工作面运输顺槽、回风顺槽、开切眼掘进揭露的水文地质及 13303 工作面 D25-4 钻孔资料分析可知，该区域构造复杂，裂隙发育，煤层赋存较稳定，煤层平均厚度 2.20 m；直接顶岩性为泥岩，平均厚度 17.15 m，灰黑色，近下部为黑色，中厚层状，含少量黄铁矿，局部夹薄层细砂岩，厚度小于 0.20 m，泥岩含大量植物化石；基本顶为砂岩，平均厚度 56.07 m，基本顶与直接顶间为泥砂互层，基本顶为土紫红色，上部为中粒长石砂岩，中部为细砂岩，下部为粗砂岩至细砂岩，成分以石英为主，白云母次之，具斜层理；直接底岩性为泥岩，平均厚度 5.07 m，黑灰色，块状，岩性同 21 层，靠近煤层含大量植物根化石，底部砂质增多，局部形成粉砂岩；基本底为细砂岩，中上部灰白色，胶结物含少量泥质，长石表面风化为高岭土，局部波状层理面含炭质薄膜，近底含炭质，为黑色，夹煤屑，局部显水平层理。

按照我国《建筑物、水体、铁路及主要井巷煤柱留设与压煤开采规范》(以下简称《规范》)，煤层顶板覆岩为“中硬”时开采单一煤层垮落带最大高度计算公式为：

$$H_{m}=\frac{M-W}{(K-1)\cos\alpha} \tag{4-1}$$

其中，M 为煤层开采厚度；K 为冒落岩石碎胀系数，一般根据实测求得，通常为 1.1～1.4；α 为煤层倾角；W 为冒落过程中顶板下沉值，一般由实测得到。

煤层开采厚度 2.2 m，碎胀系数取 1.3，煤层倾角取 18°，冒落过程顶板下沉取 0.2 m，根据式(4-1)计算垮落带高度为 7.02 m；同时考虑顶板为粉砂岩、中砂岩，泥钙质胶结，厚度分别为 4.1 m 和 7.6 m，垮落带高度综合确定为 7.02 m。

监测预警深度由导水裂隙带高度确定，采用《规范》中顶板导水裂隙带高度确定方法得到的结果，如下式所示：

$$H_{sh} = \frac{100\sum M}{1.6\sum M + 3.6} \pm 5.6 \tag{4-2}$$

$$H_{sh} = 20\sqrt{\sum M} + 10 \tag{4-3}$$

其中，H_{sh}为导水裂隙带高度；M 为煤层采厚。

煤层开采引起的导水裂隙演化与采动岩层破断运动有关，实际结果与《规范》预计方法的预计结果存在较大的差异，此时采用基于关键层位置的导水裂隙带高度预计方法具有更好的适应性和准确性。当覆岩主关键层与开采煤层距离小于 7～10 倍采高时，不能按《规范》中的方法确定顶板导水裂隙带高度；当覆岩主关键层与开采煤层距离大于 7～10 倍采高时，仍可按《规范》中的方法确定顶板导水裂隙带高度。

如图 4-1 所示，王楼煤矿煤层采厚 2.1 m，煤层距离主关键层 23.4 m，主关键层距开采煤层高度大于(7～10)M，因而由关键层理论得出导水裂隙带高度为 23.4 m。

层号	厚度/m	埋深/m	岩性	关键层位置	柱状
6	6.72	786.82	砾岩		
5	56.70	843.52	砂岩	主关键层	
4	2.46	845.98	泥岩		
3	1.92	847.90	细砂岩		
2	17.20	865.10	泥岩		
1	2.10	867.20	$3_{上}$煤层		

图 4-1　基于关键层位置导水关键层位置预计

断层的存在对导水裂隙带有影响，有断层的导水裂隙带高度要比无断层处增加 18.8%～75.0%。因而理论计算断层及其围岩导水裂隙带高度 27.8～40.0 m，该区域是发生顶板突水的危险区域，监测区域应在导水裂隙边界上部，因此，确定传感器布设深度为煤层上部 45 m 水平。

(2) 监测预警重点区域确定

依据物探手段确定监测预警深度重点区域，采用加拿大产 Protem47HP 井下专用瞬变电磁仪对 13303 工作面顶板进行探测，探测结果如图 4-2 所示。

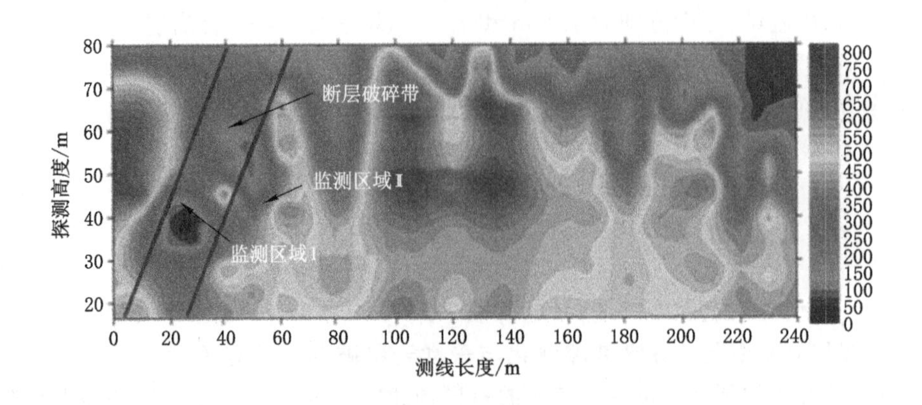

图 4-2　13303 工作面顶板探测成果图

分析图 4-2 可知，贯穿 13303 工作面的断层电阻率低于围岩电阻率，说明与完整岩层相比断层破碎带抗渗特性较弱；断层破碎带内部电阻率差异性较大，说明断层破碎带内部导水性不强；断层破碎带围岩 20 m 范围内较其他区域具有一定的富水性。

根据断层富水性物探分析结果，确定监测预警深度为煤层上部 45 m 水平；断层破碎带内重点监测区域为低电阻异常区，即监测区域Ⅰ；断层围岩水文信息监测预警区域用于监测采动条件下断层围岩裂隙扩展规律，即监测区域Ⅱ。

4.3.2　监测预警系统

(1) 矿用光纤光栅监测系统组成

矿用光纤光栅监测系统主要由光纤光栅解调仪、光纤光栅温度计、光纤光栅渗压计、光纤光栅应力计、采集主机以及输送信号所用的光缆组成，具体如下：① 光纤光栅解调仪是矿用光纤光栅监测系统的核心设备之一，它主要用于将光纤光栅传感器采集到的光信号转换为电信号，并进行处理和分析。光纤光栅解调仪能够测量光纤光栅传感器中光栅的波长变化，这种变化与煤矿井下的温度、应力等参数的变化密切相关。通过解调仪的处理，可以准确地获取这些参数的值，并实时监测煤矿井下的各种情况。光纤光栅解调仪具有精度高、灵敏度高、抗干扰能力强等优点，能够在恶劣的煤矿环境下稳定工作；同时，它还具有多种视图显示功能，操作简单方便，为管理人员提供了直观、准确的监测数据。② 光纤光栅温度计是利用光纤光栅传感原理制成的温度传感器，它主要用于实时监测煤矿井下的温度情况。当煤矿井下的温度发生变化时，光纤光栅温度计的传感元件会感受到这种变化，并使光栅的波长发生变化。通过光纤光栅解调仪的解调,可以准确地获取温度值,并实现对煤矿井下温度的实时监测。光纤光栅温度计具有测量准确、响应速度快、抗干扰能力强等优点,能够在高温、潮湿等恶劣环境下稳定工作,它的应用为煤矿的安全生产提供了有力的保障。③ 光纤光栅渗压计是用于测量煤矿井下液体或气体压力的设备。它基于光纤光栅传感原理,通过测量光栅的波长变化来反映压力的变化,通常埋设在水工建筑物、基岩内或安装在测压管、钻孔等位置,用于测量孔隙水压力、液体液位等参数。在煤矿中,光纤光栅渗压计可以用于监测矿井的渗流情况,判断矿井是否存在突水风险,它还可以用于监测矿井内的瓦斯压力等参数,为煤矿的安全生产提供重要依据。④ 光纤光栅应力计是用于测量煤矿井下结构应力的设备。基于光纤光栅传感原理,实现对煤矿井下结构(如巷道、支护结构等)应力变化情况的实时监测。当煤矿井下的结构受到外力作用时,光纤光栅应力计的传感元件会感受到应力的变化,从而使光栅的波长发生变化,通过光纤光栅解调仪的解调,可以准确地获取应力值,并实现对煤矿井下结构应力的实时监测。⑤ 采集主机是矿用光纤光栅监测系统的数据处理中心,它负责接收光纤光栅解调仪传来的数据,并进行存储、处理和分析。采集主机通常配备有专业的监测软件和硬件设备,能够实现对煤矿井下的全面监控和管理。采集主机具有强大的数据处理能力,能够实时处理大量的监测数据,并通过算法模型对数据进行处理和分析,以提供预警和报警信息。同时,它还具有多种数据输出方式,如打印、网络传输等,方便管理人员进行数据的查看和共享。⑥ 光缆是矿用光纤光栅监测系统中用于输送信号的重要组件。它采用光纤作为传输介质,具有传输速度快、传输距离远、抗干扰能力强等优点。光缆在煤矿井下的布置需要考虑到环境因素(如温度、湿度、腐蚀等)的影响,以确保信号的稳定传输,其通常与光纤光栅传感器、解调仪等设备连接在一起,构成完整的监测系统。通过光缆的传输,可以将光纤光栅传感器采集到的数据实时传输到地面控制中心或采集主机进行处理和分析。

矿用光纤光栅监测系统以其可靠性和防爆性而闻名,广泛应用于各种矿山环境,该系统不仅具有高精度的测量能力,还能够处理大量的监测数据,展现出优越的防水和防潮性能。采用先进的可视化界面和高效的自动采集系统,研究人员在应用矿用光纤光栅监测系统时能够灵活地设定采样周期,以适应不同的监测需求。该系统实现了数据的自动采集和记录功能,能够自动生成并实时显示监测曲线。这种设计不仅使得上覆岩层的多场信息监测变得更加直观、方便,同时也提高了监测过程的效率和准确性,确保了重要数据的及时获取,为后续的分析和决策提供了坚实的基础。在井下特殊环境中,矿用光纤光栅监测系统表现出了显著的适应能力,尤其是在面临强电磁干扰和易燃易爆的风险条件下,系统依然能够保持良好的工作性能。这一系统不仅实现了超远距离信号传输，还支持高速动态在线监测，能够在面对强电磁干扰及易燃易爆等井下特殊环境时，保持稳定的工作性能，确保了后续作业的安全性与稳定性，并有效地降低了维护和运营成本，提升了矿山的整体管理效率。监测系统所用光纤光栅温度计、光纤光栅渗压计及光纤光栅钻孔应力计采用串联方式组成一套监测单元，对不同测点进行在线监测，监测系统如图 4-3 所示。

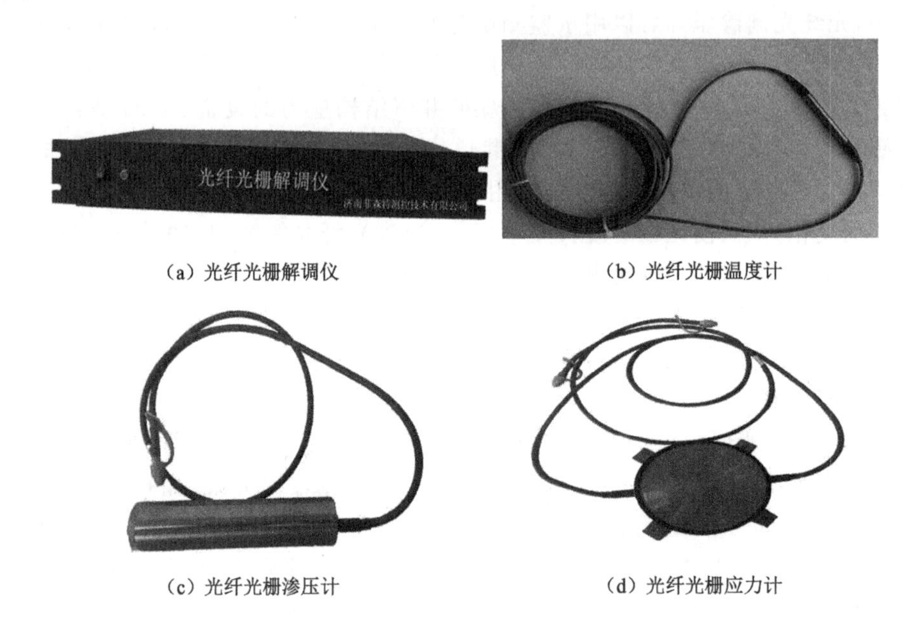

(a) 光纤光栅解调仪　　(b) 光纤光栅温度计

(c) 光纤光栅渗压计　　(d) 光纤光栅应力计

图 4-3　在线监测系统组成

(2) 监测预警系统工作原理

监测预警系统工作原理如图 4-4 所示，光栅传感器是利用摩尔条纹原理，通过光电转换，以数字方式表示线性位移、应力变化的高精度传感器。它由 3 部分组成：标尺光栅（定光栅）、指示光栅（动光栅）和光电元件（发光元件和光敏器件）。光栅传感器精度高，响应速度快，在精密仪器、高精密加工等领域得到了广泛的应用。这是系统的核心部分，用于直接测量煤矿井下的各种参数。本次监测是将传感器安装在打好的钻孔内，通过一根光纤接入远程控制室，在控制室内与调制解调器相连，实现光信号与电信号的完全分离，最终通过采集主机实时采集测量信号，实现采场顶板大范围温度、应力与水压的在线实时监测预警。

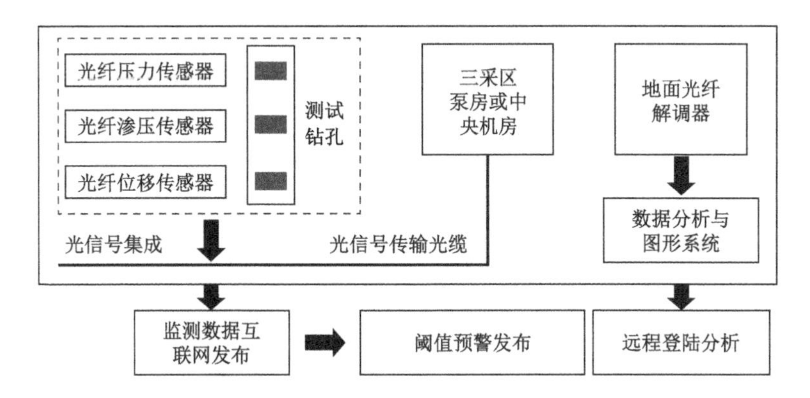

图 4-4　监测预警系统工作原理

4.3.3　监测预警测点布置

13303 工作面钻孔布置效果示意图如图 4-5 所示。

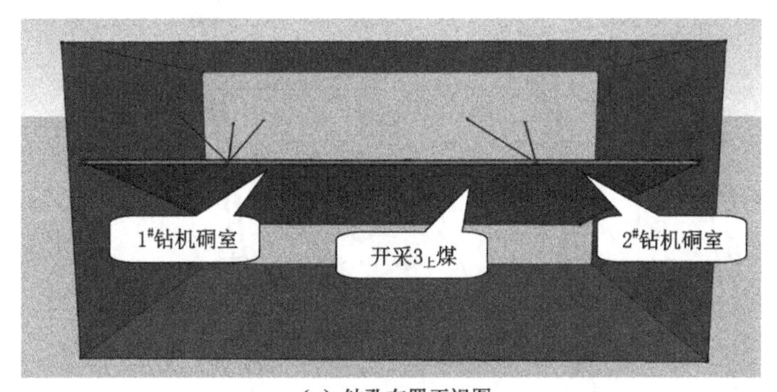

(a) 钻孔布置正视图

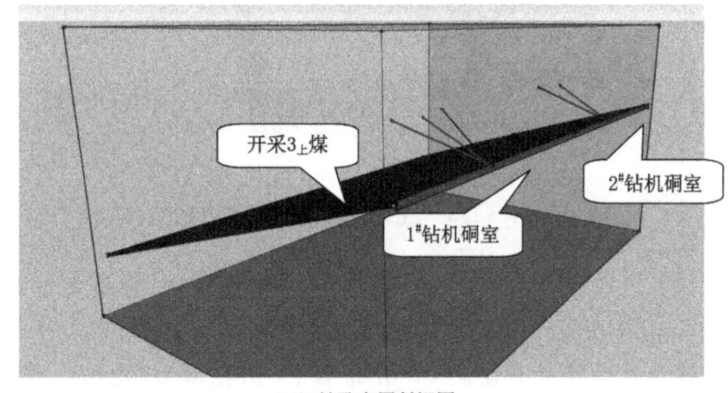

(b) 钻孔布置斜视图

图 4-5　13303 工作面钻孔布置效果示意图

13303 工作面监测测点如图 4-6 所示，工作面开采过程中对开切眼附近及回采方向多场信息进行在线监测。分别在 13303 工作面进风巷内开挖 1# 钻机硐室和 2# 钻机硐室，在钻机硐室内按照仰角 30°朝工作面上覆岩层钻孔，每个钻孔布设 1 套单孔多物理场监测系统，每套系统由 1 个光纤光栅渗压计、1 个光纤光栅温度计和 1 个光纤光栅钻孔应力计串联组成，在线监测工作面回采过程中上覆岩层的裂隙水压、水温以及钻孔应力变化规律，13303 工作面顶板测点布设如下：

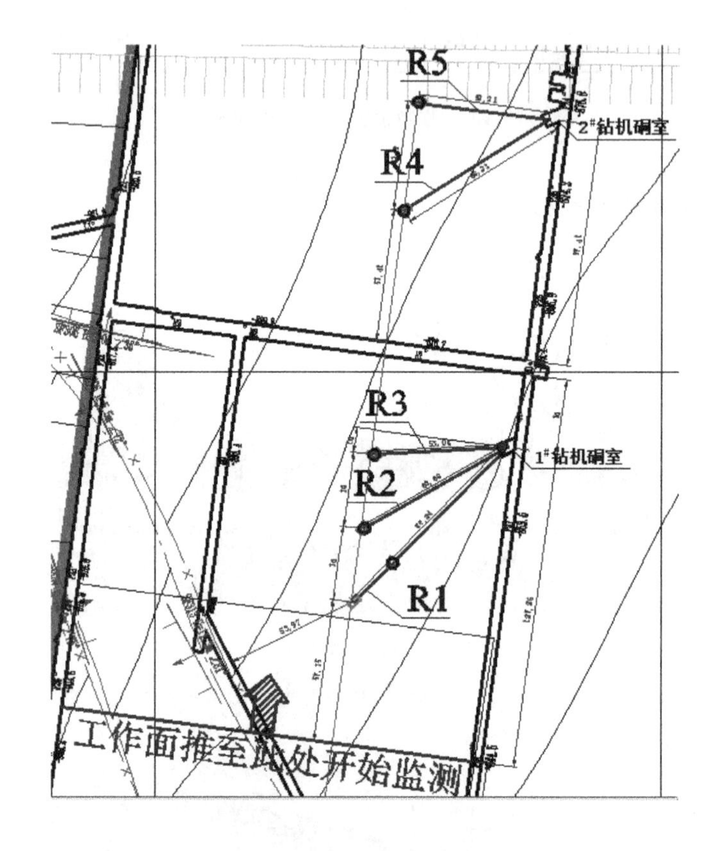

图 4-6　13303 工作面在线监测测点图

① 沿运输巷往南距外开切眼 30 m 布置 1# 钻孔硐室，顶板布置 R1、R2、R3 钻孔，其中每个钻孔布设 1 套光纤光栅传感器。

② 沿运输巷往北距外开切眼 97 m 布置 2# 钻孔硐室，顶板布置 R4、R5 钻孔，其中 R5 钻孔为矿方已有钻孔且可用。每个钻孔分布布设 1 套光纤光栅传感器，钻孔剖面图如图 4-7 所示，钻孔详细参数见表 4-1。

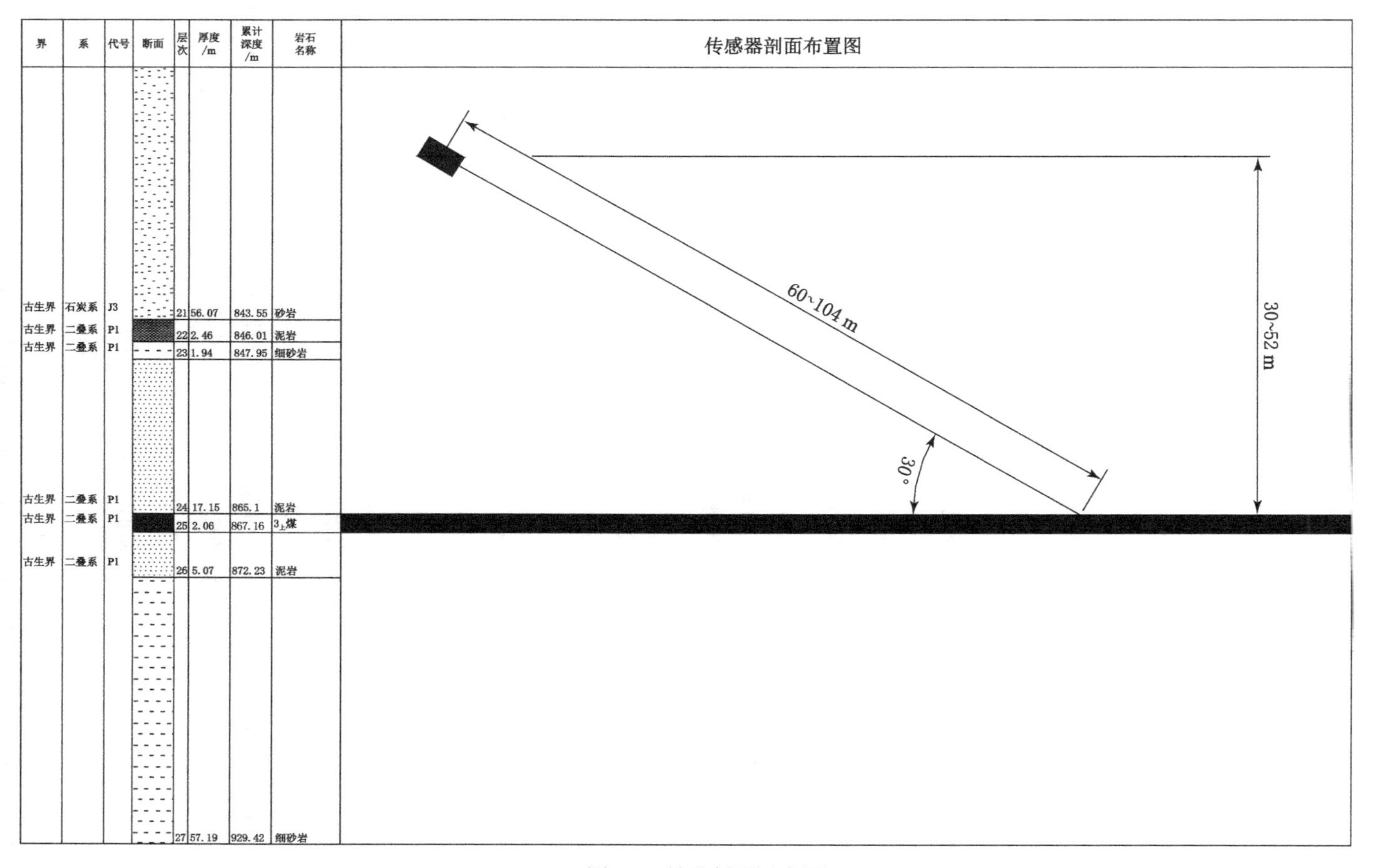
界
系
代号
断面
层次
厚度/m
累计深度/m
岩石名称
传感器剖面布置图
古生界 石炭系 J3 21 56.07 843.55 砂岩
古生界 二叠系 P1 22 2.46 846.01 泥岩
古生界 二叠系 P1 23 1.94 847.95 细砂岩
古生界 二叠系 P1 24 17.15 865.1 泥岩
古生界 二叠系 P1 25 2.06 867.16 3上煤
古生界 二叠系 P1 26 5.07 872.23 泥岩
27 57.19 929.42 细砂岩
60~104 m
30~52 m
30°

图4-7　钻孔剖面示意图

表 4-1 钻孔详细参数

钻机硐室	孔号	开孔孔径/mm	套管直径/mm	套管长度/m	裸孔孔径/mm	方位	仰角/(°)	孔深/m
1#	R1	108	89	10	75	N224°9′	30	104
	R2	108	89	10	75	N237°58′	30	76
	R3	108	89	10	75	N264°38′	30	61
2#	R4	108	89	10	75	N237°25′	30	80
	R5	108	89	10	75	N277°30′	30	60

4.3.4 单孔多物理场监测系统及安装工艺

4.3.4.1 单孔多物理场监测系统

在采动影响条件下，工作面突水的过程表现出极为复杂、非平衡和非线性的演化特征。为此，实施单孔多场信息监测能够直观地揭示地下水的运移路径，从而深化对矿井突水现象及其机理的理解。这不仅为突水机理的研究提供了重要的理论依据，同时也为防治水工作提供了宝贵的实践指导，有助于制定相应的管理和技术措施。现有的监测技术和手段主要集中于对巷道浅部围岩的监测，这一局限性暴露出若干缺点，具体如下：① 现有技术无法有效满足对深孔大范围裂隙展布规律的监测需求，因而无法直观地了解在采动影响条件下地下水水温、水压及运移路径的变化规律；② 浅部传感器的埋设方法相对简单，能够在设计位置顺利埋设，然而这种方法并不能对深孔传感器埋设提供有效借鉴；③ 在顶板孔传感器的安装过程中，传感器易于滑落且封孔过程存在困难，封闭传感器的风险也使得监测效果难以达到预期。这些技术缺陷严重制约了深孔多场信息监测的有效实施和数据的可靠性，亟需新的技术方案以解决现有问题。

针对上述浅部围岩监测传感器布设存在的问题，根据每个测点不同传感器尺寸特点进行设计并连接成套，研发单孔多物理场监测系统。

单孔多物理场监测系统是一种集成了多种物理场监测技术的系统，它能够在单个钻孔内实现对多种参数的实时监测。这些参数包括但不限于温度、压力、位移、电阻率、极化率等，它们对于探测地质体的稳定性和安全性至关重要。该系统的核心组件包括监测装置和监测器，具体包括：① 监测装置负责接收外部输入的测试参数，生成测试命令，并发送至监测器；② 监测器则根据测试命令进行待测区域的物理场测量，并将测量结果发送回监测装置；③ 监测装置再根据测量结果进行数据处理和分析，以判断地质体的稳定性和安全性。在滑坡、矿井突水等地质灾害的监测中，单孔多物理场监测系统能够实现对地质体的全方位、多参数的实时监测，为灾害预警和防治提供有力的技术支持。

单孔多物理场监测系统的安装需要遵循一定的步骤和规范以确保系统的稳定性及准确性。以下是一般的安装工艺流程：① 钻孔施工。根据监测需求，在待测区域进行钻孔施工，钻孔的直径、深度和位置需要根据具体的监测要求来确定。② 传感器选择与安装。根据监测参数的不同，选择合适的传感器进行安装，传感器的尺寸、精度和灵敏度等参数需要满足监测要求，在安装过程中，需要确保传感器与钻孔壁之间的紧密接触，以减小测量误差。③ 监测装置与监测器的连接。将监测装置与监测器进行连接，确保信号传输的稳定性和准确性，连接过程中需要注意线缆的规格、型号和连接方式等细节问题。④ 系统调试与测试。在安装完成后，需要对系统进行调试和测试，以确保系统的正常运行和准确性，调试过程中需要对传感器的灵敏度、精度和稳定性等进行校验和调整。⑤ 数据记录与分析。在监测过程中，需要实时记录和分析监测数据，以了解地质体的稳定性和安全性。数据记录和分析需要遵循一定的规范和标准，以确保数据的准确性和可靠性。

如图4-8所示，单孔多物理场监测系统托盘直径为55 mm、厚度为10 mm，托盘下部连接外径20 mm、内径16 mm的DN20镀锌套管，镀锌套管下端通过螺母连接相同型号有螺纹镀锌套管，镀锌套管起到保护传感器光缆及放入监测传感器的目的，托盘上部由下往上依次连接光纤光栅渗压计、光纤光栅温度计及光纤光栅钻孔应力计，传感器之间采用加工好的钢管串联，传感器外侧为直径55 mm不锈钢花管，不锈钢花管不影响传感器监测水压、水温、钻孔应力监测，同时在安装过程中起到保护传感器的目的。

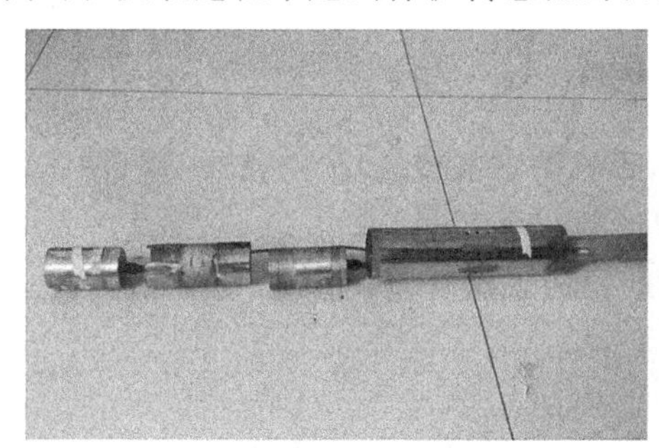
(a) 传感器组合装置分解图

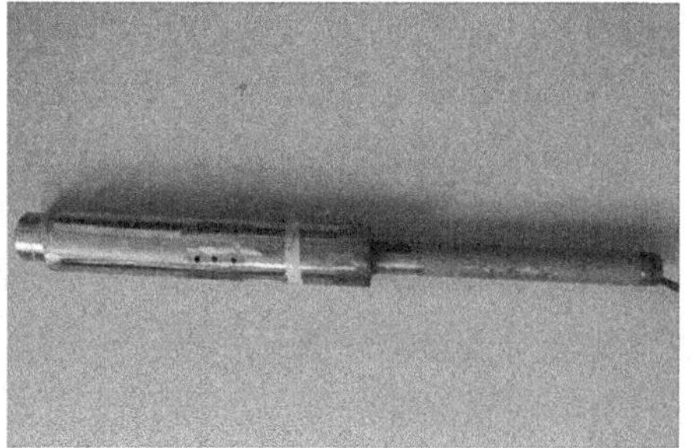
(b) 传感器组合装置效果图

图4-8　单孔多物理场监测系统

4.3.4.2　深孔光缆的保护措施

深孔光缆的保护措施是确保光缆在复杂和恶劣环境下稳定运行的关键。以下是一些常见的深孔光缆保护措施与要求：

（1）光缆选择与预处理

① 选用高质量光缆：选择具有高强度、耐腐蚀、抗磨损等特性的光缆，以适应深孔环境的特殊要求。

② 光缆预处理：在光缆敷设前，对其进行必要的预处理，如防水、防腐蚀处理等，以增强光缆的耐久性。

（2）深孔敷设与固定

① 合理设计敷设路径：根据深孔的地质条件、光缆的特性和使用需求，合理设计光缆的敷设路径，避免光缆在敷设过程中受到过大的弯曲或拉伸。

② 采用专用敷设工具：使用专用的光缆敷设工具，如光缆牵引机、光缆吹送机等，以确保光缆在敷设过程中的安全性和稳定性。

③ 固定光缆：在光缆敷设完成后，使用专用的光缆固定装置，如光缆夹、光缆槽等，将光缆牢固地固定在孔壁上，防止光缆在孔内移动或受到外力影响。

（3）防水与防潮

① 使用防水光缆：在潮湿或水下环境中，应选用具有防水功能的光缆，以确保光缆在长时间使用中不受水分侵蚀。

② 加设防水措施：在光缆的接头处、弯曲处等易受损部位，加设防水胶带、防水盒等防水措施，以防止水分进入光缆内部。

（4）防机械损伤

① 增加光缆护套：在光缆外部增加一层或多层护套，如聚乙烯护套、钢带铠装护套等，以提高光缆的抗机械损伤能力。

② 避免光缆过度弯曲：在光缆敷设过程中，避免光缆过度弯曲，以防止光缆内部的光纤受到损伤。

（4）防雷电与电磁干扰

① 防雷击措施：在光缆敷设路径上，设置防雷击装置，如避雷针、避雷器等，以防止雷击对光缆造成损害。

② 防电磁干扰：在光缆周围设置屏蔽层或采用其他防电磁干扰措施，以减少电磁场对光缆的干扰。

（6）监测与维护

① 实时监测：采用光缆监测系统对光缆的运行状态进行实时监测，及时发现并处理光缆故障。

② 定期维护：定期对光缆进行维护检查，包括光缆的完整性、固定情况、防水措施等，确保光缆的长期稳定运行。

本次传感器传输光缆为矿方提供的 4 芯光缆，其成分为二氧化硅、石英玻璃，具有传输速度快、保密性好、抗电磁场干扰性强、绝缘性好、寿命长、化学稳定性好等优点。如图4-9(a)所示，每套传感器连接130 m光缆，煤层回采过程中光缆受到强烈挤压与剪切作用，极易导致传输数据中断，因此采用外径20 mm、内径16 mm的DN20镀锌套管保护深孔光缆，如图4-9(b)所示，DN20镀锌套管每节1 m或1.5 m，通过匹配螺母串联，保证多场信息顺利传输。

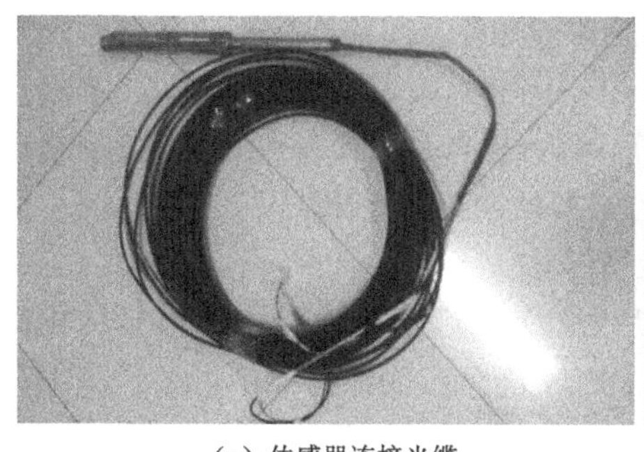

(a) 传感器连接光缆

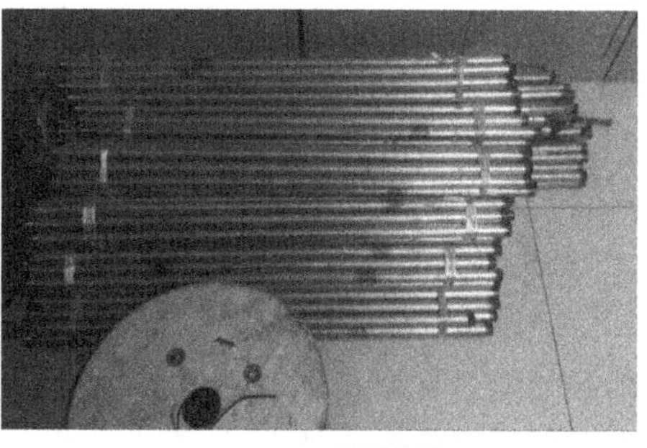

(b) DN20镀锌套管

图4-9 单孔多物理场监测系统

4.3.4.3 单孔多物理场监测系统安装过程

单孔多物理场监测系统的安装过程是一个复杂且精细的工程，以下是该检测系统的安装流程：

(1) 前期准备

① 设备检查：确保所有设备(如传感器、光缆、连接器等)齐全且完好无损。检查设备的规格、型号和性能是否符合设计要求。

② 现场勘查：详细了解监测孔的地质条件、孔径、孔深等信息。确定监测点的位置和数量，以及光缆的敷设路径。

③ 制定安装方案：根据现场勘查结果，制定详细的安装方案，包括设备布置、光缆敷设、固定方式等。

(2) 光缆敷设与连接

① 光缆选择：选择适合深孔环境的光缆，如具有高强度、耐腐蚀、抗磨损等特性的光缆。

② 光缆敷设：使用专用的光缆敷设工具，如光缆牵引机或光缆吹送机，将光缆沿监测孔敷设至预定位置。在敷设过程中，注意避免光缆过度弯曲或受到损伤。

③ 光缆连接：在光缆的接头处，使用专用的光缆连接器或熔接机进行连接，确保连接牢固且信号传输稳定。对连接后的光缆进行性能测试，确保信号传输

质量满足要求。

(3) 传感器安装与调试

① 传感器选择:根据监测需求,选择合适的传感器,如温度传感器、压力传感器、位移传感器等。

② 传感器安装:将传感器沿光缆敷设至预定位置,并使用专用的固定装置将传感器牢固地固定在孔壁上。确保传感器与光缆之间的连接牢固且信号传输稳定。

③ 传感器调试:对安装的传感器进行调试,检查其工作是否正常,信号输出是否准确。根据调试结果,对传感器进行必要的调整和优化。

(4) 系统测试与验收

① 系统测试:在整个系统安装完成后,进行系统测试,包括光缆信号传输测试、传感器性能测试等。确保系统能够正常工作,且监测数据准确可靠。

② 系统验收:根据设计要求和相关标准,对系统进行验收。验收合格后,方可正式投入使用。

(5) 后期维护与管理

① 定期检查:定期对系统进行检查和维护,确保设备工作正常,光缆连接牢固。

② 数据记录与分析:实时记录和分析监测数据,及时发现并处理异常情况。

③ 故障处理:一旦发现系统故障或异常情况,立即进行排查和处理,确保系统能够迅速恢复正常工作。

单孔多物理场监测系统安装过程如图 4-10 所示,连接光缆采用 DN20 镀锌套管保护,距传感器 15 m 处连接 1.5 m 花管,剩余部分仍采用 DN20 镀锌套管保护,连接花管目的为观测注浆封孔期间正常返浆,确保对钻孔下部 50 m 范围精确分段封孔,避免将传感器封入浆液内。

(a) 钻机钻孔作业

(b) 穿入DN20镀锌套管

图 4-10 传感器安装及封孔

(c) 连接套管并人工放入传感器

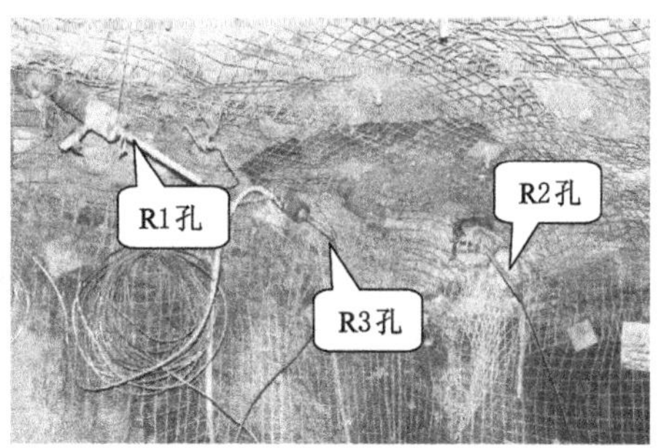

(d) 1#钻机硐室封孔作业

图 4-10 (续)

4.4 监测预警阈值划分与判识准则

4.4.1 监测预警阈值划分

断层裂隙萌生阶段是否发生突水,取决于萌生裂隙能否造成上部含水层沿断层带运移到煤层顶板裂隙导升带,这一过程涉及断层的水力传导特性以及裂隙网络的连通性。因此,通过对煤层顶板裂隙导升带与隔水关键层之间水温、水压监测可以掌握煤层上部各含水层水力联系,并对监测部位突水的可能性做出评价。断层滞后突水深部岩体水温、水压监测指标的阈值可通过现场试验和监测经验确定。

由于地温的影响,不同水平含水层水温不同。随着煤层开采,当上部含水层通过裂隙通道进入隔水层内部或与下部含水层导通时,过水通道附近岩体温度及煤系裂隙水的水温会发生异常变化。这种温度的变化通常是由水的流动及其与周围岩石的热交换引起的。因此,可以通过对煤系裂隙水水温的监测,评估突水发生的概率。

监测水温的变化不仅能反映水流动状态,还可以作为识别潜在突水风险的重要指标。当检测到异常的水温变化时,往往预示着可能的水流通道形成或水量的突然增加,这为突水事件的预警提供了依据。结合其他水文地质数据,可以更全面地评估突水风险,从而为煤矿的安全生产提供更为有效的管理措施。

在三采区支架硐室内向上设置一个侏罗系含水层水压观测孔 3C-4,终孔位置在侏罗系地层底界砾岩上方约 65 m 处。图 4-11 为 13301 工作面断层滞后突水观测孔 3C-4 观测水温变化情况。

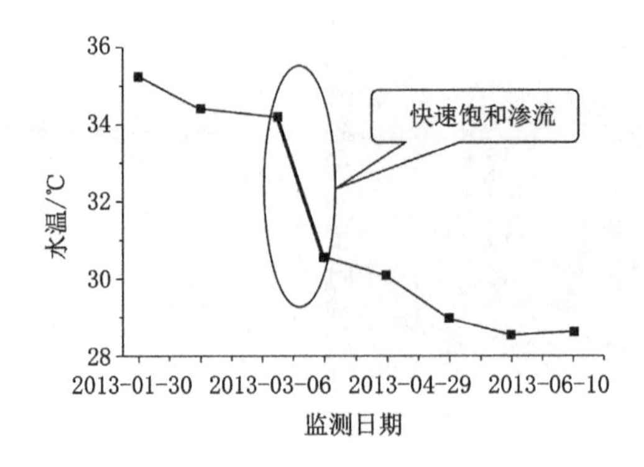

图 4-11　13301 工作面断层滞后突水观测孔 3C-4 观测水温变化

由钻孔水温监测结果可知，侏罗系水水温 28 ℃，隔水关键层底部水温 34 ℃，13301 工作面进入快速饱和渗流阶段引发断层滞后突水，监测突水水温由 34 ℃急剧降至 31 ℃，即以水温差 3 ℃作为水温监测阈值。

不同侏罗系水体积(V_1)与隔水关键层底部水体积(V_2)混合后水温变化见表 4-2，当侏罗系水超过混合水一半时认为有发生突水灾害危险，即以与起始水温相差 3 ℃作为监测阈值。

表 4-2　混合后水温变化

编号	V_1/%	V_2/%	混合水温度/℃
1	0	100	34.0
2	20	80	32.8
3	40	60	31.6
4	50	50	31.0

图 4-12 为断层滞后突水过程中侏罗系含水层水压观测孔观测的水压变化，三采区上方侏罗系水文孔水压变化过程与该地层内水温观测数据变化具有同步性，在工作面突水发生前，侏罗系水水位及水压波动较小；当工作面水量持续增加过程中，该含水层水压持续下降；工作面涌水量稳定后，侏罗系含水层水压不再快速下降，而是在较低范围内波动，水压稳定在 2.2 MPa 左右。13303 工作面深孔监测传感器埋设点水压 1.2 MPa，侏罗系含水层距测点距离 250 m，若连通侏罗系含水层，则测点水压变化值至少为 3.5 MPa，因此，以与起始水压相差 3.5 MPa 作为监测阈值。

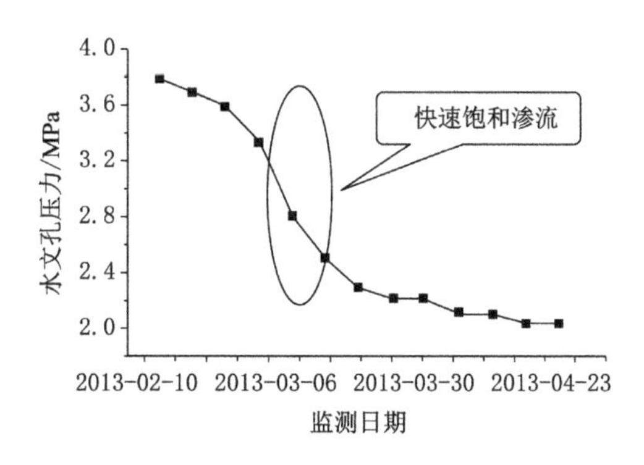

图 4-12　断层滞后突水侏罗系含水层水压变化

4.4.2　监测预警判识准则

依据监测阈值确定不同预警等级，Ⅰ级阈值为 0～50%，Ⅱ级阈值为 50%～80%，Ⅲ级阈值为 80%以上，温度场监测预警判识准则见表 4-3，渗压场监测预警判识准则见表 4-4。

表 4-3　温度变化监测预警判识准则

等级	形式	温度变化范围	应对措施
Ⅰ	安全	$T \geqslant -1.5$ ℃	继续安全开采
Ⅱ	预警前兆	-2.4 ℃$<T<-1.5$ ℃	开展钻探、物探等探测措施，准备应急措施
Ⅲ	预警	$T \leqslant -2.4$ ℃	停止生产，撤离生产人员，开展预警区防治水治理

注：负号表示温度下降量。

表 4-4　水压变化监测预警判识准则

等级	形式	水压变化范围	应对措施
Ⅰ	安全	$P \leqslant 1.4$ MPa	继续安全开采
Ⅱ	预警前兆	1.4 MPa$<P<2.8$ MPa	开展钻探、物探等探测措施，准备应急措施
Ⅲ	预警	$P \geqslant 2.8$ MPa	停止生产，撤离生产人员，开展预警区防治水治理

4.5 断层滞后突水多场信息演化规律

4.5.1 水压监测结果与分析

图 4-13 为 1# 钻机硐室 R1 孔水压监测结果，分析可知，工作面距 R1 孔测点 60.0～22.5 m 期间，水压维持在 0.8～1.3 MPa，水压较稳定；工作面距 R1 孔测点 22.5 m 处，水压出现明显下降，降至 0.25 MPa 左右，降幅 0.9 MPa，未出现预警前兆；工作面距 R1 孔测点 22.5 m 至推采过测点 15.0 m 期间，水压维持在 0～0.25 MPa 之间，水压波动较明显；工作面推采过 R1 孔测点 15.0 m 处，水压出现上升趋势，变化值最大达到 0.8 MPa，未出现预警前兆；工作面推采过 R1 孔测点 15.0～30.0 m 期间，水压维持在 1.0～1.2 MPa，水压相对稳定；工作面推采过 R1 孔测点 30.0～60.0 m 期间，水压维持在 1.25～2.20 MPa，水压波动较明显。

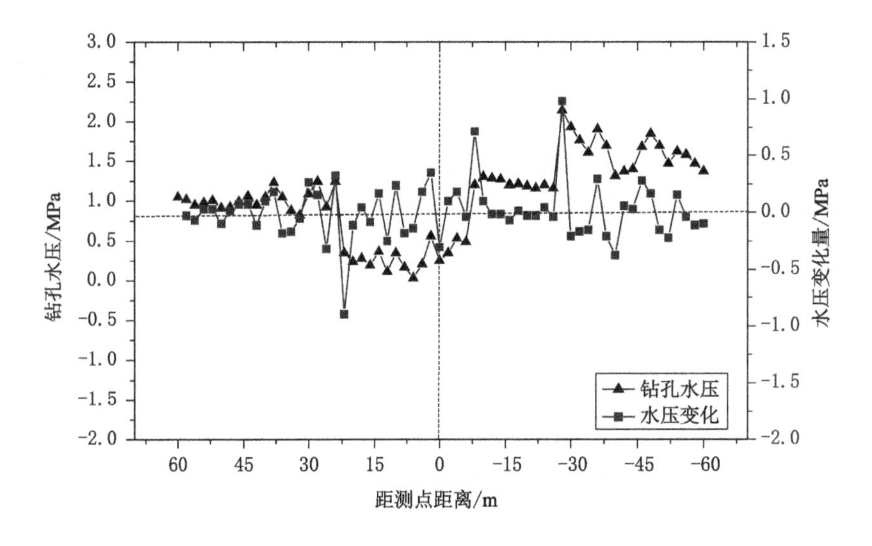

图 4-13 1# 钻机硐室 R1 孔水压监测示意图

由上述数据分析可知，工作面距 R1 孔测点 60.0～30.0 m 期间，开采扰动对测点处水压影响较小；当工作面距 R1 孔测点 30.0 m 范围内时，开采扰动对测点处水压影响较大。这可能是由于在采动影响范围内，原生裂隙进一步开裂、扩展，导致 R1 孔测点钻孔内水沿裂隙带运移，因而钻孔水压下降；工作面推采过 R1 孔测点 30.0～60.0 m 期间，水压扰动明显但未出现水压较大变化。依据深孔监测预警水压评判标准，工作面推采过 R1 孔测点期间，预警等级为Ⅰ级，可实现安全开采。

图 4-14 为 1# 钻机硐室 R2 孔水压监测结果，由图分析可知，工作面距 R2 孔测点 60.0～18.0 m 期间，水压维持在 0.85～1.25 MPa，水压较稳定；工作面距 R2 孔测点 18.0 m 处，水压出现明显下降，降至 0.65 MPa 左右，降幅 0.6 MPa，未出现预警前兆；工作面距 R2 孔测点 18.0 m 至推采过测点 8.0 m 期间，水压维持在 0.50～0.75 MPa，水压波动不明显；工作面推采过 R2 孔测点 15 m 处，水压明显上升 0.75 MPa，未出现预警前兆；工作面推采过 R2 孔测点 8.0～40.0 m 期间，水压维持在 1.1～1.3 MPa，水压波动较明显。

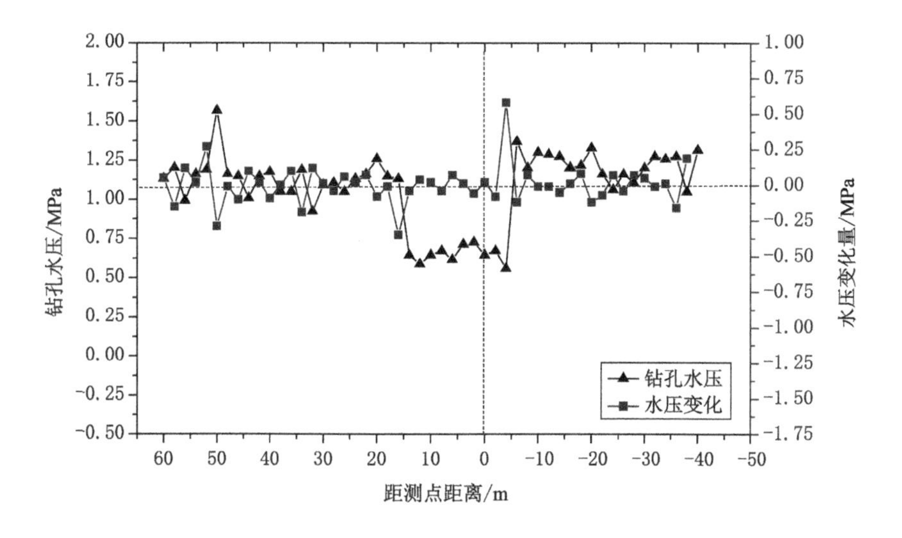

图 4-14　1# 钻机硐室 R2 孔水压监测示意图

由上述数据分析可知，工作面距 R2 孔测点 60.0～18.0 m 期间，开采扰动对测点处水压影响较小；工作面距 R2 孔测点 18.0 m 至推采过工作面 8.0 m 范围内，开采扰动对测点处水压影响较大，这是由于在采动影响范围内，原生裂隙进一步开裂、扩展，导致 R2 孔测点钻孔内水沿裂隙带运移，因而钻孔水压下降；工作面推采过 R2 孔测点 8.0～40.0 m 期间，水压扰动明显但未出现水压较大变化。依据深孔监测预警水压评判标准，工作面推采过 R2 孔测点期间，预警等级为Ⅰ级，可实现安全开采。

图 4-15 为 1# 钻机硐室 R3 孔水压监测结果，由图分析可知，工作面距 R3 孔测点 60.0～25.0 m 期间，水压维持在 0.75～1.35 MPa，水压波动较明显；工作面距 R3 孔测点 25.0 m 处，水压出现明显下降，降至 0.60 MPa 左右，降幅 0.5 MPa，未出现预警前兆；工作面距 R3 孔测点 25.0 m 至推采过测点 10.0 m

期间，水压维持在 0.5～0.8 MPa，水压波动较明显；工作面推采过 R3 孔测点 10.0 m 处，水压明显上升，升至 1.35 MPa，升幅 0.85 MPa，未出现预警前兆。

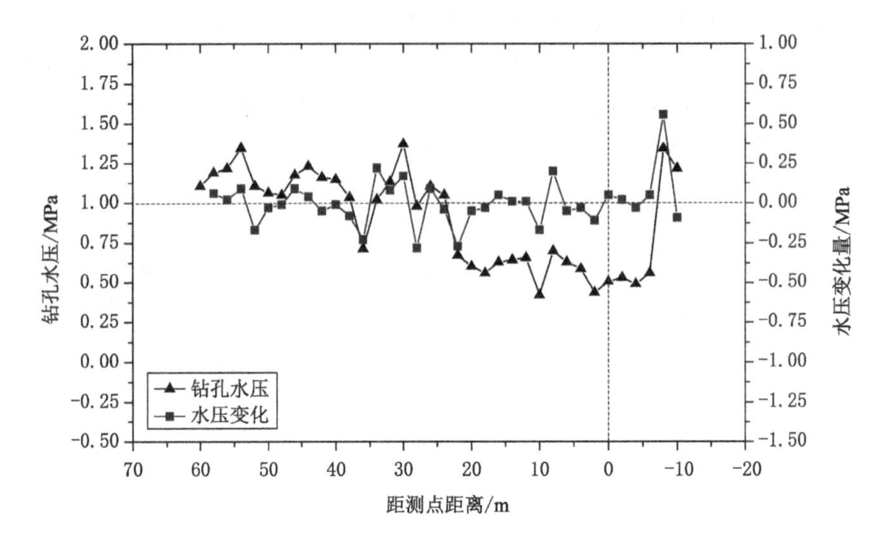

图 4-15 1# 钻机硐室 R3 孔水压监测示意图

由上述数据分析可知，工作面距 R3 孔测点 60.0～25.0 m 期间，区别于 R1 孔测点与 R2 孔测点，水压波动较明显，分析物探资料可知，这是由于 R3 孔测点附近为含较小断裂构造富水异常区，开采扰动导致断裂构造受到挤压与张拉作用，水压维持在较高值且波动明显；工作面距 R3 孔测点 25.0 m 至推采过工作面 10.0 m 范围内，开采扰动对测点处水压影响较大，这是由于在采动影响范围内，原生裂隙进一步开裂、扩展，导致 R3 孔测点钻孔内水沿裂隙带运移，因而钻孔水压下降；依据深孔监测预警水压评判标准，工作面推采过 R3 孔测点期间，预警等级为 Ⅰ 级，可实现安全开采。

图 4-16 为 2# 钻机硐室 R4 孔水压监测结果，由图分析可知，工作面距 R4 孔测点 60.0～30.0 m 期间，水压维持在 0.65～0.80 MPa，水压较稳定；工作面距 R4 孔测点 30.0～22.0 m 期间，水压缓慢增加至 1.0 MPa；工作面距 R4 孔测点 22.0 m 处，水压降至 0.25 MPa 左右，降幅 0.75 MPa，未出现预警前兆；工作面距 R4 孔测点 18.0 m 至推采过测点 12.0 m 期间，水压维持在 0.20～0.65 MPa，水压波动明显；工作面推采过 R4 孔测点 12.0 m 处，水压明显上升至 1.5 MPa，升幅 0.85 MPa，未出现预警前兆；工作面推采过 R4 孔测点 12.0～40.0 m 期间，水压维持在 1.1～1.5 MPa，水压波动较明显。

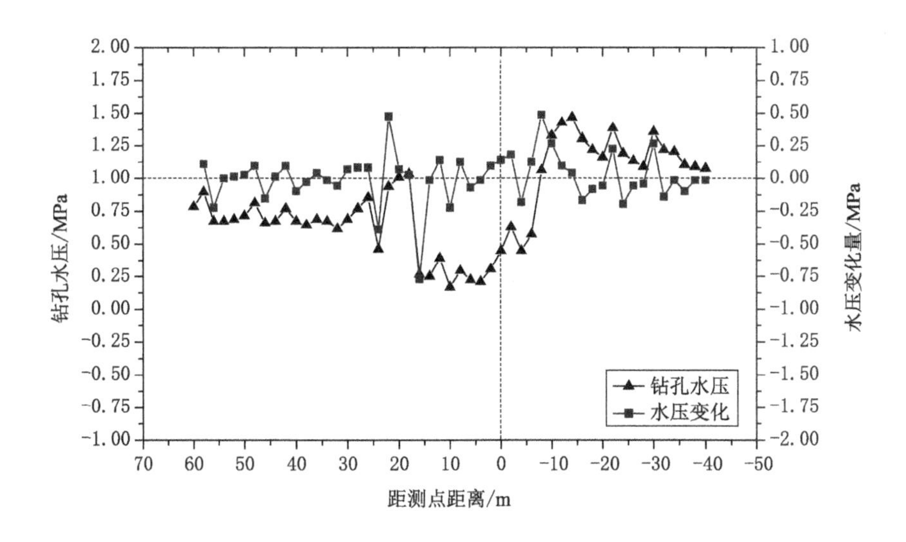

图 4-16 2# 钻机硐室 R4 孔水压监测示意图

由上述数据分析可知，工作面距 R4 孔测点 60.0～30.0 m 期间，开采扰动对测点处水压影响较小；工作面距 R4 孔测点 30.0～22.0 m 期间，上部岩层裂隙导升；工作面距 R4 孔测点 22.0 m 至推采过工作面 12.0 m 范围内，开采扰动对测点处水压影响较大，这是由于在采动影响范围内，原生裂隙进一步开裂、扩展，导致 R4 孔测点钻孔内水沿裂隙带运移，因而钻孔水压下降；工作面推采过 R4 孔测点 12.0～40.0 m 期间，水压扰动明显但未出现水压较大变化。依据深孔监测预警水压评判标准，工作面推采过 R4 孔测点期间，预警等级为 Ⅰ 级，可实现安全开采。

图 4-17 为 2# 钻机硐室 R5 孔水压监测结果，由图分析可知，工作面距 R5 孔测点 60.0～50.0 m 期间，水压维持在 0.80～0.85 MPa，水压较稳定；工作面距 R5 孔测点 50.0～17.0 m 期间，水压维持在 0.75～1.50 MPa，水压波动较明显；工作面距 R5 孔测点 17.0 m 处，水压降至 0.25 MPa 左右，降幅 1.1 MPa，未出现预警前兆；工作面距 R5 孔测点 17.0 m 至推采至测点期间，水压维持在 0～0.25 MPa 之间，水压波动明显。

由物探资料分析可知，这是由于 R5 钻孔钻入富水异常区，工作面距 R5 孔测点 50.0～17.0 m 期间，开采扰动导致上部岩层裂隙导升，该测点水压波动较大；工作面距 R5 孔测点 17.0 m 处，开采扰动对测点处水压影响较大，这是由于在采动影响范围内，原生裂隙进一步开裂、扩展，导致 R5 孔测点钻孔内水沿裂隙带运移，因而钻孔水压下降；工作面距 R5 孔测点 17.0 m 至推采至测点期间，

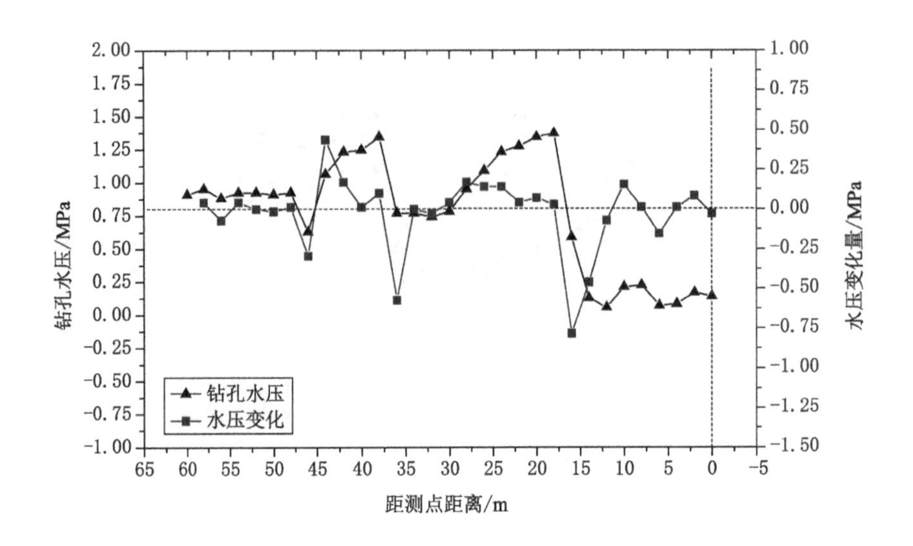

图 4-17　2# 钻机硐室 R5 孔水压监测示意图

水压扰动明显但未出现水压较大变化。依据深孔监测预警水压评判标准，工作面推采过 R5 孔测点期间，预警等级为Ⅰ级，可实现安全开采。

4.5.2　水温监测结果与分析

图 4-18 为 1# 钻机硐室 R1 孔水温监测结果，由图分析可知，工作面距 R1 孔测点 60～14 m 期间，水温维持在 33.5～34.2 ℃，水温较高，基本保持稳定；工作面距 R1 孔测点 14 m 处，水温出现明显下降，降至 32.9 ℃左右，降幅 0.6 ℃，未出现预警前兆；工作面距 R1 孔测点 14 m 至推采过测点 10 m 期间，水温维持在 31.90～33.08 ℃，水温波动较明显；工作面推采过 R1 孔测点 10 m 处，水温明显下降 1.5 ℃，出现预警前兆；工作面推采过 R1 孔测点 10～60 m 期间，水温维持在 31.5～32.7 ℃，水温波动较明显，有递增的趋势。

由上述数据分析可知，工作面距 R1 孔测点 60～14 m 期间，开采扰动对测点处水温影响较小；工作面距 R1 孔测点 14 m 至推采过工作面 10 m 范围内，开采扰动对测点处水温影响较大。这是由于开采扰动的影响，采空区上部覆岩发生破坏，裂隙不断向深部发展，导致不断沟通上部含水裂隙，因此温度不断下降；当工作面推采过 R1 孔测点 10～60 m 期间水温扰动明显但未出现水温较大变化。依据深孔监测预警水温评判标准，工作面推采距 R1 孔测点 14 m 至推采过工作面 10 m 范围内期间，预警等级为Ⅱ级，应开展钻探、物探等探测措施，查明出水水源，准备应急措施。

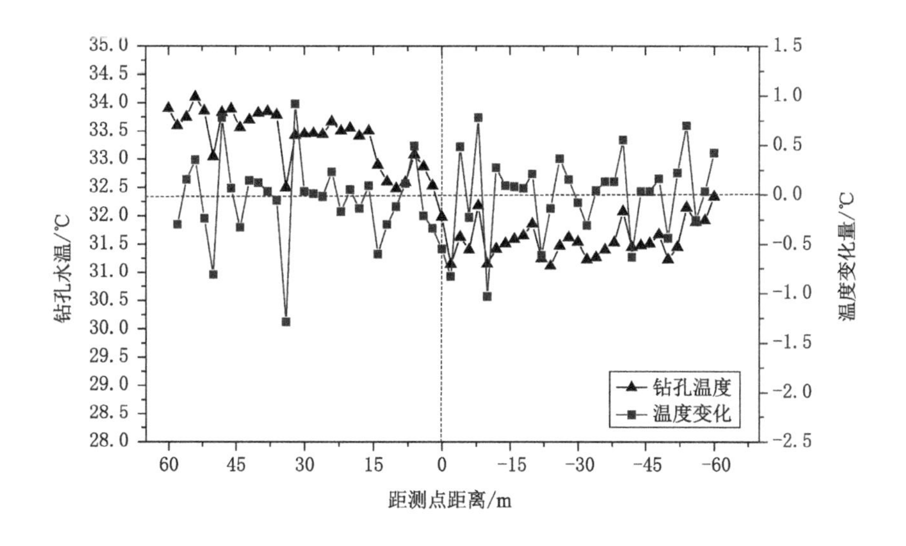

图4-18 1# 钻机硐室R1孔水温监测示意图

图4-19为1# 钻机硐室R2孔水温监测结果，由图分析可知，工作面距R2孔测点60～12 m期间，水温维持在33.2～34.7 ℃，水温较高，基本保持稳定；工作面距R2孔测点12 m处，水温出现明显下降，降至32.7 ℃左右，降幅0.8 ℃，未出现预警前兆；工作面距R2孔测点12 m至推采过测点6 m期间，水温维持在32.2～32.8 ℃，水温波动不明显，基本保持稳定；工作面推采过R2孔测点6 m处，水温明显下降0.9 ℃，未出现预警前兆；工作面推采过R2孔测点8～16 m期间，水温维持在31.6～32.1 ℃，水温保持稳定；工作面推采过R2孔测点16～40 m期间水温波动较明显，有递增的趋势。

由上述数据分析可知，工作面距R2孔测点60～12 m期间，开采扰动对测点处水温影响较小；工作面距R2孔测点12 m至推采过工作面6 m范围内，开采扰动对测点处水温影响较大。这是由于开采扰动的影响，采空区上部覆岩发生破坏，裂隙不断向深部发展，导致不断沟通上部含水裂隙，因此温度不断下降；当工作面推采过R2孔测点16～40 m期间水温扰动明显有递增的趋势，但未出现水温较大变化。依据深孔监测预警水温评判标准，工作面推采过R2孔测点期间，预警等级为Ⅰ级，可实现安全开采。

图4-20为1# 钻机硐室R3孔水温监测结果，由图分析可知，工作面距R3孔测点60～18 m期间，水温维持在33.6～34.8 ℃，水温较高，出现了个别较大的波动现象，但基本保持稳定；工作面距R3孔测点18～12 m处，水温出现明显下降，降至33 ℃左右，降幅1 ℃，未出现预警前兆；工作面推采过测点R3孔测点

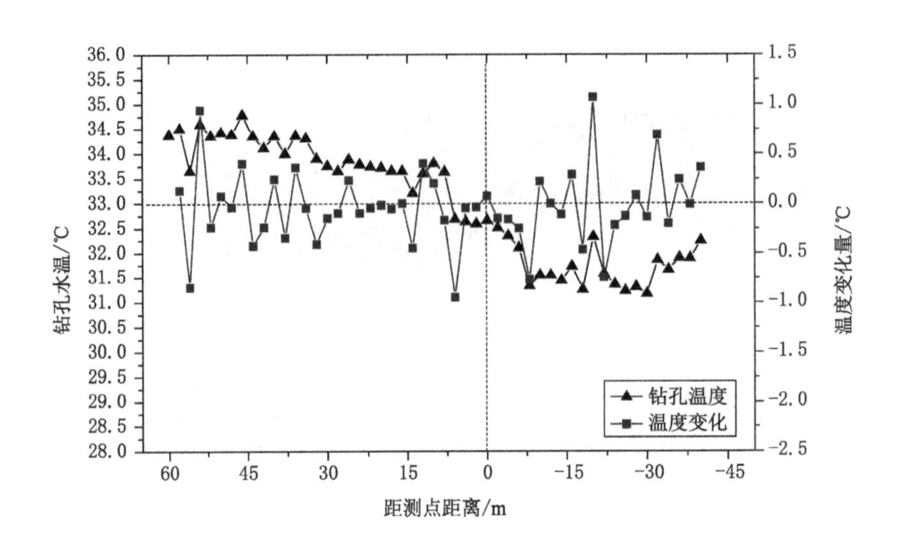

图 4-19 1# 钻机硐室 R2 孔水温监测示意图

12～4 m 期间，水温维持在 33.5 ℃左右，水温波动不明显，基本维持恒定；工作面推采过 R3 孔测点 2 m 时，水温突然下降 0.8 ℃，未出现预警前兆；工作面推采过 R3 孔测点 2～10 m，水温波动较明显，温度不断下降。

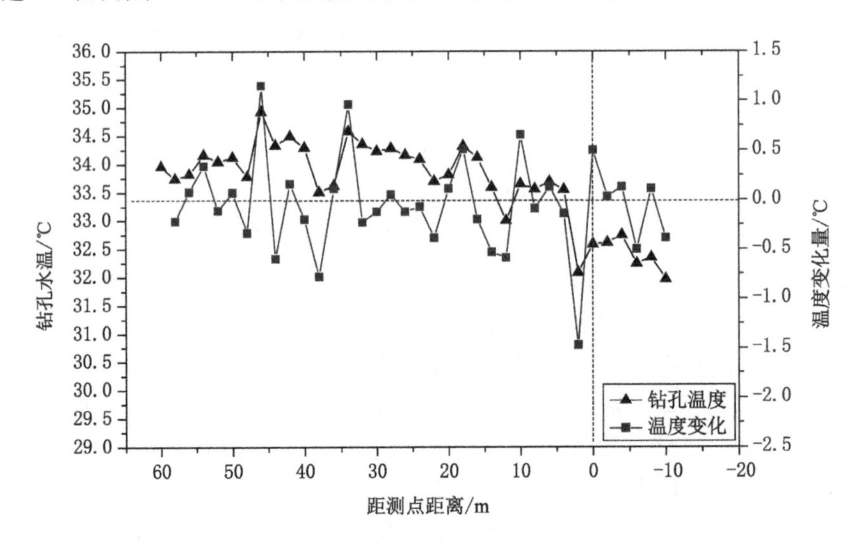

图 4-20 1# 钻机硐室 R3 孔水温监测示意图

由上述数据分析可知，工作面距 R3 孔测点 60～18 m 期间，开采扰动对测点处水温影响较小；工作面距 R3 孔测点 12 m 至工作面推采过 R3 孔测点 10 m 处，开采扰动对测点处水温影响较大，期间温度不断下降，降幅较大。这是由于开采扰动的影响，采空区上部覆岩发生破坏，裂隙不断向深部发展，导致不断沟通上部含水裂隙，因此温度不断下降；当工作面推采过 R3 孔测点 10～60 m 期间水温扰动明显但未出现水温较大变化。依据深孔监测预警水温评判标准，工作面推采过 R3 孔测点期间，预警等级为Ⅰ级，可实现安全开采。

图 4-21 为 2# 钻机硐室 R4 孔水温监测结果，由图分析可知，工作面距 R4 孔测点 60～18 m 期间，水温维持在 33.5～34.5 ℃，水温较高，基本保持稳定；工作面距 R4 孔测点 15 m 处，水温出现明显下降，降至 32.6 ℃左右，变化值最大达到 0.9 ℃，未出现预警前兆；工作面距 R4 孔测点 15 m 至推采过测点 0 m 期间，水温维持在 32.6～31.9 ℃之间，水温降幅 0.8 ℃，未出现预警前兆；工作面推采过 R4 孔测点 0～16 m 处，水温下降 0.6 ℃左右，未出现预警前兆；工作面推采过 R4 孔测点 16～40 m 期间，水温维持在 31.4～32.6 ℃，水温波动较明显，呈递增的趋势。

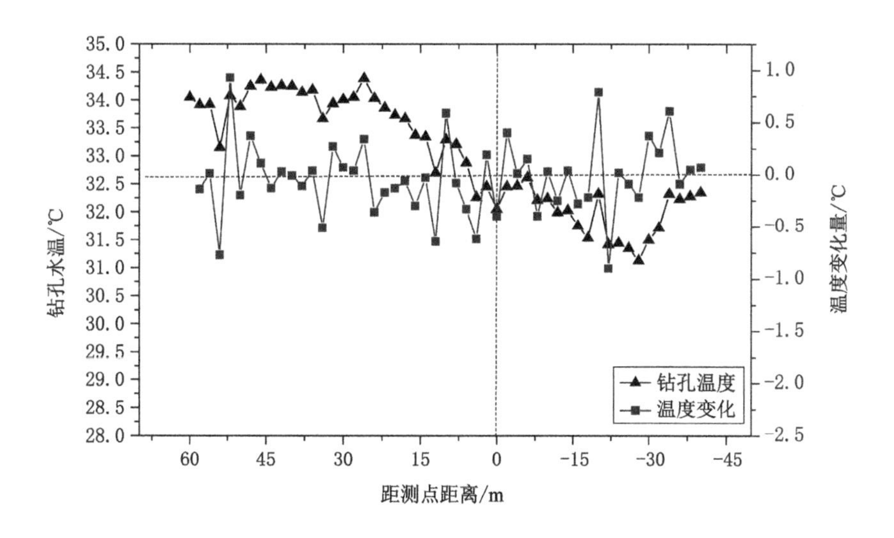

图 4-21　2# 钻机硐室 R4 孔水温监测示意图

由上述数据分析可知，工作面距 R4 孔测点 60～18 m 期间，开采扰动对测点处水温影响较小；工作面距 R4 孔测点 18 m 至推采过工作面 16 m 范围内，开采扰动对测点处水温影响较大。这是由于开采扰动的影响，采空区上部覆岩发生破坏，裂隙不断向深部发展，导致不断沟通上部含水裂隙，因此温度不断下降。当工作面推采过 R4 孔测点 16～40 m 期间，水温上升明显但未出现较大变化。

依据深孔监测预警水温评判标准，工作面推采过 R4 孔测点期间，预警等级为Ⅰ级，可实现安全开采。

图 4-22 为 2# 钻机硐室 R5 孔水温监测结果，由图分析可知，工作面距 R5 孔测点 60～16 m 期间，水温维持在 33.2～34.5 ℃之间，水温较高，除个别监测点较大波动外，基本保持稳定；工作面距 R5 孔测点 16～0 m 期间，水温出现明显下降趋势，维持在 33.2～33.5 ℃，降幅 0.5 ℃，未出现预警前兆。

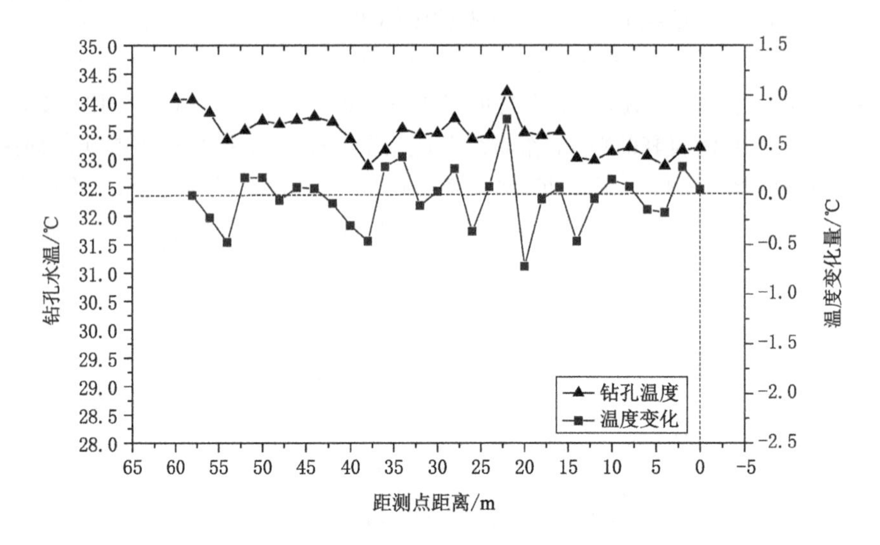

图 4-22　2# 钻机硐室 R5 孔水温监测示意图

由上述数据分析可知，工作面距 R5 孔测点 60～16 m 期间，开采扰动对测点处水温影响较小；工作面距 R5 孔测点 16～0 m 期间，受开采扰动的影响，采空区上部覆岩发生破坏，裂隙不断向深部发展，导致不断沟通上部含水裂隙，温度呈下降的趋势，但由于扰动强度不大，温度变化值最大只有 0.5 ℃。依据深孔监测预警水温评判标准，工作面推采过 R5 孔测点期间，预警等级为Ⅰ级，可实现安全开采。

4.5.3　钻孔应力监测结果与分析

图 4-23 为 1# 钻机硐室 R3 孔钻孔应力监测结果，由图分析可知，工作面距 R3 孔测点 60.0～30.0 m 期间，钻孔应力计未监测到孔压；工作面距 R3 孔测点 30.0～20.0 m 期间，钻孔应力上升至 0.65 MPa；工作面距 R3 孔测点 20.0～8.0 m 期间，钻孔应力维持在 0.40～0.75 MPa，钻孔应力波动明显；工作面距 R3 孔测点 8.0 m 至推采过测点 5.0 m 期间，应力维持在 1.25～1.35 MPa，钻

孔应力波动不明显；工作面推采过 R3 孔测点 5～10 m 期间，钻孔应力出现突变。

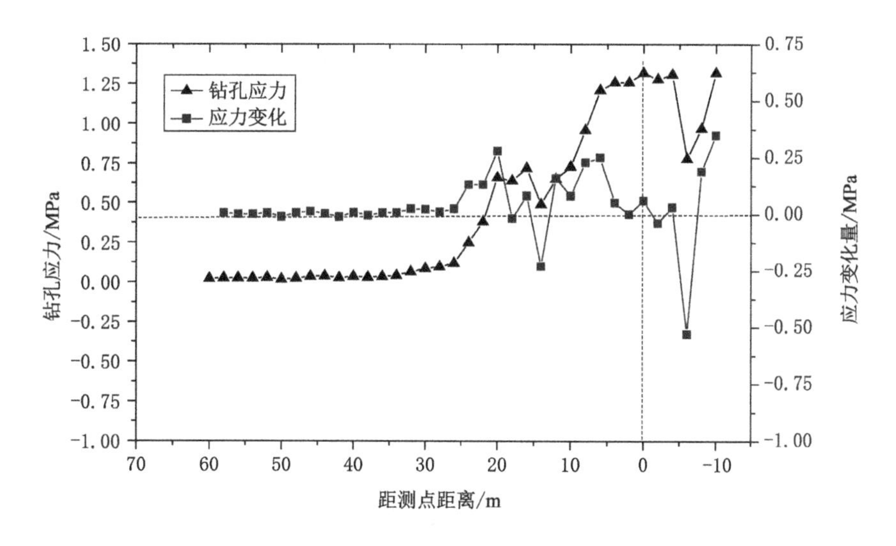

图 4-23　1# 钻机硐室 R3 孔应力监测示意图

由上述数据分析可知，工作面距 R3 孔测点 60.0～30.0 m 期间，开采扰动对测点处钻孔应力影响较小；工作面距 R3 孔测点 30.0～8.0 m 期间，开采扰动对测点处钻孔应力影响较大；工作面距 R3 孔测点 8.0 m 至推采过测点 5.0 m 期间，钻孔应力较稳定，工作面推采过 R3 孔测点 5.0 m 后由于开采扰动导致钻孔应力突变。

图 4-24 为 2# 钻机硐室 R4 孔钻孔应力监测结果，由图分析可知，工作面距 R4 孔测点 60.0～28.0 m 期间，钻孔应力波动不明显；工作面距 R4 孔测点 28.0 m 至推采过测点 40.0 m 期间，钻孔应力呈总体增加趋势，钻孔应力最大值出现在工作面推采过测点 40.0 m 处，为 2.3 MPa；在工作面距测点 10.0 m、工作面推采过工作面 3.0 m 及工作面推采过测点 18.0 m 时，钻孔应力出现突变。

由上述数据分析可知，工作面距 R4 孔测点 60.0～28.0 m 期间，开采扰动对测点处钻孔应力影响较小；工作面距 R4 孔测点 28.0 m 至推采过测点 40.0 m 期间，开采扰动对测点处钻孔应力影响较大；共监测到 3 处应力突变，可能是测点处岩层断裂挤压所致。

图 4-25 为 2# 钻机硐室 R5 孔钻孔应力监测结果，由图分析可知，工作面距 R5 孔测点 60.0～25.0 m 期间，钻孔应力出现 2 处明显波动；工作面距 R5 孔测点 25.0～0 m 期间，钻孔应力总体呈增加趋势，钻孔应力值变化明显；工作面距

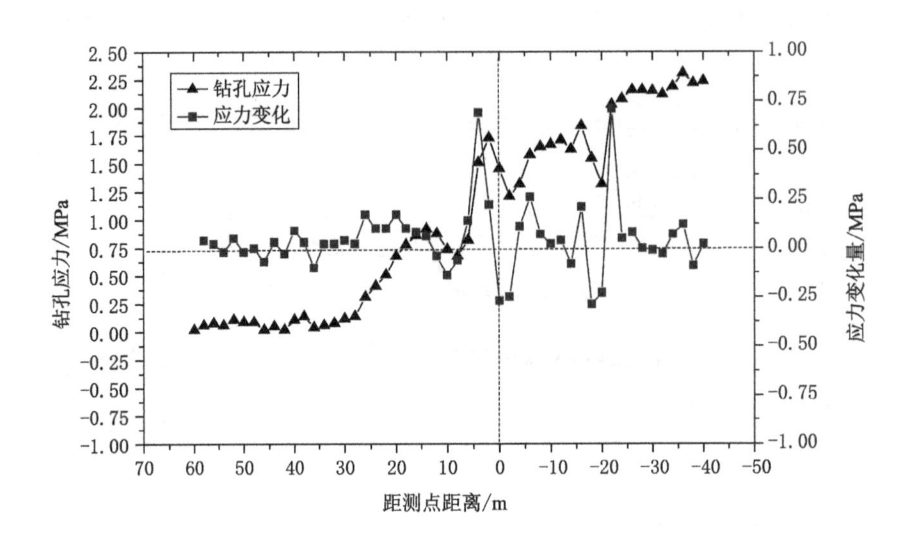

图 4-24　2# 钻机硐室 R4 孔应力监测示意图

测点 12.5 m 处，钻孔应力出现突变，当工作面推采过工作面 4.0 m，钻孔应力值突然下降。

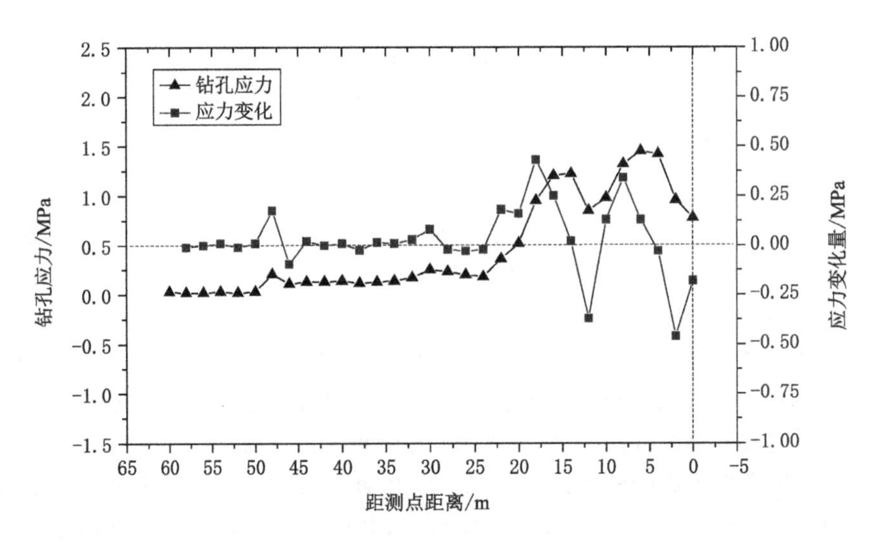

图 4-25　2# 钻机硐室 R5 孔应力监测示意图

由上述数据分析可知，工作面距 R5 孔测点 60.0～25.0 m 期间，R5 测点处 2 处轻微影响可能是由于开采扰动或塌孔所致；工作面距 R5 孔测点 25.0～0 m

期间,开采扰动对测点处钻孔应力影响较大;共监测到2处应力突变,可能是测点处岩层断裂挤压所致。

4.6　本章小结

(1) 开展了矿井深部岩体采动作用下多场信息现场实时监测。结合关键层理论及物探方法,确定断层滞后突水深部岩体重点监测区域。

(2) 研发了单孔多物理场监测系统,形成了配套安装工艺;采用安全性能强且防水防潮性能好的矿用光纤光栅监测系统,实现了矿井断层深部岩体单孔多物理场实时监测。

(3) 通过对监测结果进行分析,掌握了断层滞后突水预警判识准则。分析了断层滞后突水快速饱和渗流阶段多物理场演化规律,依据温度场及渗压场变化特征,得出断层滞后突水监测预警判识准则。

(4) 通过对断层滞后突水相邻工作面留设防突煤柱,开展井下深部岩体断层滞后突水多物理场在线实时监测,分析了留设断层防突煤柱多物理场演化规律,并对工作面开采过程进行实时监测预警判识。

第5章　CCFB复合注浆材料研发试验

对于煤矿工作面大规模突水进行地面深长钻孔注浆堵水时，注浆材料的适用性至关重要。此类工程施工时注浆材料需要具备良好的可注性，合理的初、终凝时间，较好的抗折、抗压强度等技术参数。由于注浆材料用量动辄上万吨，因此在满足技术要求的前提下，其经济性尤为重要。针对工作面断层滞后突水这一治理问题，从注浆材料组分筛选、材料性能测试分析与成本控制等方面出发，研发CCFB新型复合注浆材料，用以替代普通硅酸盐水泥对断层滞后突水关键突水通道进行注浆封堵。

5.1　材料组分筛选及性能分析

5.1.1　材料研发目的

断层滞后突水是一种由于地质构造活动或地下水压力缓慢释放而逐渐积累形成的突涌水现象。与直接突水不同的是，滞后突水具有明显的时间延迟，常在开采活动结束或长期采掘停顿后才会发生。这种滞后性使得水害发生区域难以预判，且突水位置往往偏离原先的采掘区域，导致无法在初期进行现场封堵操作，必须从地表进行深孔注浆，借助远程手段对潜在突水路径进行封堵。深孔注浆需要注浆材料具备优良的流动性、渗透性和稳定性，以确保浆液能够有效填充突水通道并在孔隙或裂隙中固化形成致密的水封层。而水泥-粉煤灰浆液在注浆过程中易出现管道堵塞，尤其是在深部大尺度注浆工程中，粉煤灰颗粒易沉积于管内，使得流动性受限。此外，水泥-黏土浆液虽具备良好的可塑性，但固化后的强度往往不足以抵御高水压，导致水封效果不稳定。在大规模突水区域的注浆改造中，单液水泥作为注浆材料的首选虽然具备较好的抗渗效果，但其注浆的材料消耗量大，尤其是在断层滞后突水的深孔封堵工程中，注浆距离长、覆盖范围广，导致注浆材料费用急剧上升，这加重了项目的整体经济压力。

由以上分析可知，新型注浆材料在满足堵水基本性能的前提下，需优先考虑长距离泵送特性及经济性，本书围绕以上材料性能需求，开展了适用于地面深长钻孔关键突水通道封堵的新型复合注浆材料体系研发，研发目标如下：

(1) 注浆材料具备良好的流动性，析水分层时间合理，满足长距离泵送需求；

(2) 注浆材料初、终凝时间合理，适用于注浆工艺时间需求；

(3) 注浆材料具备良好的抗渗特性，能够满足突水通道封堵需求；

(4) 注浆材料具有合理的抗折和抗压强度，能够抵挡地下水水压破坏；

(5) 注浆材料与普通水泥对比能够大幅度降低成本，具备良好的经济性。

5.1.2　新型复合注浆材料组分筛选

通过对水泥-粉煤灰材料及水泥-黏土材料作为注浆材料的性能及不足进行分析，并结合地面深长钻孔注浆工艺对注浆材料强度、可注性与抗渗性的要求，采用无机复合原理，优选出新型复合注浆材料组分。具体包括以下几种：

(1) P·O42.5碳酸盐水泥

P·O42.5碳酸盐水泥是一种无机胶结剂，在水化反应过程中能够生成稳定的胶凝体，提供良好的早期强度和持久硬化性能。水泥在与水接触后，经过水化反应形成氢氧化钙等多种水化产物，这些水化产物填充孔隙并牢固结合材料体系的其他组分。这种胶凝体的生成不仅有效地增强了注浆材料的抗压和抗剪强度，还能抵御煤层突水中强水压的侵蚀。此外，P·O42.5碳酸盐水泥的水化产物能够在矿井深部的湿度和温度条件下稳定存在，使注浆材料具备良好的长期密封性和耐久性。因此，在水压较高、岩层承压复杂的煤层突水条件下，P·O42.5碳酸盐水泥能够形成坚固的防水屏障，适用于高强度注浆改造。

相较于P·O32.5碳酸盐水泥，P·O42.5水泥在初始强度上有明显的提升，更适合在需要快速达到固结强度的突水防治工程中使用。P·O32.5水泥虽然具备较好的流动性，但其早期强度较低，难以在短时间内形成稳固的封水层，尤其在深部矿井的高水压条件下容易发生变形或渗漏。P·O42.5水泥的早期强度和固化效果能够在注浆后短时间内形成初步的防水屏障，确保突水区域的安全性。此外，P·O42.5水泥的耐久性和稳定性也优于P·O32.5水泥，尤其在面对长期水压或渗流的情况下，能够有效防止水泥浆体的分解和松散。

因此，选用P·O42.5碳酸盐水泥作为材料体系主要的胶凝组分，提高材料体系的固结强度。

(2) 粉煤灰

粉煤灰是燃煤电厂排放的细颗粒固体废弃物，其颗粒直径通常为0.5～

300 μm,具有较高的孔隙率(50%～80%)和比表面积。这些特性使得粉煤灰具有良好的吸附性和水化性,能够有效提高注浆材料的流动性和稳定性。粉煤灰的矿物成分主要包括二氧化硅、三氧化铝和四氧化钙等,这些成分在水化过程中能够与水泥中的水化产物相互反应,形成一定的胶结物,进一步提高浆体的强度和密实度。此外,粉煤灰的颗粒较小,能够填充水泥浆液中的空隙,减少孔隙率,从而提高抗渗透性,达到更好的封水效果。尽管粉煤灰在提高流动性方面具有显著优势,但其矿物活性相对较低,限制了其作为主要胶结材料的能力。因此,粉煤灰作为注浆材料体系的掺加剂,用以降低材料体系成本。

(3) 黏土

黏土是一种由多种硅铝酸盐矿物风化而成的细小颗粒物质,其主要成分是高岭土、蒙脱石等。黏土颗粒的粒径一般小于 2 μm,具有较高的比表面积和良好的物理化学特性。黏土颗粒带有负电荷,能够与其他阳离子(如钠离子、钙离子等)发生离子交换反应,从而增强其物理吸附能力。这一特性使得黏土能够吸附大量的水分,形成胶状体,进而提高浆液的稠度和稳定性。

在注浆材料中,黏土的加入能够显著改善浆体的流动性和分散性。由于黏土颗粒的微小尺寸和较大的比表面积,其在浆液中能够填充水泥和粉煤灰颗粒之间的空隙,从而降低浆液的孔隙率,提高整体的密实度。由于黏土颗粒的优良物理化学特性,能够与水泥浆液中的其他成分形成稳定的复合材料,增强材料的整体强度。因此,掺入适量的黏土可以有效提高注浆材料的抗压强度和抗渗能力。

综上所述,黏土作为一种重要的注浆材料组分,其在提高浆体强度、密实性和抗渗性能方面具有显著作用。

(4) 钠基膨润土

膨润土主要组成为蒙脱石,膨润土的层间阳离子种类决定膨润土的类型,层间阳离子为钠离子时为钠基膨润土,层间阳离子为钙离子时为钙基膨润土。相较于钙基膨润土,钠基膨润土具有较强的吸湿性、膨胀性和分散特性,可吸附 8～15 倍于自身体积的水量,体积膨胀可达数倍至 30 倍,这种高吸水膨胀性使得钠基膨润土在注浆过程中能迅速填充裂隙和孔隙,有效封堵突水路径,从而大幅度增强了注浆层的抗渗性能。同时,其膨胀性能还使浆体在固化过程中产生自适应的密封效果,适合填充不规则的裂隙和断层面,在水害突涌位置建立起高效屏障。

此外,钠基膨润土在水介质中能分散成具有黏滞性、触变性和润滑性的胶凝状和悬浮状,这是由于:① 阳离子可以将膨润土颗粒联结在一起,制约了膨润土颗粒的分散。多价钙离子比一价钠离子电荷密度大,颗粒之间产生较强的静电引力，使膨润土颗粒联结的能力强，因此钙基膨润土的分散能力比钠基膨润土要弱。② 蒙脱石晶格置换产生的负电荷要吸附电性相反的离子来平衡溶液的电性，这些电性相反的离子以水化离子形式存在于溶液当中，带负电荷的蒙脱石颗粒吸附水化阳离子形成双电层。双电层的厚度与反离子价数的二次方成反比，即阳离子价高，水化膜薄，膨胀倍数低；而阳离子价低，水化膜厚，膨胀倍数高。③ 钠基膨润土晶层吸附水的厚度是三层，钙基膨润土晶层吸附水的厚度是四层。在极性水分子的作用下，由于静电引力较小，钠基膨润土晶层之间可以产生较大的晶层间距，而钙基膨润土由于晶层间的核电引力较大，极性水分子不易进入晶层之间，因此，钙基膨润土晶层间产生的距离明显比钠基膨润土小，表现在钙基膨润土比钠基膨润土难于在水中分散、膨胀倍数低。触变性使得浆液在压力下流动性增强，能够顺利通过长距离管道并在目标区域扩散开来；当压力减弱后，浆液会迅速凝胶化，形成稳定的密封体。相比之下，传统水泥材料在高压下易分层、离析，钠基膨润土的高触变性有效避免了这些问题，提高了浆液的和易性和操作稳定性。

同时，钠基膨润土表现出优异的耐久性和适应性，尤其适用于高水压和高水量的深部煤层突水环境。在此类环境中，矿井深孔注浆面临持续水压冲击，钠基膨润土的膨胀性确保了其在受压缩情况下能够维持高密度状态，从而防止水流渗透。钠基膨润土的层间水化膜稳定性较高，能够抵抗动态压力变化，确保注浆材料的密封效果长久稳定。

因此，研究选用钠基膨润土作为新型复合注浆材料组分。根据固体吸附的理论，粉碎矿物粒径越细，吸附作用越强，因此作为注浆材料组分，粉碎的膨润土矿物的吸附能力明显提高。膨润土较强的吸附性减少了浆液中的自由水，改善了浆液的和易性，避免浆液在管道内出现分层离析。

综上所述，本书选用P·O42.5碳酸盐水泥、粉煤灰、黏土、钠基膨润土作为新型复合注浆材料组分，通过配比试验测试不同组分配比材料性能，得出满足地面深长钻孔注浆性能要求的最优配比。

5.1.3 材料组分物理化学性能分析

5.1.3.1 材料组分物理性能分析

(1) P·O42.5碳酸盐水泥物理性能分析

水泥选用山东山水水泥集团有限公司生产的P·O42.5碳酸盐水泥，水泥激光粒度分析如图5-1所示，水泥粒径分布关键特征值见表5-1。

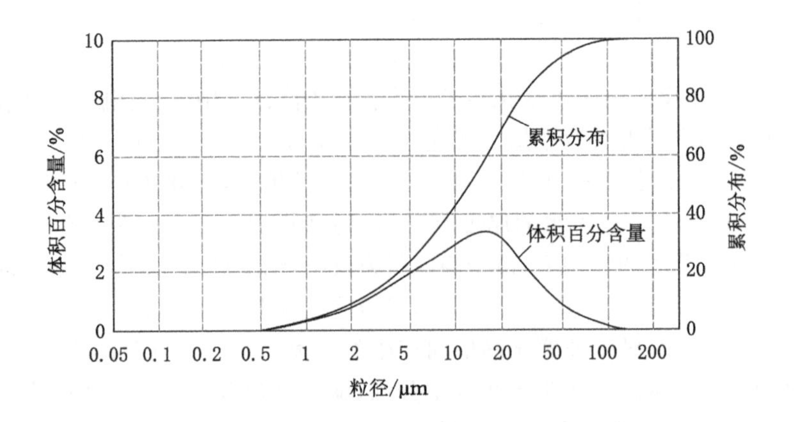

图 5-1 水泥激光粒度分析图

表 5-1 水泥粒度分布关键特征值

关键特征值	D_{10}/μm	D_{20}/μm	D_{50}/μm	D_{80}/μm	D_{90}/μm
P·O42.5 水泥	2.83	4.15	13.82	35.74	41.72

P·O42.5 碳酸盐水泥粒度分布关键特征值 D_{20} 对应的颗粒粒径为 4.15 μm，D_{80} 对应的颗粒粒径为 35.74 μm，即水泥的主要粒径分布特征为：在水泥粒径 4.15～35.74 μm 分布区间内，所占比例为 60％。

(2) 粉煤灰物理性能分析

粉煤灰选用王楼煤矿电厂生产的高钙粉煤灰，密度约为 1.70 g/cm^3，外观呈暗红色，粉煤灰激光粒度分析如图 5-2 所示，粉煤灰粒径分布关键特征值见表 5-2。

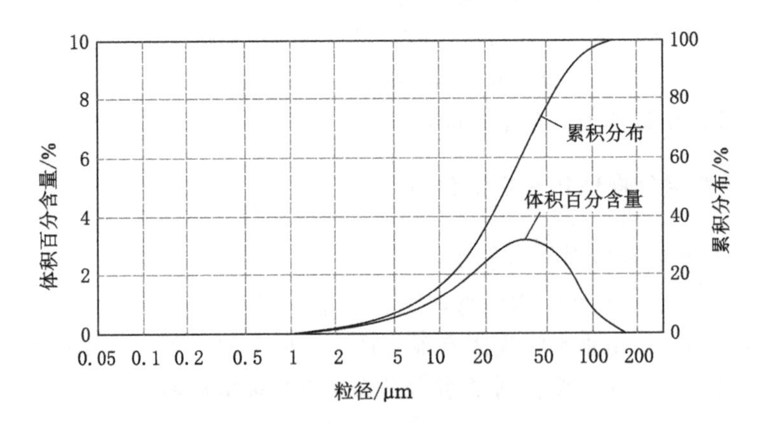

图 5-2 粉煤灰激光粒度分析图

表 5-2　粉煤灰粒度分布关键特征值

关键特征值	$D_{10}/\mu m$	$D_{20}/\mu m$	$D_{50}/\mu m$	$D_{80}/\mu m$	$D_{90}/\mu m$
粉煤灰	7.22	13.91	34.83	52.59	78.48

粉煤灰粒度分布关键特征值 D_{20} 对应的颗粒粒径为 13.91 μm，D_{80} 对应的颗粒粒径为 52.59 μm，即粉煤灰的主要粒径分布特征为：在粉煤灰粒径 13.91～52.59 μm 分布区间内，所占比例为 60%。

(3) 黏土物理性能分析

试验所用黏土密度约为 1.70 g/cm^3，外观呈暗红色，黏土激光粒度分析如图 5-3 所示，黏土粒径分布关键特征值见表 5-3。

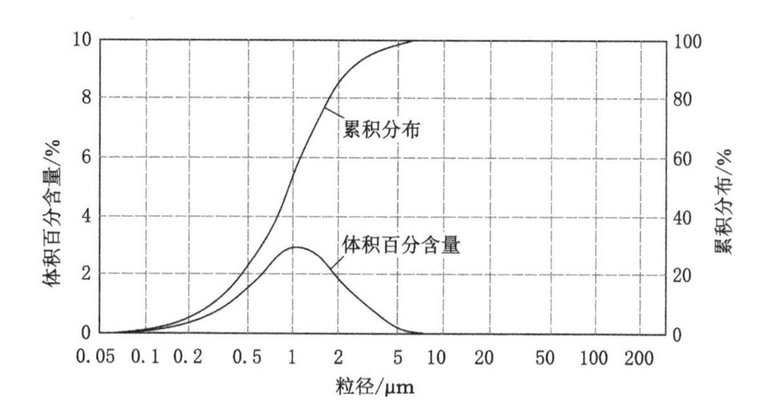

图 5-3　黏土激光粒度分析图

表 5-3　黏土粒度分布关键特征值

关键特征值	$D_{10}/\mu m$	$D_{20}/\mu m$	$D_{50}/\mu m$	$D_{80}/\mu m$	$D_{90}/\mu m$
黏土	0.31	0.47	0.92	1.83	3.02

黏土粒度分布关键特征值 D_{20} 对应的颗粒粒径为 0.47 μm，D_{80} 对应的颗粒粒径为 1.83 μm，即黏土的主要粒径分布特征为：在黏土粒径 0.47～1.83 μm 分布区间内，所占比例为 60%。

(4) 钠基膨润土物理性能分析

试验所用钠基膨润土密度约为 1.65 g/cm^3，外观呈黄色，钠基膨润土激光粒度分析如图 5-4 所示，钠基膨润土粒径分布关键特征值见表 5-4。

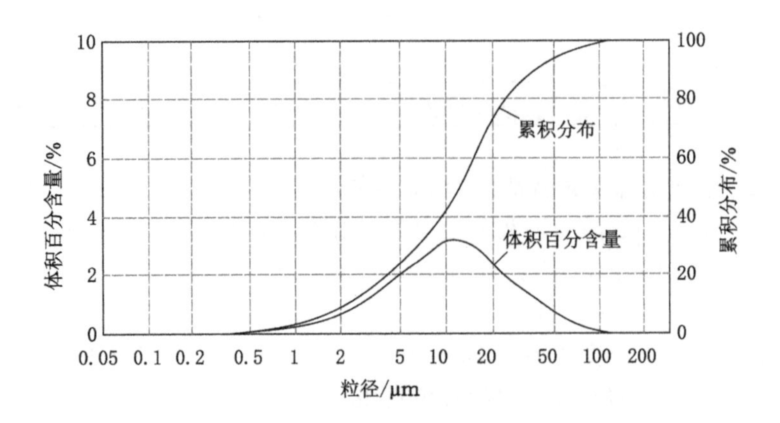

图 5-4 膨润土激光粒度分析图

表 5-4 膨润土粒度分布关键特征值

关键特征值	D_{10}/μm	D_{20}/μm	D_{50}/μm	D_{80}/μm	D_{90}/μm
膨润土	2.37	4.31	11.85	30.27	43.62

钠基膨润土粒度分布关键特征值 D_{20} 对应的颗粒粒径为 4.31 μm，D_{80} 对应的颗粒粒径为 30.27 μm，即钠基膨润土的主要粒径分布特征为：在钠基膨润土粒径 4.31～30.27 μm 分布区间内，所占比例为 60%。

综上所述，通过以上各个材料组分粒度分析可知，材料体系各组分粒径 D_{20} 至 D_{80} 所在区间不同，如图 5-5 所示。其中，黏土颗粒粒径小于其他组分，能够较好分优化材料体系颗粒级配，提高材料体系结石体致密度，从而增加材料体系强度。

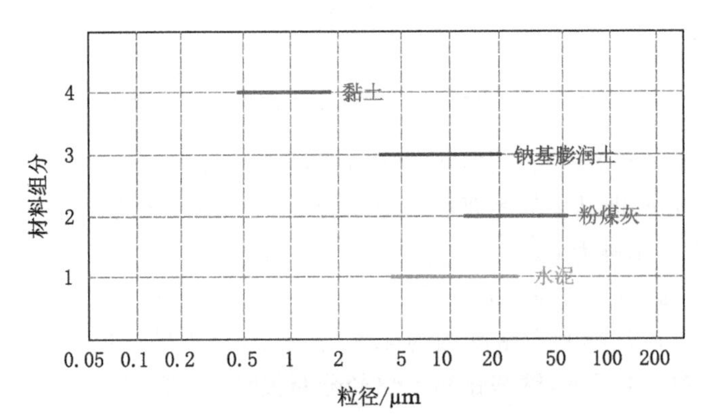

图 5-5 材料组分 D_{20}～D_{80} 粒径分布图

5.1.3.2　材料组分化学性能分析

(1) P·O42.5 碳酸盐水泥

P·O42.5 碳酸盐水泥其化学成分见表 5-5,其矿物组成见表 5-6,水泥(水泥粉磨时已掺入了 5%的天然石膏,其勃氏比表面积为 360 m^2/kg)的基本性能见表 5-7。

表 5-5　水泥的化学组成　　单位:%

烧失量	SiO_2	Fe_2O_3	Al_2O_3	CaO	MgO
0.56	19.45	4.42	5.84	61.72	4.38

表 5-6　水泥的矿物组成　　单位:%

组分	f-CaO	SO_3	KH	SM	C_3S	C_2S	C_3A	C_4AF
含量	1.48	1.5	0.88	0.93	53.53	15.35	8.01	13.44

表 5-7　水泥的基本性能

标号	比表面积 /(m^2/kg)	安定性	标准稠度用水量 /%	凝结时间/min		抗压强度/MPa		抗折强度/MPa	
				初凝	终凝	3 d	28 d	3 d	28 d
42.5	360	合格	23.1	87	134	32.6	52.8	5.9	7.8

(2) 试验用粉煤灰

试验所用粉煤灰其化学成分见表 5-8,其中 SiO_2 和 Al_2O_3 含量占总含量的 73.58%。

表 5-8　试验用粉煤灰化学组成　　单位:%

组分	SiO_2	Al_2O_3	Fe_2O_3	CaO	烧失量
含量	60.26	13.32	3.12	1.59	1.96

(3) 黏土

试验所用黏土其化学成分见表 5-9。

表 5-9　黏土的化学成分

原料	化学成分/%									
	CaO	SiO_2	Al_2O_3	Fe_3O_4	MgO	Na_2O	K_2O	SO_3	P_2O_5	烧失量
含量	1.06	70.39	14.76	—	2.29	—	—	—	—	4.47

由黏土的化学分析可知,黏土中大部分为氧化物,以硅氧化物和铝氧化物为主,其中还含有少量镁氧化物。

(4) 钠基膨润土

试验所用钠基膨润土其化学成分见表 5-10。

表 5-10　膨润土的化学成分

原料	化学成分/%								
	CaO	SiO_2	Al_2O_3	Fe_2O_3	MgO	Na_2O	K_2O	SO_3	SbO_2
含量	0.01	67	14	1	0.1	2.9	1.5	—	0.53

钠基膨润土中的钠离子、镁离子、钾离子与蒙脱石晶胞的作用不稳定,离子交换性强,能够激发其余组分的潜在活性。

5.2　材料性能测试分析方法

5.2.1　试验仪器及设备

新型复合注浆材料研发试验中所用主要仪器及设备为山东大学注浆材料研发中心自有,其名称、型号及生产厂家见表 5-11。

表 5-11　试验所用主要仪器设备

序号	检验项目	仪器设备名称	规格型号	生产厂商
1	抗压强度	压力试验机	YEW-300B	无锡中科仪器有限公司
2		水泥抗压夹具/mm	40×40	无锡中科仪器有限公司
3	抗折强度	电动抗折试验机	KZJ-500	无锡建材设备厂
4	成型	水泥胶砂搅拌机	JJ-5	无锡中科仪器有限公司
5		水泥胶砂振实台	ZJ96	无锡中科仪器有限公司
6		水泥胶砂试膜/mm	40×40×160	河北北方仪器有限公司
7	凝结时间	水泥净浆搅拌机	NJ-160A	无锡中科仪器有限公司
8		净浆标准稠度与凝结时间测定仪	SZ-100	上海路达仪器有限公司
9	称量	电子天平	DJ-500A	亚太电子天平有限公司
10	流动度	刻度尺	WQS-100	无锡中科仪器有限公司
11		秒表	HS-3V	无锡中科仪器有限公司

表 5-11(续)

序号	检验项目	仪器设备名称	规格型号	生产厂商
12	物相分析	X 射线衍射仪	D8-ADVANCE	德国布鲁克公司
13	微观分析	扫描电镜(带有 EDS 分析)	HITACHI S-2500	日本日立公司
14	抗渗性	水泥砂浆抗渗仪	HS-40	泰安路达设备仪器厂

5.2.2　龄期强度测定分析方法

本书借鉴水泥胶砂强度试验按《水泥胶砂强度检验方法(ISO 法)》(GB/T 17671—2021)进行。把 500 mL 水加入锅中,再加入 500 g 按一定配比组成的注浆材料,把锅放在固定架上,上升至固定位置,然后立即开动机器,低速搅拌 120 s 后,停拌 15 s,再高速搅拌 120 s。

成型:注浆材料在制备成型时将空试模和模套固定在振实台上。浆液制备完,立即用勺子搅拌几下后,从锅中将浆液装入 40 mm×40 mm×160 mm 的试模,然后在试模上做标记。

养护脱模:将试模水平放在养护箱中养护,养护 24 h 后进行脱模。脱模前,用墨汁对试样编号,并标注强度检验的时间,将做标记的试样按要求水平或竖直放在(20±1) ℃水中养护,水平放置时刮平面朝上。试样养护时,六个面应与水接触,试样间隔或试样上表面的水深不得小于 5 mm。养护池应保持恒定水位,不允许养护期间全部换水。

强度测试:各龄期强度检验时间为(72±2) h、7 d±4 h、28 d±8 h。抗折、抗压强度测定和计算按《水泥胶砂强度检验方法(ISO 法)》(GB/T 17671—2021)第 9、10 条执行。

5.2.3　流动度与流动时间测定分析方法

注浆材料浆液流动度采用计时测量浆液扩散直径表示,借鉴《水泥胶砂强度检验方法(ISO 法)》(GB/T 17671—2021)标准,选用 $L=600$ mm 方形玻璃板,放置于水平桌面,用水使其表面均匀湿润。在玻璃板下放置扩散开度记录纸,在玻璃板中心位置放置浆液试模,将搅拌好的浆液倒入抹平。此时缓慢提起试模并同时开始计时。在 30 s 时从三个不同方向记录下浆液扩散开度,求其平均值即为浆液的有效扩散开度。

注浆材料浆液流动时间测试参考了国际标准 *Standard Test Method for Marsh Funnel Viscosity of Clay Construction Slurries* (ASTM D6910/D6910M)中浆液流动时间的测试方法,采用了 1006 型标准漏斗进行了测试,以

1006 型标准漏斗中流出 500 mL 浆液所需时间来表示。将漏斗及量杯洗净，在漏斗上面放置过筛网，以除去浆液中杂质等颗粒，漏斗下端铜管长 100 mm，出浆管口孔径 5 mm；用手堵紧漏斗下端出浆管口，将制备好的 700 mL 浆液通过筛网倒入漏斗；使浆液从漏斗下端口开始自然流出，并用秒表同时计时，待浆液流满 500 mL 量杯时，记录漏斗内流出 500 mL 浆液所历经的时间，即流动时间，这个时间可以说明浆液流动性，本书流动时间单位以秒(s)表示。用 1006 型标准漏斗测得水的流动时间为(15±0.5) s，否则测试前需要进行校正。

5.2.4 凝结时间测试分析方法

注浆材料的凝结时间有初凝和终凝之分，自加水时起至浆液的塑性开始降低所需的时间，称为初凝时间。自加水起至浆液完全失去塑性所需的时间，称为终凝时间。凝结时间是以标准稠度的水泥净浆，在规定的温度和湿度下，用凝结时间测定仪来测定的。

测定前，将圆模放在玻璃板上，并调整凝结时间测定仪，使试针接触玻璃板时，指针对准标尺零点。以标准稠度用水量加水，制作标准稠度浆后，立即一次装入圆模，振动数次后刮平；然后，标上试验编号，放入养护箱养护，记录注浆材料加入水中的时间为凝结时间的起始时间。

初凝时间测定：试件养护 30 min 时进行第一次测定，将试件放到试针下，使试针与浆液表面接触。拧紧螺丝 1～2 s 后，快速松开螺丝，试针沉至底板(4±1) mm 时，水泥达到初凝状态。

终凝时间测定：为了准确观测试针的沉入状况，在终凝针上安装一个环形附件。在完成初凝时间测定后，立即将试模连同浆体以平移的方式从玻璃板上取下，翻转 180°，直径大的一端向上，小的一端向下放在玻璃板上，再放入养护箱中养护，临近终凝时间时，每隔 15 min 测定一次，当试针沉至距试样底部 0.5 mm，即环形附件开始不能在试样上留下痕迹时，为浆液达到终凝状态。

5.2.5 抗渗性测试分析方法

试样的成型：成型前，用布拭抹试模的内壁(不得用带油的东西拭抹)，配制一份要测试试样浆液，倒入试模(上口直径 70 mm、下口直径 80 mm、高30 mm)轻微震动模具，震动结束后将试样置于室内环境中养护 30 min 左右，将多余的浆液用沾水的小刀刮去，使浆液与模上端面齐平，编上号码立即放入养护箱内养护。

试样的养护与脱模：试样成型后经(24±2) h 湿气养护，然后脱模并放入养护箱中继续养护 2 d。养护箱中的温度应保持(20±3) ℃，湿度应保持在 90%以上。

试样涂蜡密封：试样在湿气中经成型、养护三昼夜后进行透水试验，但应在试验前1 h提前将试样从湿箱中取出并进行蜡封处理。

渗透试验：试验前，仔细检查各连接部分和管接头处是否松动和漏水。拧下注水口上的螺帽同时放开所有阀门进行注水排气，注至蓄水罐内的水满为止。

抗渗性测试：往蓄水池注水时，应将阀门全部打开，排出空气后安装试模。开泵时，首先打开小水阀，放出空气，直至小水嘴水流成线后，打开六个试模阀门，此时小水嘴关闭。调节水压至设计压力，当压力超过此范围时，电气控制系统能自动调节，从而使压力保持在此范围内。在设计测试时间测试导升高度，试验时记录承压水的水压及导升的高度。

5.2.6 水化产物及微观结构测试分析方法

水化产物及微观结构测试采用X射线衍射分析(XRD)、扫描电镜(SEM)分析等测试方法。

(1) 水化试样的制备

将水化试样制成20 mm×20 mm×20 mm的净浆小试块，养护到规定的水化龄期时，去除试件表面可能碳化的皮层，在内部小块取一部分敲成2.5～5.0 mm大小，用无水酒精终止水化，以备扫描电镜测试；将另一部分水化样用无水酒精终止水化后，研磨至一定细度，在40 ℃下烘干至恒重后密封保存，以备XRD及SEM-EDS测试。

(2) X射线衍射分析(XRD)

为了对不同龄期的注浆材料的水化试样做进一步的了解，用X射线衍射分析(XRD)测定水化程度、水化产物等。本研究采用德国布鲁克公司生产的D8-ADVANCE型X射线衍射仪进行测试，仪器参数为：电压40 kV、电流40 mA、波长1.540 5λ。

(3) SEM微观结构分析

取出用无水酒精终止水化的浆体断裂碎块，在40 ℃下干燥至恒重，用导电胶将样品粘贴在铜质样品座上，真空镀金后置于日本日立公司生产的HITACHI S-2500型扫描电镜中观察试样断面形貌。分析各组成物相的微观形貌特征、晶粒形状、各物相间结合状态、微细裂纹、水化程度等状况。

5.3 材料组分配比试验设计

5.3.1 材料组分配比原则

对复合注浆材料体系进行配比试验设计时，重点考察注浆材料的可注性、强度与抗渗性等相关指标。其具体原则可归纳为以下几个方面：

(1) 较高的水泥取代率

解决注浆材料成本问题是本研究的核心工作之一，材料体系中水泥材料价格最高，因此研究的首要原则是在满足工程需求的前提下大幅度提高新型复合注浆材料体系的粉煤灰和黏土用量，以取代水泥的使用，从而大幅度降低材料成本。目标水泥取代率不低于50%。

(2) 较高的强度

注浆材料的强度是一个重要的性能指标，国家相关标准对不同的注浆工程都有明确的要求，特别是在矿山领域，注浆工程的安全要求极高，对注浆材料的强度提出了更高的要求，不仅要求注浆材料达到相关标准，而且根据施工的需要，在早期强度和富裕强度方面也提出了新的要求。传统的注浆材料的最大缺点是强度不稳定。本书从材料体系的物理及化学性质上改善注浆材料的强度，物理方面通过改善注浆材料颗粒级配，提高材料固结体密实度，从而达到增加强度的目的；化学方面通过调整材料组分调节材料水化反应离子，激发注浆材料潜在活性，从而达到增加其强度的目的。

(3) 较好的工程效果

浆液的流动度和和易性是注浆材料的一个重要指标，特别是对于大埋深高水压注浆工程，良好的流动度与和易性，可以有效提高注浆工程效率，保证注浆工程效果，同时便于施工人员操作，有利于注浆设备使用。

浆液结石体的抗渗性能是注浆材料的一个重要指标，特别是在含水层注浆改造工程中，当浆液注入岩层后，在水压作用下浆液结石体的抗渗能力是保证后续安全开采施工的重要保证，故在新型注浆材料配比试验及工程应用时需引起足够的重视。

5.3.2 材料组分配比

正交试验设计(正交设计法、多因素优选法)是利用正交表来安排与分析多因素试验的一种设计方法。它是从试验因素的全部水平组合中挑选部分有代表性的水平组合进行试验，通过对这部分试验结果的分析了解全面试验的情况，找出最优的水平组合。正交试验能合理地、科学地安排试验，运用统计分析，寻找各因素多水平间的最佳组合，确定最优或较优试验方案，具有均衡分散性和整齐可比性的特点。

通过参考国内外相关方面的研究经验，结合矿井断层滞后突水注浆堵水工程实践经验，将本次注浆加固材料配比试验划分为3个因素，试验条件下水灰比均为1∶1。本试验的3个因素分别是：水泥含量(水泥质量/水泥＋黏土＋膨润土+粉煤灰总质量)、粉煤灰含量(粉煤灰质量/水泥+黏土+膨润土+粉煤灰总质量)、黏土含量(黏土质量/水泥+黏土+膨润土+粉煤灰总质量),膨润土主要用于改善材料体系的和易性,避免材料体系的析水分层,同时增强材料体系的保水能力,通过试验确定其添加含量最优为 2%。基于正交试验原理,排除明显不满足要求的材料体系,试验组分配比见表 5-12。

表 5-12　试验组分配比表

试验编号	材料配比			
	水泥/%	粉煤灰/%	黏土/%	膨润土/%
1	100	0	0	—
2	15	83	0	2
3	15	78	5	2
4	15	73	10	2
5	15	68	15	2
6	20	78	0	2
7	20	73	5	2
8	20	68	10	2
9	20	63	15	2
10	30	68	0	2
11	30	63	5	2
12	30	58	10	2
13	30	53	15	2
14	35	63	0	2
15	35	58	5	2
16	35	53	10	2
17	35	48	15	2

5.4　材料性能测试结果与分析

5.4.1　龄期强度测试结果与分析

水灰比 1∶1 时,测试了新型复合注浆材料结石体 3 d、7 d 和 28 d 抗压强度及抗折强度，抗压强度测试如图 5-6 所示。不同水泥含量的结石体抗折、抗压强度结果如图 5-7、图 5-8 所示。

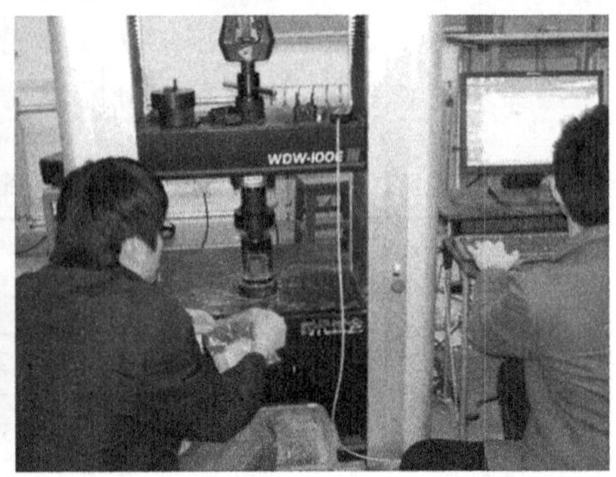

图 5-6　抗压强度测试

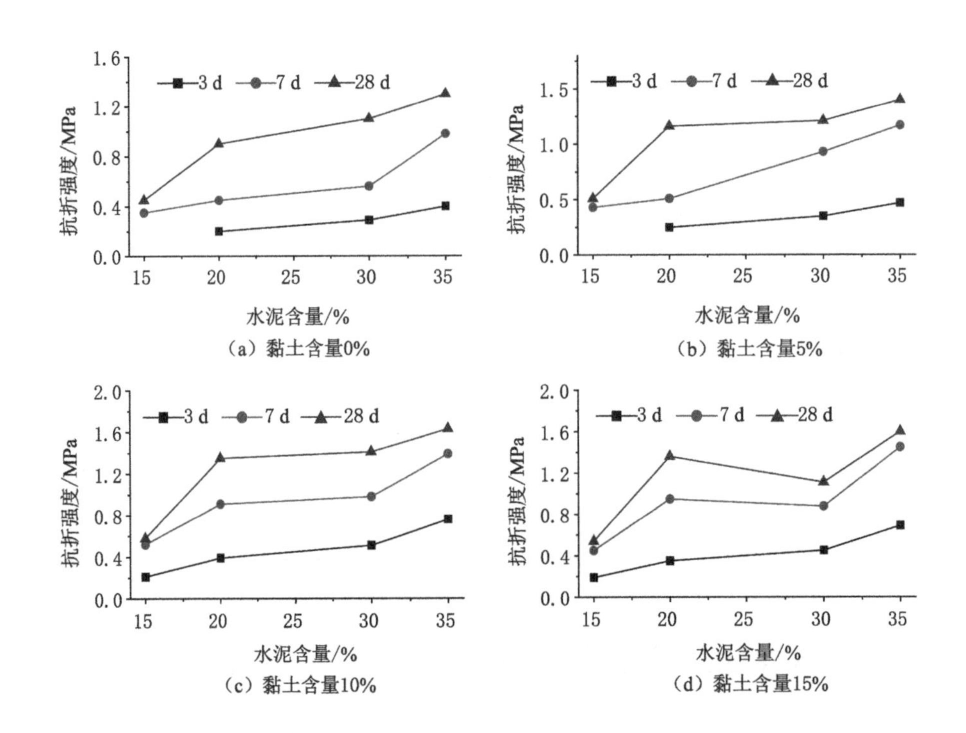

图 5-7　不同水泥含量抗折强度曲线

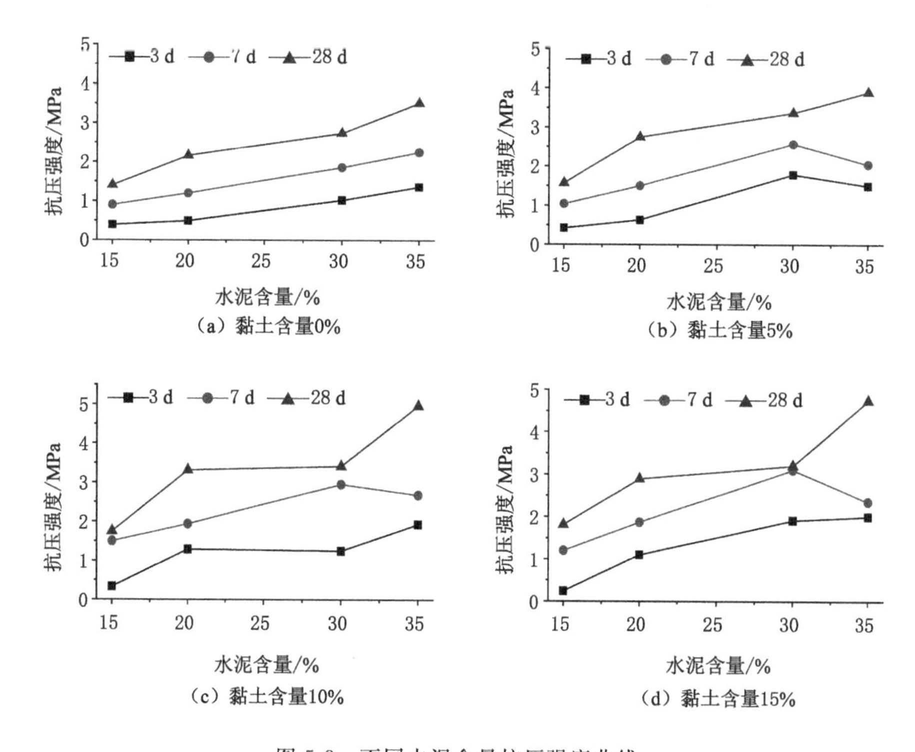

图 5-8　不同水泥含量抗压强度曲线

分析图 5-7 与图 5-8 可知，CCFB 复合注浆材料的强度与其组分密切相关。当黏土含量一定时，水泥-粉煤灰材料结石体强度随水泥含量增加而增加，水泥含量在 15%～20%、30%～35%之间结石体龄期强度增加明显，水泥含量在 20%～30%之间结石体龄期强度增加平缓，其中结石体 28 d 抗折强度较 3 d 与 7 d 抗折强度明显增高，这一趋势在水泥含量为 20%～35%之间更为明显。

结石体的抗折强度对于含水层改造的意义重大，特别是在工作面开采时，抗折强度大的结石体可抵抗裂隙萌生，减小顶板冒落带高度，降低突水风险。王楼煤矿断层滞后突水工作面突水水压稳定在 2.2 MPa 左右，分析图 5-7(a)及图 5-8(a)可知，对于水泥-粉煤灰材料，水泥含量≥30%满足强度要求，即试验编号为 10、14 的配比符合要求；对于 CCFB 注浆材料，当黏土含量=5%且水泥含量≥30%或黏土含量≥10%且水泥含量≥20%时，材料配比均满足强度要求。试验证明，普通水泥在含水层改造工程中，其强度富余量过大，导致工程建设过程中存在严重的材料浪费，新型 CCFB 体系材料的研发，可有效降低强度富余量，实现削减成本的目的。

分析图 5-9 与图 5-10 可知，当水泥含量一定时，CCFB 注浆材料结石体强度随黏土含量的增加先增加后降低，黏土含量 0～10%时，结石体强度随黏土含量增加而增加，黏土含量 10%～15%时，结石体强度随黏土含量增加而降低，因此，对于 CCFB 注浆材料，黏土含量不宜超过 10%，即试验编号为 8、11、12、15、16 的配比满足要求。

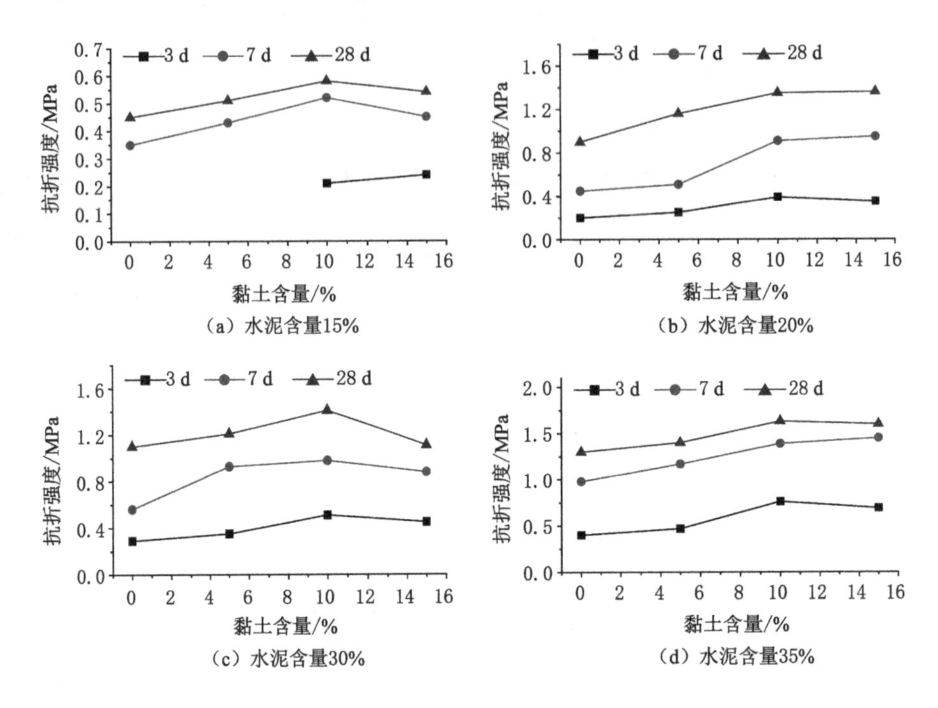

图 5-9 不同黏土含量抗折强度曲线

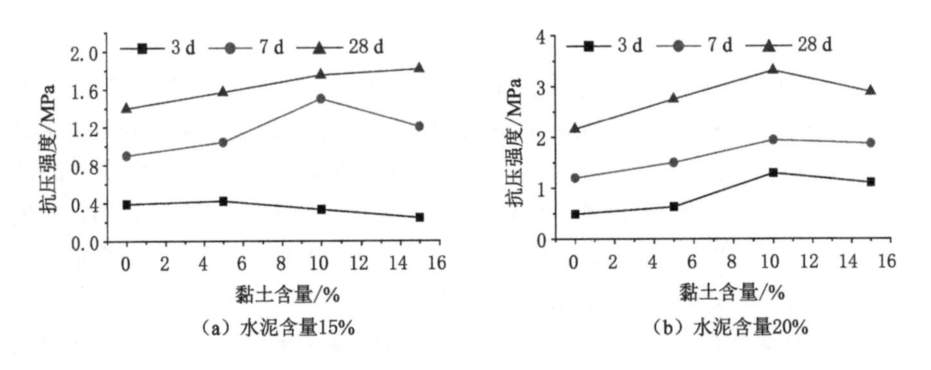

图 5-10 不同黏土含量抗压强度曲线

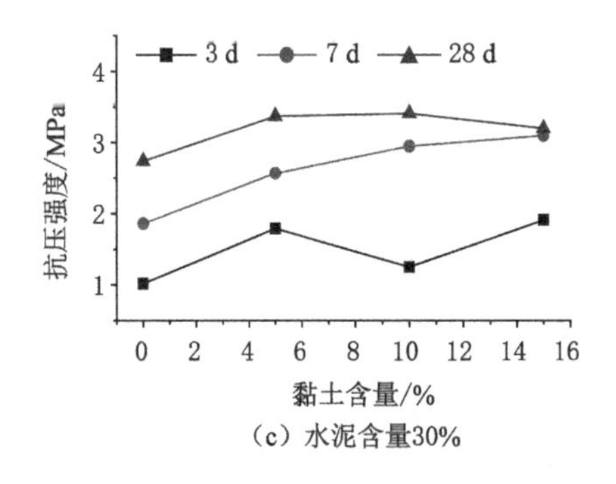

(c) 水泥含量30%

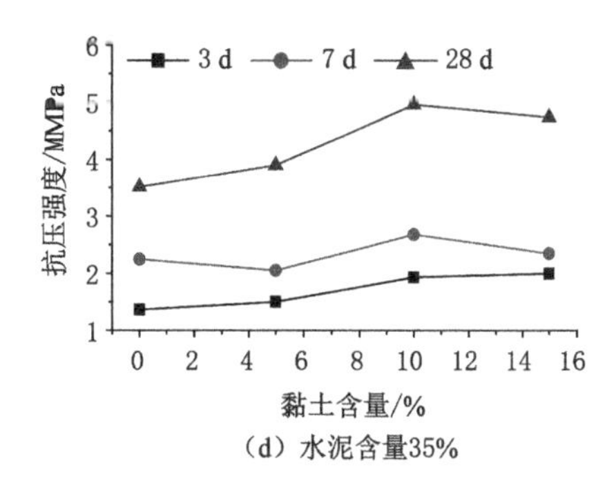

(d) 水泥含量35%

图 5-10(续)

相对于水泥-粉煤灰材料,在材料体系中掺入少量黏土的结石体早期强度相差不大,但中后期强度存在较为明显的差异,其原因为:① 从物理角度分析,黏土改善材料颗粒级配,降低结石体孔隙率,从而提高结石体密实度;② 从化学角度分析,黏土有效提高试样水化后的矿物种类及数量,充分发挥黏土含有的潜在活性组分,水化后提高浆体结石率。

5.4.2　流动度及流动时间测试结果与分析

(1) 流动度测试结果与分析

由试验测定得到水泥浆液流动度为 31.5 cm,设定地面深长钻孔注浆材料体系流动度在 30.0～32.0 cm 之间即可认为能够实施注浆。CCFB 复合浆液流动度测试如图 5-11 所示。

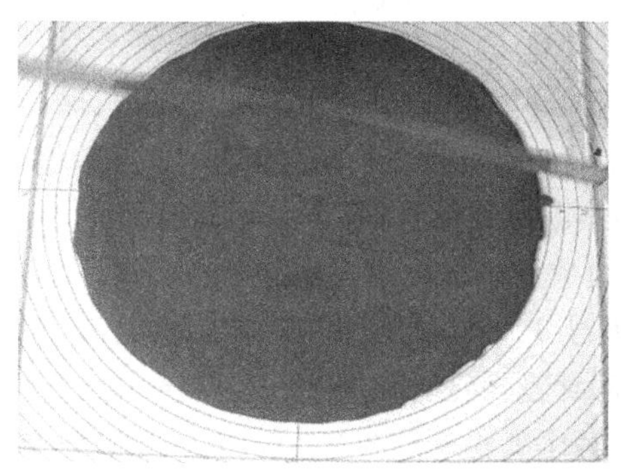
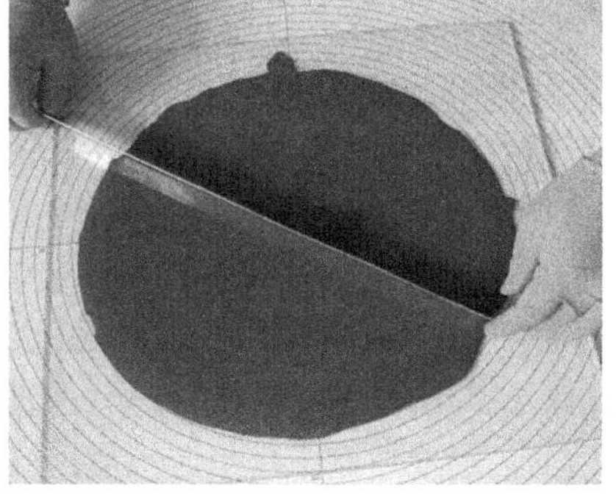

图 5-11　CCFB 复合浆液流动度测试

混合后浆液流动度变化曲线和数据,选取以下典型测试结果进行分析:水泥-粉煤灰材料在水灰比 1∶1 时浆液流动度变化曲线如图 5-12 所示，CCFB 注浆材料在水灰比 1∶1 时浆液流动度变化曲线如图 5-13 所示。

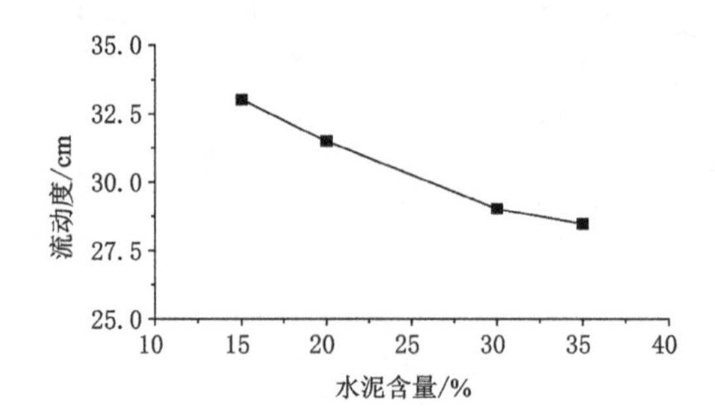

图 5-12　水泥-粉煤灰材料流动度曲线(水灰比 1∶1)

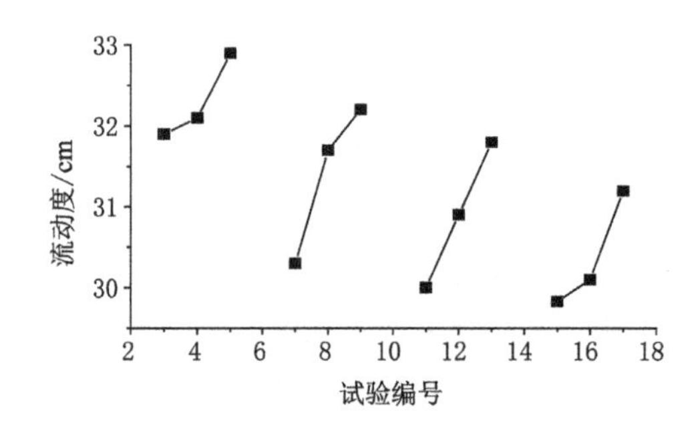

图 5-13　CCFB 注浆材料流动度曲线(水灰比 1∶1)

分析图 5-12 可知，对于水泥-粉煤灰材料，水泥含量 15%～35%时，浆液流动度随水泥含量增加而降低，流动度变化区间在 28.5～33.0 cm 之间，流动度波动区间较大，现场难以控制，因此对于水泥-粉煤灰材料，若采用试验编号为 10、14 的配比进行工程应用会存在堵塞管道或注浆过程中快速起压的风险。

分析图 5-13 可知，分别对比试验编号 3、4、5，试验编号 7、8、9，试验编号 11、12、13，试验编号 15、16、17 可知，当水泥含量一定时，黏土含量在 5%～15%时，浆液的流动度随黏土增加而增加；分别对比试验编号 3、7、11、15，试验编号 4、8、12、16，试验编号 5、9、13、17 可知，当黏土含量一定时，水泥含量在 15%～35%时，浆液的流动度随水泥增加而减少；试验编号 15 流动度为 29.6 cm，存在堵塞管道风险，试验编号 8、11、12、16 的流动度整体变动区间处于 30.1～31.7 cm，波动区间较小，具有较稳定的长距离泵送特性，因此 CCFB 复合材料体系可行。

(2) 流动时间测试结果与分析

材料体系浆液流动时间测试如图5-14所示。

图5-14　浆液流动时间测试

由试验测定可得，采用1006型标准漏斗测试水泥浆液流动时间为17.53 s。对于浆液流动时间变化曲线和数据，选取以下典型测试结果进行分析：水泥-粉煤灰材料在水灰比1∶1时浆液流动时间变化曲线如图5-15所示，CCFB注浆材料水灰比1∶1时浆液流动度变化曲线如图5-16所示。

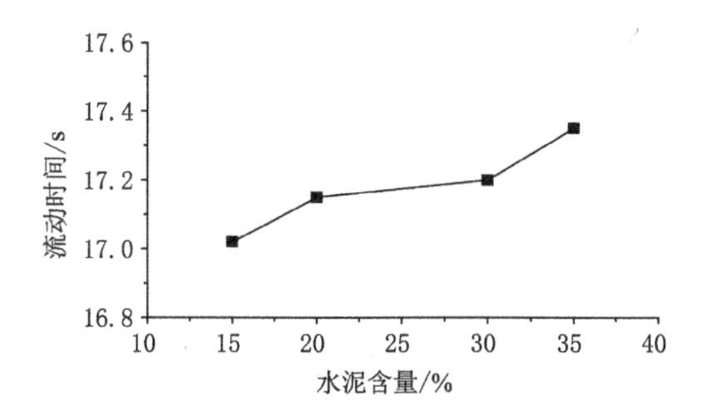

图5-15　水泥-粉煤灰材料流动时间曲线

分析图5-15可知，对于水泥-粉煤灰材料，水泥含量在15%～35%时，浆液流动时间随水泥含量增加而增加，与水泥-粉煤灰流动度趋势相呼应。

分析图5-16可知，分别对比试验编号3、4、5，试验编号7、8、9，试验编号11、12、13，试验编号15、16、17可知，当水泥含量一定时，黏土含量在5%～15%时，浆液的流动时间随黏土增加而减小；分别对比试验编号3、7、11、15，试验编号4、8、12、16，试验编号5、9、13、17可知，当黏土含量一定时，水泥含量在15%～

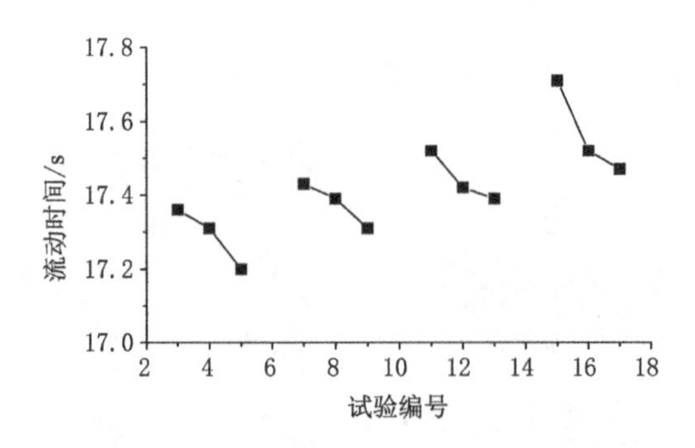

图 5-16　CCFB 注浆材料流动时间曲线

35%时，浆液的流动度随水泥增加而增加；这与 CCFB 复合注浆材料浆液流动度趋势相呼应，同时浆液凝结时间波动区间较小，具有较稳定的长距离泵送特性，因此 CCFB 复合材料体系可行。

5.4.3　析水分层时间测试结果与分析

析水分层时间分为初始分层离析时间和完全分层离析时间，材料体系的析水分层会导致干粉沉淀，堵塞钻孔，增大注浆压力，导致注浆被迫中止。试验测试水泥-粉煤灰材料及 CCFB 注浆材料的析水分层时间如图 5-17 所示。

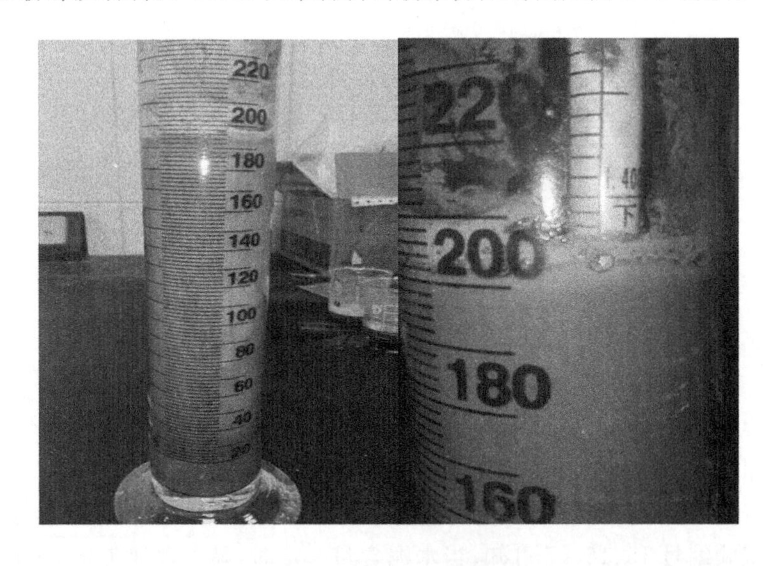

图 5-17　析水分层时间测试

混合后浆液析水分层变化曲线和数据，选取以下典型测试结果进行分析：水泥-粉煤灰材料在水灰比 1∶1 时浆液析水时间变化曲线如图 5-18 所示，CCFB 注浆材料在水灰比 1∶1 时浆液析水时间变化曲线如图 5-19 所示，水灰比 1∶1 时以上两种材料体系析水时间对比如图 5-20 所示。

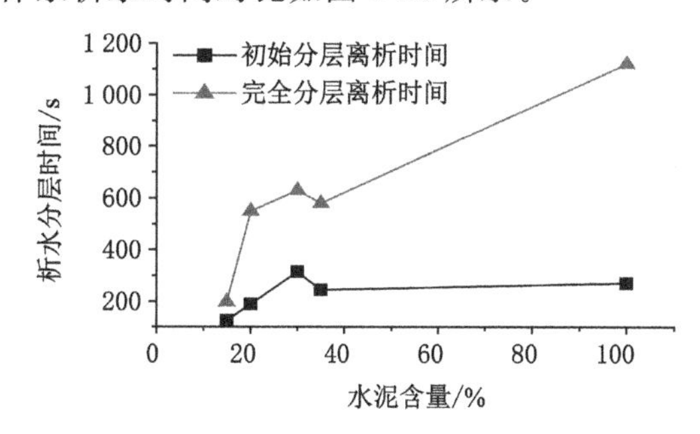

图 5-18　水泥-粉煤灰材料析水时间曲线（水灰比 1∶1）

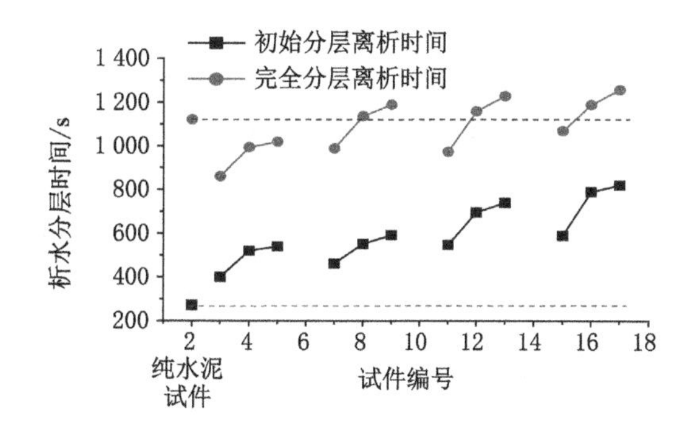

图 5-19　CCFB 注浆材料析水时间曲线（水灰比 1∶1）

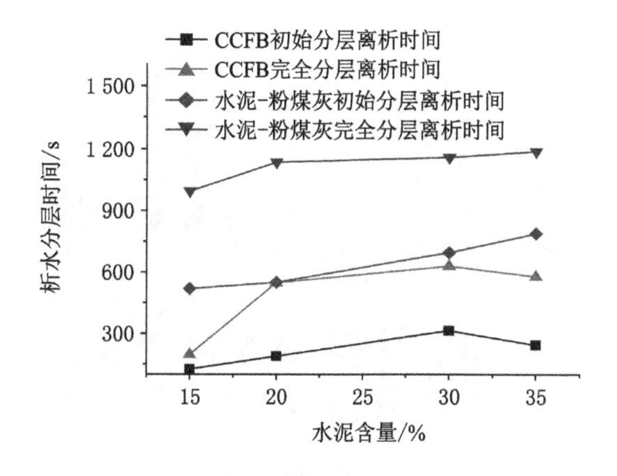

图 5-20　两种材料体系析水时间对比（水灰比 1∶1）

分析图 5-18 可知，水泥-粉煤灰浆液初始分层离析时间与完全分层离析时间随水泥含量增加而增加，初始分层离析时间发生在 126～244 s，完全分层离析时间发生在 198～580 s；水泥含量 15%～30%时，初始分层离析时间与完全分层离析时间增长迅速，水泥含量 30%～35%时，初始分层离析时间与完全分层离析时间缓慢减少。由以上分析可知，粉煤灰的加入减弱了浆液抗离析能力，原因可能为水泥水化反应后形成溶于水或亲水的矿物，不易离析，而粉煤灰不具有相应的活性。相对于水泥浆液，水泥-粉煤灰浆液初始分层离析时间变化不大，但完全分层离析时间仅为水泥浆液的 30%，易导致粉煤灰中的粉状颗粒快速下沉而堵塞注浆管道。

分析图 5-19 可知，加入膨润土及黏土后，CCFB 浆液初始分层离析时间与完全离析时间明显增加，且随黏土含量增加而增加，分别对比试验编号 3、4、5，试验编号 7、8、9，试验编号 11、12、13 及试验编号 15、16、17 可知，当水泥含量一定时，浆液分层离析时间受黏土含量影响明显，初始分层离析时间普遍高于纯水泥浆液初始分层离析时间，完全分层离析时间与水泥浆液基本接近，试验编号 8、11、12、16 的配比满足析水分层时间特性要求。

图 5-20 为 CCFB 注浆材料黏土含量为 10%、膨润土含量为 2%时与水泥-粉煤灰材料析水分层时间对比曲线，分析图 5-20 可知，当水泥含量一定时，CCFB 浆液比水泥-粉煤灰浆液析水时间明显增加，初始分层离析时间增加 326～412 s，完全析水时间增加 581～767 s，添加黏土及膨润土后大大增强了材料体系的抗离析能力，提高了地面深长钻孔浆液可注性，因此选用黏土及膨润土组成材料体系极为重要。

5.4.4 凝结时间测试结果与分析

如图 5-21 所示，试验测试了试验编号 1、4、8、12、16 的初、终凝时间，测试结果如图 5-22 所示。

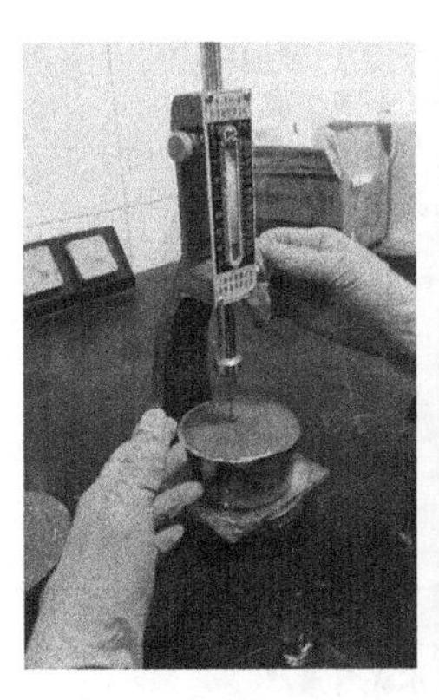

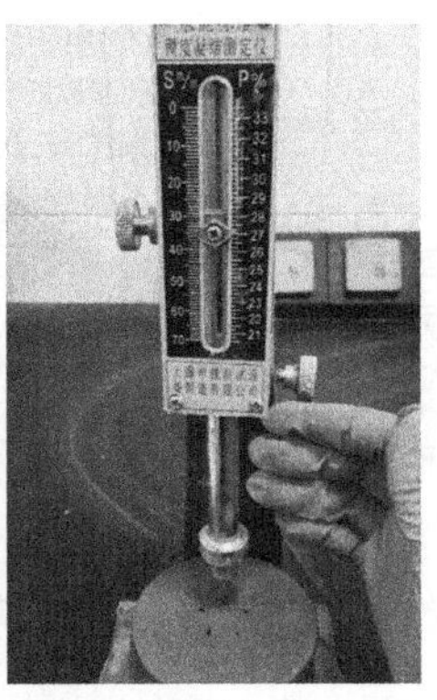

图 5-21　初、终凝时间测试

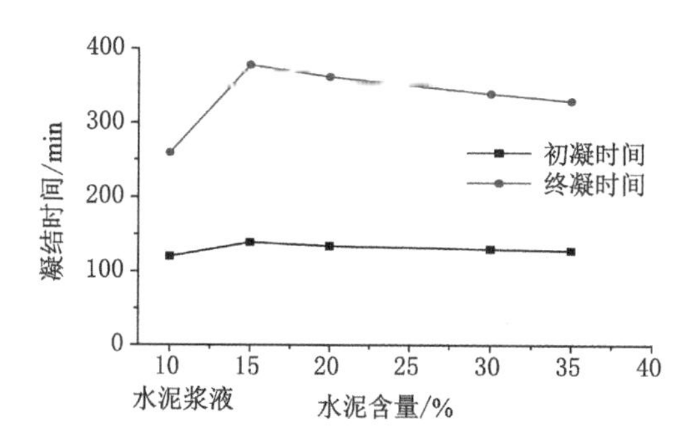

图 5-22　CCFB 注浆材料的初、终凝时间

分析图 5-22 可知，当黏土及膨润土含量一定时，随着粉煤灰含量的增加，浆液初、终凝时间均呈现缩短趋势；与水泥浆液相比，CCFB 浆液初凝时间变化较小，但终凝时间明显增加，能够满足长距离泵送要求。

5.4.5　抗渗性测试结果与分析

材料结石体的抗渗性在含水层改造中十分重要，直接决定了工作面开采后的涌水量，因此在能够满足强度需求的前提下应当尽量选用抗渗性好的注浆材料配比，抗渗性测试如图 5-23 所示。

图 5-23　结石体抗渗性测试

根据材料性能测试分析结果，对比分析前 10 组配比抗渗性。试验测试了 CCFB 复合材料 28 d 结石体抗渗性，水压设定为 3 MPa，持续时间为 24 h。材料 28 d 结石体抗渗性如图 5-24 所示。

分析图 5-24，对比试验编号 2、3、4、5，试验编号 6、7、8、9 试样结石体抗渗试

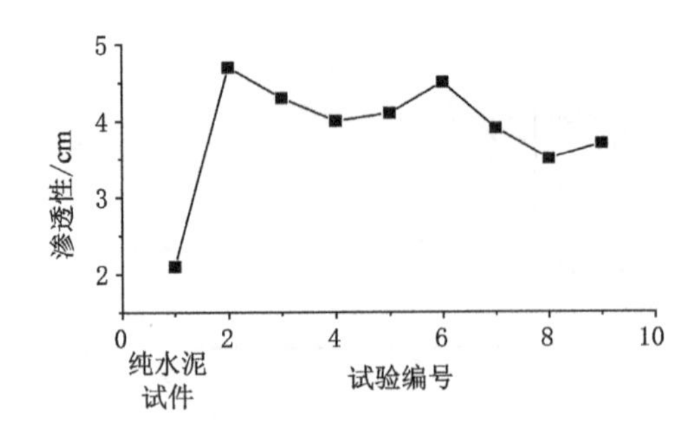

图 5-24　水泥-粉煤灰-黏土材料 28 d 结石体抗渗性

验结果可知，黏土含量为 0～10%时，结石体抗渗性增加，黏土含量为 10%～15%时，结石体抗渗性降低，对比水泥结石体渗透性，CCFB 注浆材料体系的抗渗性降低 50%左右，但相对于注浆改造含水层工程实际，能够满足工作需求。

5.4.6　水化产物及微观结构测试结果与分析

(1) XRD 水化产物分析

试验编号 2～9 的试样 28 d 结石体 XRD 分析图谱如图 5-25 所示。

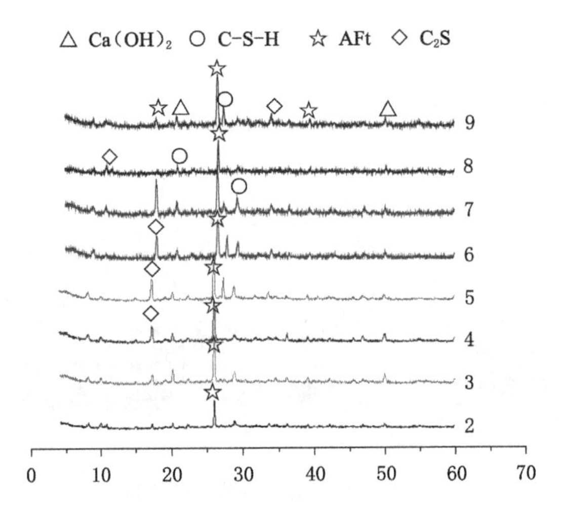

图 5-25　试验 28 d XRD 分析图谱

通过 XRD 图谱分析可以发现，水泥含量较低的试样强度矿物的衍射峰明显较弱，而未水化的胶凝性矿物衍射峰极弱，说明材料组分中具有胶凝性的组分含量低，导致试样早期和后期强度均较低；当水泥含量一定时，随着黏土含量的增加，结石体强度矿物的衍射峰明显增强，说明材料组分中具有胶凝性的组分含量较高，导致试样早期和后期强度均较高，这与前面论述的强度数据相吻合。

由此可以推断，在材料体系中加入黏土，可以有效提高试样水化后的矿物种类及数量，从而可以有效提高材料的后期强度，改善材料体系整体堵水加固强度。

（2）SEM 微观结构分析

试验编号为 3、7、8、12 的试样 3 d、28 d 结石体 SEM 分析如图 5-26 至图 5-29 所示。

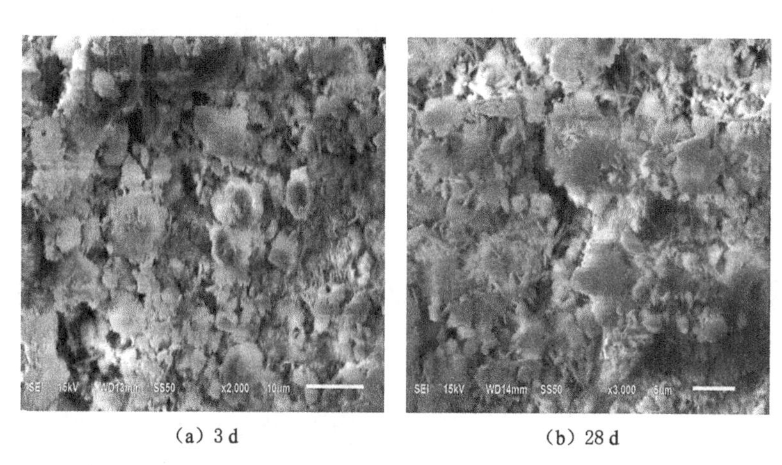

（a）3 d　　　　（b）28 d

图 5-26　编号 3 试样 SEM 照片

（a）3 d　　　　（b）28 d

图 5-27　编号 7 试样 SEM 照片

(a) 3 d　　(b) 28 d

图 5-28　编号 8 试样 SEM 照片

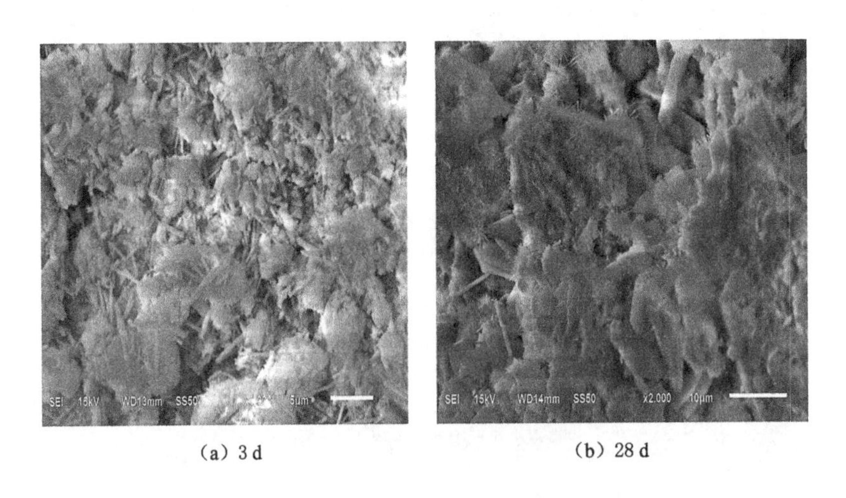

(a) 3 d　　(b) 28 d

图 5-29　编号 12 试样 SEM 照片

分析图 5-26 至图 5-29 可知，对比编号 3 与编号 7、8、12 试样水化 28 d 结石体 SEM 照片可知，当黏土含量一定时，随着试样中水泥含量增加，试样中凝结矿物的数量不断增多，大量的凝结矿物将针状的 AFt 矿物包裹，试样的致密度也不断提高，内部孔结构数量和孔径均减小；对比编号 7 与 8 试样水化 28 d 结石体 SEM 照片可知，当水泥含量一定时，增加黏土使试样内部 AFt 矿物及胶凝性矿物数量均显著增加；结合各试样的强度数据分析可知，水泥含量在 20%～30%时的结石体不同龄期强度增加平缓，而编号 8 与 12 SEM 照片显示的两个试样的水化结构形貌相差也较小，与前面论述的强度数据相吻合。

5.4.7　材料最优组分确定

(1) 材料性能对比分析

通过以上分析，在单纯考虑注浆材料体系可注性的情况下，可采用如下质量配比(其中水灰比为 1∶1，试样现场密度控制均可设为 1.4 g/cm^3)：

① 编号 8 试样的水泥 20%、粉煤灰 68%、黏土 10%、膨润土 2%。

② 编号 11 试样的水泥 30%、粉煤灰 63%、黏土 5%、膨润土 2%。

③ 编号 12 试样的水泥 30%、粉煤灰 58%、黏土 10%、膨润土 2%。

④ 编号 16 试样的水泥 35%、粉煤灰 53%、黏土 10%、膨润土 2%。

本次试验目的之一为减少水泥用量，降低注浆材料成本，而水泥含量在 20%～30%时的结石体龄期强度增加平缓，因而不宜选取水泥含量介于其间的编号 11、12 配比，而编号 8 配比与编号 16 配比相比，在满足注浆性能要求的前提下，选用水泥含量较少的材料配比，从而降低注浆材料成本。因此，对于 CCFB 材料最优配比为编号 8。

(2) CCFB 材料体系经济性分析

采用建议的注浆材料体系与采用普通 P·O42.5 硅酸盐水泥均能够满足可注性需求，其经济性对比见表 5-13。

表 5-13　经济性对比表

配比名称	详细组分/%				综合成本(元/吨)
	水泥	粉煤灰	黏土	膨润土	
纯水泥	100				400
编号 8 试样	20	68	10	2	157
编号 11 试样	30	63	5	2	189.5
编号 12 试样	30	58	10	2	187
编号 16 试样	35	53	10	2	202

注：水泥按照 400 元/吨，粉煤灰按照 100 元/吨，黏土按照 50 元/吨，膨润土按照 200 元/吨计算。

由表 5-13 分析可知，采用 CCFB 新型注浆材料，在能够满足可注性要求的前提下，可节约 50%～70%注浆材料成本，其中，试验编号 8 注浆材料配比经济性最好。

综上所述，综合 CCFB 新型注浆材料体系强度、泵送特性、可注性、抗渗性及经济性，新型复合注浆材料最优配比为：水泥 20%、粉煤灰 68%、黏土 10%、膨润土 2%。

5.5 本章小结

(1) 针对断层滞后突水灾害治理难题,基于无机复合原理,确定 CCFB 新型复合注浆材料基本组分包括:P·O42.5 碳酸盐水泥、粉煤灰、黏土及钠基膨润土,并对各组分进行物理化学性能分析。

(2) 采用正交试验方法,依据材料研发目标,确定了适用于矿井断层滞后突水地表深长钻孔 CCFB 材料体系的最佳组分配比。

(3) 通过测试 CCFB 材料体系的抗压、抗折强度,初、终凝时间,流动度,析水分层时间,抗渗性等,研究了 CCFB 材料体系中各组分对材料性能的影响,结论表明水泥含量越高材料体系的强度、抗渗性越好;黏土+膨润土对于调节材料体系的和易性效果显著,可显著增加流动度,延长析水时间;此外,黏土+膨润土还可改善材料的抗渗性。

(4) 通过 XRD 和 SEM 试验从微观角度分析了 CCFB 材料体系固化反应原理,研究了材料体系水化特征及微观形貌,从微观层面阐述了 CCFB 复合注浆材料的性能特性和机理,证实了黏土可以改善材料体系颗粒级配,有效提高水化后的矿物种类及数量,从而可以有效提高材料的后期强度,改善材料体系整体堵水加固强度。

(5) 综合 CCFB 材料体系强度、泵送特性、可注性、抗渗性等性能分析,结合材料体系经济性分析,获得了 CCFB 材料体系的最佳组分配比:水泥 20%、粉煤灰 68%、黏土 10%、膨润土 2%。

第 6 章　断层滞后突水灾害防控关键技术研究

采动作用下断层滞后突水灾害是煤矿开采工作面临的主要地质灾害之一。对断层滞后突水机理的正确认识是防控方法采取与实施的重要指南，由于充填型原生不导水断层滞后突水的隐蔽性与滞后性，突水灾害需从预防与治理角度建立相应对策，同时从灾变演化过程的控制上建立普遍的技术体系，从而提高工作面开采过程中防控突水的安全系数。

留设断层防突煤柱能够有效地减小开采扰动对断层活化的影响，从而能够预防与控制突水灾害的发生，因此被广泛应用于构造型突水灾害的防治方面。注浆技术广泛应用于地下工程水害治理，通过注浆工程使浆液对不良地质进行有效的充填与胶结，达到被注地层实现堵水及加固的目的，而适宜的注浆材料及合理的注浆参数在注浆过程中起到决定作用。本章针对王楼煤矿三采区 13301 滞后突水工作面及 13303 相邻开采工作面开展断层滞后突水防控研究。首先，基于岩体弹塑性理论，通过有限元计算方法得出防突煤柱最佳厚度，并根据 13303 工作面设计防突煤柱；其次，针对 13301 断层滞后突水工作面，分析突水关键通道及地下水径流路径，设计地面深长钻孔布置方式，开展注浆堵水治理。

6.1　致灾水源及地下水径流规律

6.1.1　致灾水源及通道分析

断层滞后突水灾害的致灾水源主要有：① 地下水。地下水是断层滞后突水灾害的主要水源。当断层穿过含水层时，断层带内的地下水会在压力差的作用下向开采空间流动，形成突水，特别是在地下水丰富的地区，断层带内的地下水储量更大，突水风险也更高。② 地表水。在某些情况下，地表水也可能通过断层带渗入地下，成为突水灾害的致灾水源。这通常发生在断层与地表水体（如河流、湖泊等）有水力联系的情况下。③ 矿井水。矿井内的积水也可能成为断层滞后突水灾害的致灾水源。这些积水可能来源于矿井开采过程中的涌水、地下水渗入、降水等。断层滞后突水灾害的致灾通道主要包括：① 断裂带。断裂带是断层滞后突水灾害的主要致灾通道。断裂带内的岩石破碎系数高、透水性强，常成为地下水的良好通道。当开采工作面经过断层时，断层充填介质受采动作用影响，在地应力、水压力及水化学作用下，突水通道逐渐萌生、扩展及连通，断层导水构造逐渐发育，最终发生突水灾害。② 构造裂隙。除了断裂带外，构造裂隙也是重要的致灾通道，其形成与地质构造活动密切相关，它们为地下水的流动提供了通道。③ 人为因素。人类活动（如开采、爆破等）也可能导致新的裂隙或破坏原有的隔水层，从而形成新的突水通道。

断层滞后突水的成因与地质构造、地下水运动及采矿活动密切相关。首先，断层的形成通常伴随地壳运动及应力的集中，这一过程导致岩层的破裂与位移。在未受到扰动的状态下，断层面通常是封闭的且不具备导水能力，然而，随着矿井开采活动的开展，地下水的流动模式可能发生改变，进而通过断层间隙渗透。随着时间的推移，断层内的地下水逐渐积聚，并在采矿活动的影响下形成突水通道。断层在未扰动条件下为不含水、不导水构造，无法通过钻探、物探及化探方法探明其活化性质，井巷工程施工前往往判定其为不导水断层或无突水威胁断层，导致支护补强措施不到位。当开采工作面穿过断层时，断层充填介质受采动作用影响，在地应力、水压力及水化学作用下，突水通道逐渐萌生、扩展及连通，断层导水构造逐渐发育，最终发生突水灾害。断层滞后突水事件对矿井运营及其安全构成了重大威胁。在突水事件发生时，通常会导致矿井内涌水量剧增、流速加快，这直接威胁到在场作业人员的生命安全。突水的发生不仅会干扰正常的矿井作业，而且会造成设备损坏、生产停滞，导致显著的经济损失。

断层滞后突水治理中，针对不同含水层及突水通道所采用的治理技术标准存在差异性，因此针对含导水构造发育区域开展相应的处治工程，探明致灾水源及其导水通道是开展水害治理的首要任务。

初步分析认为王楼煤矿 13301 工作面断层活化突水中，对 13301 工作面具有补给能力的水源有奥灰系灰岩水、侏罗系砂砾岩裂隙水、煤层顶底板砂岩水及十$_{下}$灰岩水；潜在的导水通道包括活化断层带导水通道、3C-4 封闭不良钻孔及顶板隔水层薄弱带或裂隙密集带（包含采动裂隙带）。根据水文地质监测数据，伴随工作面突水，奥陶系灰岩水无明显下降，且随着时间推移涌水量具有下降的趋势，因此可排除奥灰水补给的可能性。同时由于 13301 工作面突水存在明显的开挖滞后性，可排除 3C-4 封闭不良钻孔导水的可能性。基于上述分析，从水文观测孔水位、水压、出水温度及地下水流场研究断层活化突水致灾水源及导水通道。具备致灾条件水源概述及各含水层与开采煤层相互关系如图 6-1 所示。

13301 工作面开采过程中，在工作面周边布置水文观测孔 3C-5、3C-20、3C-30 及 3C-31，水文观测孔位置示意图如图 6-2 所示。

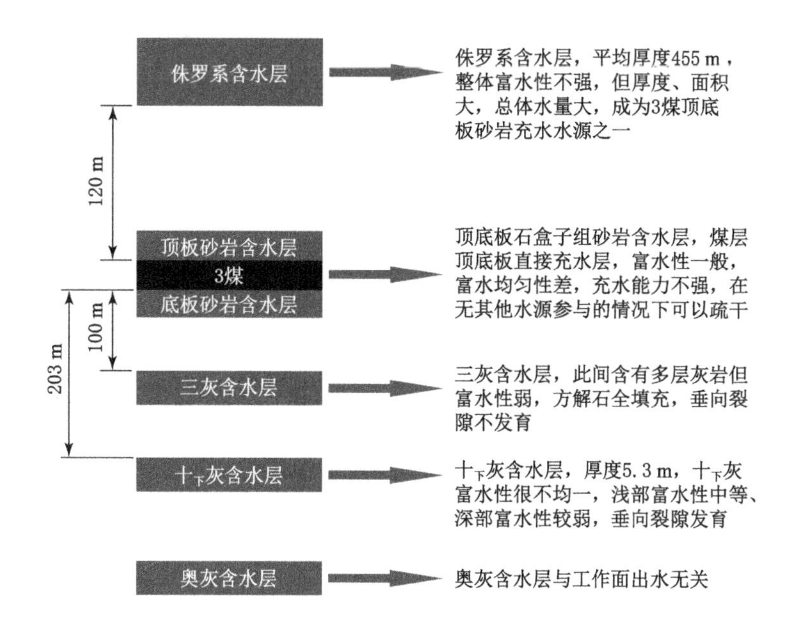

图 6-1　各含水层与开采煤层相互关系

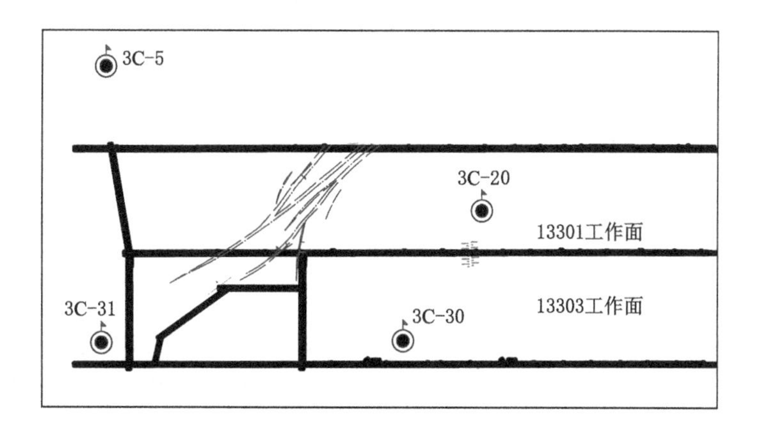

图 6-2　水文观测孔位置示意图

(1) 侏罗系水文观测孔观测曲线

水文观测孔 3C-5、3C-20、3C-30 及 3C-31 长期观测数据如图 6-3 所示。

基于 3C-5、3C-31 钻孔水位变化曲线可知，3C-5、3C-31 钻孔在 13301 工作面突水之前水位较为稳定，工作面突水之后水位处于持续下降状态，其中，3C-31 单日最大降幅达到 86 mm。

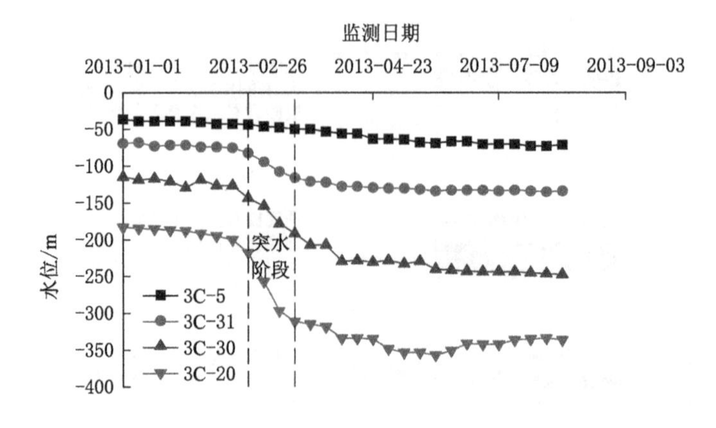

图 6-3　侏罗系水文观测孔水位观测数据

3C-20 钻孔的水位有升有降，升降幅度一般不超过 20 mm，总体呈下降趋势；2013 年 1 月 1 日至 4 月 6 日期间，水位单日变化基本呈下降趋势，极少出现上升现象；2013 年 2 月 28 日至 3 月 17 日期间下降幅度最大，单日下降幅度最大可达 16.74 m，与 13301 工作面突水时间吻合；而 2013 年 3 月 18 日以后又呈现出大起大落的态势，总体仍呈小幅度下降趋势。

3C-30 钻孔水位波动较大，总体呈下降趋势，2013 年 3 月 15 日至 4 月 29 日期间，水位累计下降 16.74 m，平均每天下降 372 mm，水位下降速度放缓。

上述数据显示，13301 工作面出水前各孔水位均持续下降，但下降速度极小；13301 工作面出水前期及增长期，各孔水位下降速度均增大；13301 工作面水量稳定期，各孔水位下降速度均变小甚至存在水位上升阶段，水位数据表明侏罗系含水层为工作面突水水源。

(2) 侏罗系含水层水压观测

在三采区支架硐室－680 m 水平设置一个水压观测孔，该钻孔穿过刘官屯断层，终孔位于侏罗系地层底界砾岩上方约 65 m 处。13301 工作面突水前后侏罗系含水层水压监测数据如图 6-4 所示。

分析图 6-4 可知，三采区上方侏罗系水文孔水压变化过程与该地层内水位观测数据变化具有同步性，在工作面突水发生前，侏罗系含水层水位及水压波动较小；在缓慢及快速突水阶段，工作面涌水量持续增加，该含水层水压持续下降，且快速突水阶段水压降幅大于缓慢突水阶段；工作面涌水量稳定后，该地层水压在较低范围内波动，说明侏罗系水与工作面突水密切相关。

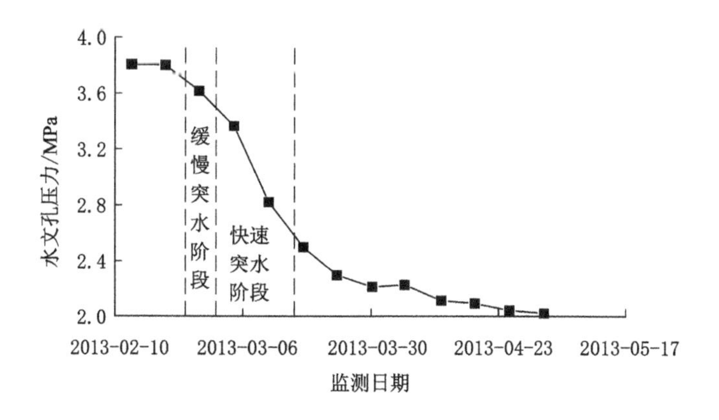

图 6-4　侏罗系水文孔水压变化曲线

(3) 13301 工作面出水温度观测

为分析突水水源,在 13301 工作面突水过程及突水发生后均对工作面出水水温进行了监测,13301 工作面出水温度变化统计情况见表 6-1,不同时间段观测该工作面出水温度随时间变化如图 6-5 所示。

表 6-1　13301 工作面出水温度变化统计表

观测日期	01-30	02-24	03-06	04-25	04-29	05-25	06-20	07-23
温度/℃	35.1	35.2	35.6	33.7	33.5	33.0	32.5	32.5
出水情况	未出水	少量出水	水量增加	水量稳定	水量稳定	水量稳定	水量微减	水量微减

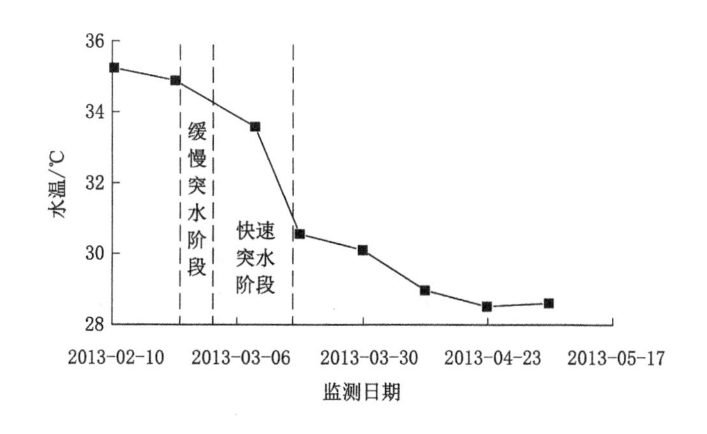

图 6-5　13301 工作面出水温度变化曲线

分析水温变化情况可知，工作面出水温度先逐渐升高，随后逐渐下降。在水量增加初期由于煤层顶底板砂岩裂隙水所占比例较大，同时该深度上围岩温度较高，上覆侏罗系砂砾岩裂隙水虽然温度较低，但通过围岩加温后温度有所升高；当工作面水量增加到一定量时，围岩经历一个冷却过程，温度开始降低，稳定后基本可以代表侏罗系砂砾岩裂隙水的实际水温。13301 工作面出水温度显示了其与侏罗系水的紧密关联性。

综合分析水文孔水文变化曲线可知：

(1) 致灾水源方面，侏罗系含水层为 13301 工作面的突水水源。

(2) 突水通道方面，由于断层带两侧钻孔水文变化差异较大，验证了断层带具有一定的阻水性，突水后这种差异性仍然存在，对于水文探查孔 3C-4，考虑到突水存在明显滞后性，因此 3C-4 不存在封闭不良的可能性，因此，13301 工作面突水通道主要为活化断层通道。

6.1.2 地下水径流规律分析

侏罗系含水层的水作为深层地下水以承压水形式存在，当含水层内或附近出现露头时，依据水力动力学分析可知，露头处为承压水低压区，地下水从含水层高压区向露头低压区流动。王楼煤矿深层地层总体向西倾斜，倾角可达 14°，煤层埋深 800～1 000 m，顶板侏罗系局部区域裂隙发育，构成很好的含水层，但整体而言侏罗系具有很好的隔水性，因而侏罗系的裂隙水构成承压水。

当煤层开采后，在其顶板形成裂隙带，开采的工作面构成低压区，高承压水于是顺着断层带由高压区向低压区渗流，并到达开采工作面，从这个角度推算，13301 工作面突水的流动总体方向为由西向东，如图 6-6 所示。

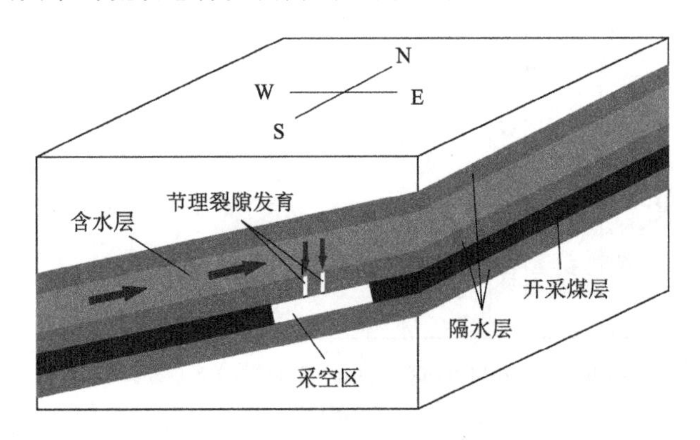

图 6-6　13301 工作面地下水径流示意图

13301 工作面局部区域断裂构造较发育，在开采作用下，造成了侏罗系含水层与其他断裂构造相沟通，形成一个完整的地下水径流网络，如图 6-7 所示。

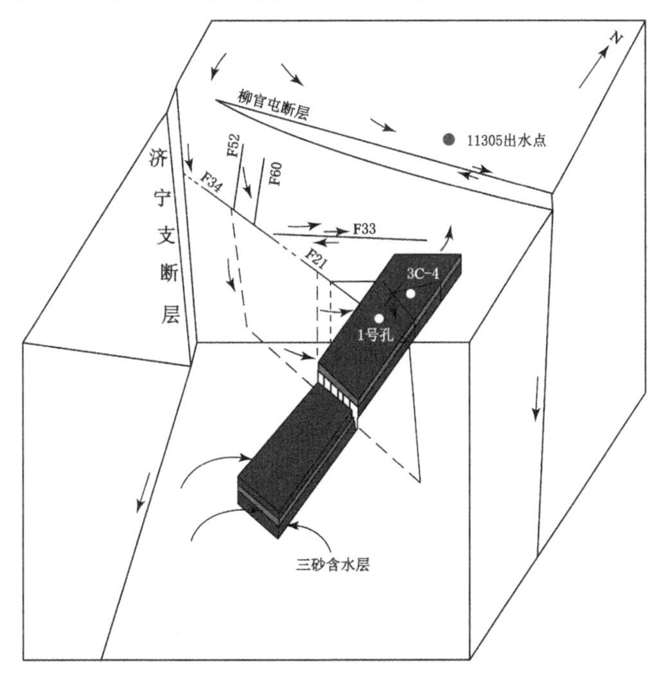

图 6-7　13301 工作面地下水径流网络示意图

王楼煤矿近南北走向 F21 断层组直达第四系底部，因而切穿侏罗系含水层，同时 F21 主干断层斜穿 13301 工作面的中部，在采动作用下 F21 断层组对开采工作面形成关键突水通道，对开采工作面形成高强度的持续水力补给；同时，13301 工作面地层节理裂隙发育，受济宁支断层的影响，地下水通过济宁支断层以绕流作用对 13301 工作面南部形成较低强度的绕流水力补给。因而，在 13301 工作面 F21 主干断层斜穿的中部及受绕流影响的工作面南部形成了一个良好的地下水径流网络。在采动作用下，侏罗系含水层的承压水通过这个径流网络进入 13301 工作面。

综上所述，王楼煤矿深层地下水的流动总体为由西向东，并在开采工作面中南部形成地下水径流网络，造成对 13301 工作面断层滞后突水持续的水力补给。

6.2　断层防突煤柱留设

基于本书第 3 章研究分析可知，引起 13301 工作面断层滞后突水灾害的

F21 断层组不仅斜穿 13301 工作面，而且在 13303 工作面内部也有分布，该断层组斜穿 13301 工作面后进入 13303 工作面并在其内尖灭。为保证 13303 工作面回采过程中不会发生由断层组弱化导致的大量涌水事故，决定在靠近断层区域留设防突煤柱。

基于岩体弹塑性理论分析防突煤柱塑性区范围，综合考虑煤层开采突水风险与煤炭开采经济性，分析认为防突煤柱厚度为 46 m 时，13303 工作面开挖不会引起断层组的活化，为安全起见，设计防突煤柱为 50 m，如图 6-8 所示。

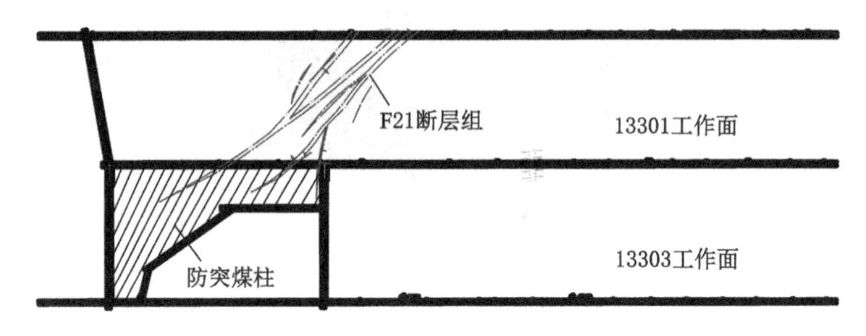

图 6-8　13303 工作面防突煤柱留设

通过防突煤柱隔断断层组与回采区之间的水力联系，使得断层组无法导通侏罗系含水层与 13303 工作面采空区。由于防突煤柱的存在，煤层开采对断层组的扰动作用减小，断层基本不会萌生裂隙形成初始导水通道，从而保证 13303 工作面回采安全。

6.3　断层滞后突水地表注浆设计

针对 13301 工作面断层滞后突水治理难题，对突水含水层及断层突水关键通道设计注浆钻孔，并结合 CCFB 新型复合注浆材料，开展适用于新型注浆材料的注浆参数设计。

6.3.1　钻孔布置设计

王楼煤矿 13301 工作面突水治理工程确定注浆改造的目标层位为侏罗系含水层及断层滞后突水关键通道。注浆钻孔布设目标分别为：① 侏罗系含水层及 F21 断层组封堵。由 13301 工作面地下水径流网络分析可知，13301 工作面突水水源为侏罗系含水层，F21 断层组贯穿侏罗系含水层及 13301 工作面，在采动作用下 F21 断层组为 13301 工作面关键突水通道，因此，钻孔布置要对侏罗系含水层及 F21 断层组进行注浆封堵。② 济宁支断层地下水绕流封堵。济宁支断层虽然没有贯穿 13301 工作面，但由于济宁支断层贯穿侏罗系含水层，在采动作用下，地下水对 13301 工作面形成绕流补给，因此需对绕流补给路径进行区域封堵。

综合 13301 工作面水文探查孔资料，采用施工地面深长钻孔及启封已有水文地质钻孔相结合的注浆钻孔布置方式，对侏罗系含水层及断层关键径流通道进行注浆堵水治理。由于工作面断层突水形式为滞后突水，故 3C-4 水文探查孔为导水通道可能性较低。钻孔具体布置方式为：① 在断层滞后突水关键通道封堵方面，启封 3C-4 水文探查孔及在该孔附近针对 F21 断层组施工 1# 地表注浆孔，对侏罗系含水层及突水关键通道进行封堵；② 针对工作面南部绕流补给问题，结合 13301 工作面地下水径流网络分析，布置 2#、3C-5 地表注浆孔进行注浆封堵。

如图 6-9 所示，分别针对侏罗系含水层、F21 断层组、济宁支断层地下水绕流封堵问题，布置 4 个地表注浆钻孔。

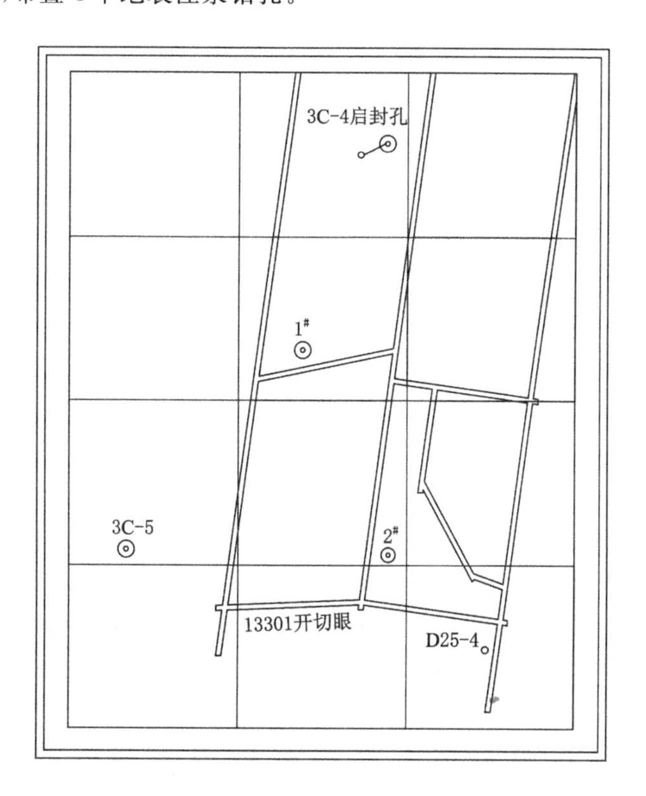

图 6-9　13301 工作面地表注浆钻孔布置示意图

6.3.2 注浆参数设计

基于致灾水源及突水关键通道分析可知，王楼煤矿13301工作面突水致灾水源为侏罗系水，导水关键通道为活化断层导水构造，现围绕侏罗系含水层改造及封堵断层关键导水通道开展注浆参数设计。

6.3.2.1 注浆治理原则

注浆是地下工程水灾害治理的有效技术手段，具备封堵水力通道和加固围岩特性，对地下工程建设中的施工安全、绿色环保和节能减排都具有重要的意义。13301断层活化突水治理拟采用复合控制注浆治理原则，包括采用合理注浆材料、注浆方式及注浆工艺分区域、分层次地改善地下工程的赋存地质环境，达到封堵地下水通道，改善岩土体的强度、渗透性及稳定性的目的。

复合控制注浆原则的核心是“三复合”及“两控制”。“三复合”即三个层面的复合：一是注浆材料的复合选配及调配使用，如将单液水泥浆液、CCFB复合浆液在侏罗系含水层注浆中复合使用，可保障注浆堵水效果。二是注浆方式复合，保证浆液对微小节理、层理和裂隙较密实充填，提高目标地层隔水特性。三是注浆工艺复合，如侏罗系含水层采用全程套管注浆工艺，针对含水层部位，采用深部控域注浆工艺，着重封堵含水层及断层带含导水通道发育区域。

“两控制”是指注浆过程控制及注浆安全控制。在注浆过程控制中，基于被注介质条件、流场特征及环境等因素，优选注浆材料和注浆方式；通过工程经验对比和现场试验，优化注浆工艺，初步确定注浆段长、注浆压力及注浆速率；注浆过程中灵活调整注浆速率、注浆调节液含量及注浆时间配置，控制浆液的扩散距离，完成浆液运移和加固空间的控制。注浆安全控制主要涉及注浆区稳定控制、涌水量和水压监测及后续采矿过程监控。依据监控数据动态调整注浆参数（注浆压力、注浆速率、材料配比），保障侏罗系含水层注浆效果。

复合控制注浆实施过程中需要遵循以下三个原则：

(1) 注浆材料与被注岩体统一性原则

注浆材料与被注岩体统一性原则是指在注浆加固工程中，注浆材料的选择应充分考虑被注岩体的特性，确保注浆材料与岩体之间具有良好的相容性、黏结性和适应性。这一原则旨在实现注浆材料与岩体的有效结合，从而提高岩体的整体性和承载能力。该原则有以下要求：① 注浆材料的选择。应根据被注岩体的特征确定注浆材料的选择范围。例如，对于富泥断层破碎带岩体加固，当断层内断层泥含量高时，注浆加固以劈裂加固模式为主，渗透和压密模式为辅。此时，注浆材料既可以选择化学浆液，也可以选择超细水泥、普通水泥等水泥基浆材。选取注浆材料时应考虑注浆加固范围、注浆结石体强度、材料与被注岩体和易性以及胶结界面抗渗性能等特征。② 注浆材料与岩体的相容性。注浆材料应具有良好的渗透性和扩散性，能够充分填充岩体内的空隙和裂隙，其在固化过程中应与岩体产生良好的黏结作用，形成稳定的结石体。③ 注浆材料与岩体的适应性。注浆材料应能够适应岩体的变形和应力状态，避免因岩体变形而导致注浆材料失效或脱落，且在地下水冲刷作用下，浆液能够保持较高的留存率和结石率，确保注浆加固效果的持久性。

断层带突水注浆治理工程中，材料选择依据两个标准，一是可注性，二是注浆加固效果。根据被注岩体特征确定岩体注浆主导封堵模式，利用可注性准则初步确定注浆材料范围；考虑到注浆治理范围、材料与被注岩体和易性以及胶结界面抗渗性能等特征，确定注浆治理材料。以王楼煤矿断层带突水治理为例，考虑到治理对象主要为侏罗系含水层及断层突水关键通道，其注浆方式应以充填模式为主，渗透和压密模式为辅。大量试验表明，普通水泥材料和断层岩和易性好，能够和断层岩紧密胶结，且加固体强度高、抗渗性好，满足注浆加固要求，因此可以选择普通水泥作为注浆材料。但考虑到注浆工程的经济性和治理要求，注浆材料应以山东大学自主研发的 CCFB 复合注浆材料为主，以满足经济性及注浆封堵效果要求。

(2) 注浆工艺与被注岩体统一性原则

注浆工艺与被注岩体统一性原则要求在注浆加固工程中，注浆工艺的选择和设计应充分考虑被注岩体的地质特性、水文条件、裂隙发育情况等因素，确保注浆工艺能够与被注岩体有效融合，形成稳定的结石体。该原则有以下要求：① 注浆工艺的选择。根据被注岩体的特性，选择合适的注浆工艺。对于渗透性较好的岩体，可以选择渗透注浆工艺；对于裂隙发育、破碎严重的岩体，则可能需要采用劈裂注浆或压密注浆工艺。注浆工艺的选择还应考虑注浆材料的性能、注浆压力、注浆速率等参数，以确保注浆材料能够充分填充岩体内的空隙和裂隙，并与岩体形成良好的黏结。②注浆参数的优化。在注浆过程中，应根据被注岩体的实际情况，动态调整注浆参数，如注浆压力、注浆速率、注浆量等。这些参数的调整应基于对被注岩体特性的深入了解和分析，以确保注浆工艺的有效性和安全性。在注浆压力方面，应根据岩体的抗压强度和裂隙发育情况，选择合适的注浆压力范围，以避免因注浆压力过高而导致岩体破坏或注浆材料流失。③ 注浆过程的监控与调整。在注浆过程中，应实时监测注浆压力、注浆速率和注浆量等关键参数，以及岩体的变形和位移情况。这些数据的收集和分析有助于及时发现和解决注浆过程中可能出现的问题。根据监测数据，可以及时调整注浆参数和注浆工艺，以确保注浆加固效果达到预期目标。

断层破碎带富水区域,常用的注浆工艺有全孔一次注浆、前进式分段注浆以及深部控域注浆等三种。根据被注岩体条件确定最合适的注浆工艺,选择标准主要包括岩体结构类型、岩体自稳能力、钻探难易程度以及水文地质环境。① 全孔一次注浆:适用于岩体较为完整、渗透性较低的情况。在注浆过程中,通过一次性注入浆液以填充整个钻孔,形成连续的注浆体,能够有效提高注浆材料的利用效率。此方法适用于稳定性较好的岩层,能在较短时间内完成注浆任务。② 前进式分段注浆:适用于岩体结构复杂且渗透性差异较大的区域。该方法将注浆过程分为多个阶段,在每个阶段中逐步推进浆液注入,从而可以针对性地处理不同区域的水源问题。这种灵活性使得前进式分段注浆在复杂的水文地质条件下更具优势,能够显著提高注浆效果。③ 深部控域注浆:主要用于水文条件复杂且渗水压力较大的深部区域。该工艺通过精准控制浆液注入位置和体积,能够有效封堵水源并减少突水风险。此方法要求对岩体条件进行详细的分析与评估,以确保注浆效果最佳。对于王楼煤矿 13301 工作面突水治理工作,地面钻孔可能穿越断层碎裂结构或松散结构的岩体,多数情况下这些结构体自稳能力较差,注浆孔钻进过程中容易发生卡钻、掉钻事故,注浆钻孔难以一次成孔,应采用全程下套管工艺。断裂带尤其是受突水突泥灾害扰动的断层破碎带内部常发育后生腔体,腔体内赋存承压水或承压泥水混合物,普通的分段前进式注浆方式加固效果有所欠缺,往往注浆结束后出现反复涌水。这种现象的原因是腔体内部存在高压充填物,分段注浆治理过程中,浆液往往劈裂已封堵断层区域,而难以对其进行充分加固,另外承压腔体边界不易探查和控制,注入的浆液在其中扩散后不能完全将腔体充填,造成腔体边界处涌水。因此,需要利用深部控域注浆工艺,驱使浆液只在空腔内及前方扩散加固。

此外,注浆压力是注浆工艺中的关键控制因素,注浆压力的施加使得浆液能够有效地渗透到围岩的微小裂隙和空隙中,从而实现对岩体的加固和封堵。然而,注浆过程中施加的荷载往往伴随着剧烈波动,特别是在快速注入浆液或调整注浆速率时,这种波动可能导致围岩出现瞬时应力集中,进而引发围岩失稳破坏。即止浆岩盘的强度不足以抵抗注浆荷载,围岩就可能发生崩塌或破裂,形成新的裂隙,影响注浆的整体效果。这类失稳破坏的发生通常与注浆压力选择不当密切相关,因此,合理选择注浆压力是确保注浆工程安全有效的前提,应根据岩体结构类型和注浆加固位置综合确定。

(3) 注浆过程控制与安全控制统一性原则

复合控制注浆实施过程中,注浆过程控制与安全控制统一性原则是至关重要的。这一原则要求注浆过程不仅要达到预期的加固效果,还要确保施工过程中的安全。

注浆过程控制主要涉及注浆材料、注浆压力、注浆速率和注浆量等参数的协同调控。应根据被注岩体的特性(如岩性、裂隙发育情况、透水性等),选择合适的注浆材料,注浆材料应具有良好的流动性、黏结性和稳定性,以确保注浆加固效果。注浆压力是影响注浆效果的关键因素之一,注浆压力的选择应根据被注岩体的抗压强度和裂隙发育情况来确定。在注浆过程中,应对注浆压力实时监控,并根据实际情况加以调整,以确保注浆材料能够充分渗透到岩体的裂隙和空隙中。注浆速率的选择应综合考虑注浆压力、注浆材料和被注岩体的特性。注浆速率过快可能导致浆液无法充分扩散和渗透,而过慢则可能延长注浆时间,增加施工成本。注浆量的确定需根据被注岩体的体积、裂隙发育情况和注浆材料的渗透性等因素来确定。在注浆过程中,应严格控制注浆量,避免过量注浆导致岩体破坏或注浆效果不佳。

安全控制主要关注注浆过程中可能出现的风险和安全隐患,并采取相应的措施进行预防和控制。在注浆过程中,应对围岩的变形和位移情况以及涌水量的变化进行实时监测。如发现围岩稳定性下降或涌水量异常增加,应立即停止注浆,并采取相应的措施进行处理。根据围岩对注浆过程的响应参量(如变形、涌水量等),对注浆参数(如注浆压力、注浆速率和注浆量)进行动态调整。通过调整注浆参数,可以确保注浆过程与围岩条件相匹配,避免扰动对围岩稳定性的影响。在注浆前,应对注浆设备进行全面的检查和调试,确保设备无损坏且运行正常;在注浆过程中,应定期检查注浆设备的运行状态,及时发现并处理设备故障,并确保施工人员佩戴适当的防护装备,如安全帽、防护眼镜、防尘口罩等。同时,应设置明显的安全警示标志,提醒施工人员注意施工安全。

在复合控制注浆实施过程中,注浆过程控制与安全控制是密不可分的。注浆过程控制旨在确保注浆加固效果,而安全控制则旨在保障施工过程中的安全,两者相互依存、相互促进,共同构成了复合控制注浆实施过程中的核心要素。注浆过程控制与安全控制应协同进行,通过实时监测和分析注浆过程中的各项参数和指标,及时调整注浆参数和施工方案,在确保注浆加固效果的同时保障施工安全。在注浆过程中,应建立风险预警机制,及时发现并处理可能出现的风险和安全隐患,如发现异常情况,应立即停止注浆并采取相应的应急措施,以防止事态扩大和造成严重后果。注浆过程控制与安全控制是一个持续改进和优化的过程,通过不断总结经验教训和借鉴先进经验,不断完善注浆工艺和施工方案,提高注浆加固效果和施工安全性。

6.3.2.2 注浆方式选择

注浆方式选择主要包括地面注浆及井下注浆,其中地面注浆的优点主要包括以下5点:

（1）相对于井下工作面打钻注浆，地面注浆钻孔的施工安全系数大，劳动强度小，可控性、复注性强，可进行大批量、规模性注浆，并可以进行多种注浆材料对比等现场试验。

（2）地面钻孔可以施工定向钻孔，一方面通过定向施工可以准确控制钻孔终孔位置，真正使注浆工作做到有的放矢，减少浆液浪费；另一方面定向钻孔施工节约成本，缩短工期，增加注浆钻孔密度，从而做到对断层破碎带附近侏罗系含水层裂隙导水通道有效充填加固。

（3）该处侏罗系含水层水头较高，相对于井下注浆，注浆期间可灵活控制注浆终压，增强断层破碎带附近的充填强度。

（4）地面施工注浆钻孔自二级套管下入后（约 500 m）可采取前进式注浆工艺，注浆段高相对于井下注浆大。

（5）地面钻探注浆，注浆段长易于控制且容易扫孔、复注，必要时可根据检查孔的取芯资料来进一步分析注浆充填程度，有利于为下一步的注浆工作提供科学有效的指导，进一步巩固、提高注浆效果。

对比地面注浆，井下注浆的优点主要包括以下 3 点：

（1）地面钻孔深度较大，注浆终孔目的层位 500～900 m，钻探工程量大，相对于井下钻探施工，无效进尺增多，设备选型及注浆工艺要求较高，特别是有跑、漏浆现象时，操作难度较大。

（2）井下钻孔施工灵活，工程量较小，工期短，且注浆期间对水情变化观测方便直观。

（3）根据物探资料及巷道掘进采煤实际揭露情况，断层滞后突水工作面存在的断层破碎带裂隙高度发育，富水性极强，地面钻探容易卡钻，事故发生率较高，且重复扫孔次数多，增加了钻孔施工难度，延长了工期。井下钻孔施工多为仰角孔，施工事故率相对较低。

综合上述分析可知，地表注浆具有安全性高，劳动强度小，可控性、复注性强，可进行大批量、规模性注浆的优点，同时地表钻孔可启封已有水文地质钻孔，便于直接施工，在需地表施工钻孔时，可施工定向钻孔，准确控制钻孔终孔位置，便于根据取芯资料动态调整注浆工艺。对比井下注浆，虽然后者具有施工灵活、工程量较小及施工中动态调控便利的优点，但针对含水层注浆改造工程，地表注浆更适合大规模注浆操作。受仰角深长钻孔偏斜等多因素影响，井下注浆存在井下钻孔封闭困难，易导通多个含水层形成新的导水构造等问题，故选用地表注浆方式。

6.3.2.3 注浆材料选择

侏罗系含水层注浆改造工程往往涉及大规模注浆，注浆材料消耗量较大，在注浆材料选用问题上除考虑技术可行性外，经济性为注浆施工需考虑的主要因素。在以往含水层注浆改造工程中，大多选用普通硅酸盐水泥配合煤矸石、粉煤灰等材料进行复合注浆，在满足含水层注浆改造基础上，以达到控制经济成本的目的。王楼煤矿 13301 工作面突水工程治理中，配合现场取样进行室内试验及模拟试验，优选低成本的 CCFB 复合注浆材料。

王楼煤矿 13301 工作面突水治理所用注浆材料主要包括单液水泥浆液及 CCFB 复合注浆材料。其中水泥浆液在注浆初始阶段使用，注浆过程中采用 CCFB 复合注浆材料。水泥浆液的水灰比（质量比）一般控制在 1∶1～0.6∶1，即将水泥浆比重控制在 1.50～1.70 之间。水泥浆比重低于 1.50 时，影响水泥的初凝时间和结石强度；比重大于 1.70 以后，会在搅拌池或注浆管路中形成沉淀，导致注浆材料可泵性降低。

6.3.2.4　注浆工艺选择

王楼煤矿 13301 工作面突水注浆治理采用地面注浆方式，终孔位置位于侏罗系裂隙含水层下边界 200 m 及断层带上边界 200 m，注浆工艺采用前进式分段注浆，即自上而下逐层进行注浆封闭。一级套管施加后，遇到含水层或破碎严重地层则进行注浆，由于侏罗系含水层厚度较大，进入目的注浆层后原则上每钻进 20 m 进行一次注浆。当达到注浆结束标准后，再下延钻孔对下一层含水层或漏水层进行注浆。同一注浆段采用重复式注浆，即第一次注浆结束水泥凝固 24 h 后，扫孔至上一次注浆层位孔底 0.5 m 后再次注浆，如此反复注浆不少于 2 次。在每一注浆段，均要进行水位观测，然后对含水层进行注浆加固。考虑到该工作面安全问题，注浆过程中应考虑以双液浆、骨料、化学浆等多种材料等作为应急处理注浆材料。

6.3.2.5　注浆终压确定

注浆压力及注浆扩散半径为注浆工程中的关键技术参数，注浆压力选择及注浆扩散半径拟定在注浆方案设计中起决定性作用。侏罗系孔隙砂岩在实际注浆过程中，浆液扩散区内黏度空间分布不均匀，基于此，认为浆液流型为具有黏度时变性的宾汉流体，为研究其在静水条件下的原位渗透注浆扩散过程，引入了描述渗流过程的均匀毛管组模型，建立了恒定注浆速率条件下考虑浆液黏度时空变化的原位渗透注浆扩散模型，推导了浆液扩散区内的黏度及压力时空分布方程，进而得到注浆压力与注浆时间及浆液扩散半径的关系。

如图 6-10 所示，浆液黏度自注浆孔处开始增长，浆液扩散区域内注浆孔处浆液反应时间最短，黏度最低，浆液扩散锋面处浆液反应时间最长，黏度最高，黏度空间分布存在明显的不均匀性。

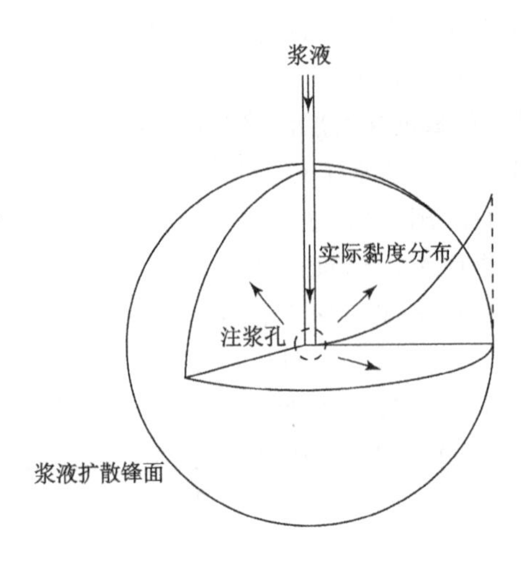

图 6-10　新型注浆材料渗透注浆示意图

(1) 原位渗透注浆理论模型

1) 渗透注浆模型假设条件

① 浆液、水均为不可压缩、均质、各向同性的流体；

② 浆液为具有黏度时变性的宾汉流体，且在注浆过程中流型不变；

③ 除注浆孔附近，浆液流动为层流运动；

④ 浆液扩散方式为完全驱替扩散，不考虑浆水相界面处水对浆液的稀释作用；

⑤ 忽略重力的影响，浆液在被注介质中为球形扩散；

⑥ 被注介质孔隙尺寸较大，忽略渗滤效应对浆液扩散的影响。

2) 浆液本构方程

考虑到水泥-粉煤灰注浆液、CCFB新型复合注浆材料、普通水泥浆液具有塑性屈服强度及黏度时变性，假设浆液本构模型为时变性宾汉流体，浆液本构方程形式如下：

$$\tau=\tau_0+\mu(t)\dot{\gamma} \tag{6-1}$$

式中：τ 为浆液的剪切应力；τ_0 为浆液的屈服剪切应力；$\mu(t)$ 为浆液黏度时间函数；$\dot{\gamma}$ 为浆液剪切速率（$\dot{\gamma}=-\mathrm{d}v/\mathrm{d}h$）；采用普遍的函数形式 $\mu(t)$ 来表示黏度时间关系。

3) 浆液黏度时空分布

以浆液质点从注浆孔处进入被注介质的时刻为浆液黏度增长的时间起点，即设定注浆孔处的浆液黏度为初始黏度值。

浆液扩散半径与注浆时间有如下关系：

$$qt=\frac{4}{3}\pi\varphi(r_t^3-r_0^3) \tag{6-2}$$

式中：q 为注浆速率；φ 为孔隙率；r_t 为 t 时刻浆液扩散半径；r_0 为注浆孔半径。

在黏度时空分析中涉及三个时间概念：注浆时间 t，以注浆开始为起点，以注浆过程结束为终点；浆液质点由注浆孔进入被注介质的时刻 t_s，t_s 与浆液质点离注浆孔的距离一一对应；浆液质点的黏度增长时间 t_g，浆液黏度增长时间以浆液质点由注浆孔进入被注介质的时刻 t_s 为起点，以注浆时间 t 为终点，即：$t_g=t-t_s$。

浆液本构方程的描述对象为浆液质点，对于浆液质点来说，黏度只与时间相关。而对于整个浆液扩散区域来说，浆液质点由注浆孔进入被注介质后黏度从初始值开始增长，浆液质点随着注浆过程的进行不断向前移动，浆液质点到达不同位置所需要的时间不同，导致不同位置的浆液质点黏度增长时间不同，从而导致不同位置的浆液黏度不同。注浆时间为 t 时，浆液黏度增长时间随位置变化如图 6-11 所示。

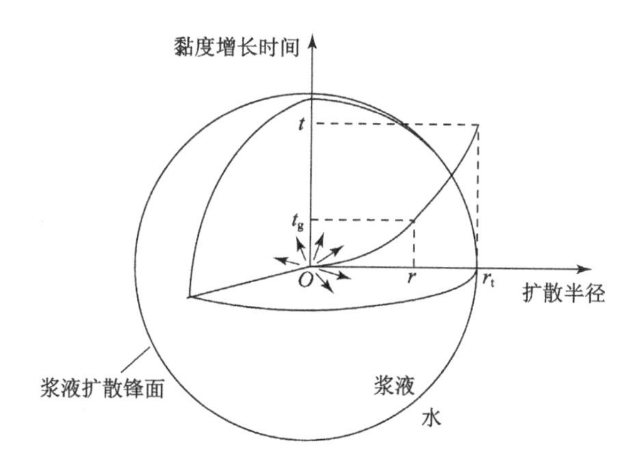

图 6-11　浆液黏度增长时间随位置变化示意图

注浆时间为 t 时，注浆孔处的浆液质点在 $t_s=t$ 时刻进入被注介质，黏度增长时间 $t_g=0$，浆液扩散锋面处的浆液质点在 $t_s=0$ 时刻进入被注介质，浆液黏度增长时间 $t_g=t$，浆液黏度增长时间随浆液质点离注浆孔距离增加而增大，浆液黏度增长时间与空间位置一一对应，并满足 $0\leqslant t_g\leqslant t$。对于浆液扩散区中的任意浆液质点，在该浆液质点进入被注介质时刻 t_s 之后的注浆量与该质点离注浆孔中心距离 r 有如下关系：

$$q(t-t_s)=\frac{4}{3}\pi\varphi(r^3-r_0^3) \tag{6-3}$$

浆液黏度增长时间 t_g 与该浆液质点离注浆孔中心的距离 r 一一对应。浆液扩散区内黏度时空分布方程为：

$$\mu(r,t)=\mu\left(\frac{4\pi\varphi r^3}{3q}\right),\quad r\leqslant\sqrt[3]{\frac{3qt}{4\pi\varphi}} \tag{6-4}$$

式中：q 为注浆速率；φ 为孔隙率；r 为浆液质点离注浆孔中心的距离；t 为注浆时间；$\mu(r,t)$ 为浆液黏度时间函数。

4) 浆液与水的扩散运动方程

均匀毛管组模型将被注介质等效为由直径相同的毛细管排列而成的多孔介质，将流体渗流等效为流体在所有渗流管道中流动的叠加。引入均匀毛管组模型，首先推导单个渗流管道内的浆液扩散运动方程，通过渗流管道中心取剖面，以管道中心为对称轴取浆液微元体进行受力分析，如图 6-12 所示。

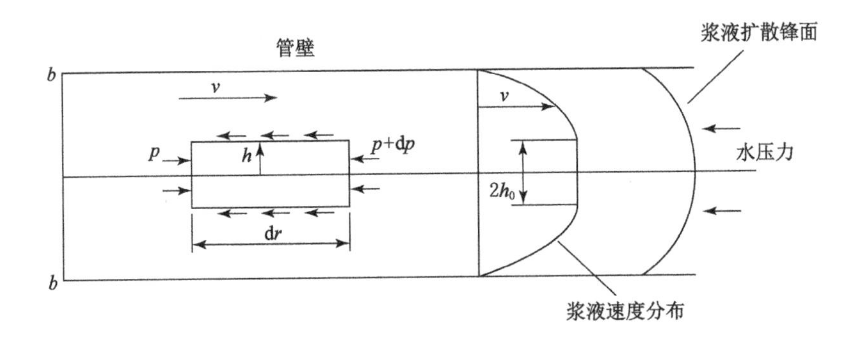

图 6-12　渗流管道内浆液流动受力分析

任意微元体受力平衡方程为：

$$2\pi h\tau \mathrm{d}r+\pi h^2\mathrm{d}p=0 \tag{6-5}$$

式中：$\mathrm{d}r$ 为微元体长度；p 为浆液压力；$\mathrm{d}p$ 为浆液压力增量；h 为微元体半径。

得剪应力分布 $\tau=-\dfrac{h}{2}\dfrac{\mathrm{d}p}{\mathrm{d}r}$。浆液运动存在中心留核区，将 $\tau\leqslant\tau_0$ 代入得中心留核区范围为：

$$h\leqslant h_0=-2\tau_0\left(\frac{\mathrm{d}p}{\mathrm{d}r}\right)^{-1} \tag{6-6}$$

留核区半径需满足 $h_0\leqslant b$，b 为渗流通道半径，将其代入式(6-6)得：

$$\frac{\mathrm{d}p}{\mathrm{d}r}\geqslant\frac{2\tau_0}{b} \tag{6-7}$$

上式表明宾汉流体浆液由于屈服剪切力的存在，浆液运动存在启动压力梯度，启动压力梯度 $\lambda=2\tau_0/b$。综合各式并化简得：

$$\frac{\mathrm{d}v}{\mathrm{d}h}=\frac{1}{\mu\left(\frac{4\pi\varphi r^3}{3q}\right)}\left(\frac{h}{2}\frac{\mathrm{d}p}{\mathrm{d}r}+\tau_0\right) \tag{6-8}$$

当 $h_0<h\leqslant b$ 时，代入边界条件 $h=b,v=0$；当 $h\leqslant h_0$ 时，$v=v(h=h_0)$，得渗流管道内浆液速度分布为：

$$v=\begin{cases}\dfrac{1}{\mu\left(\frac{4\pi\varphi r^3}{3q}\right)}\left[\dfrac{b^2-h^2}{4}\dfrac{\mathrm{d}p}{\mathrm{d}r}-\tau_0(b-h)\right], & h_0<h\leqslant b\\ \dfrac{1}{\mu\left(\frac{4\pi\varphi r^3}{3q}\right)}\left[\dfrac{b^2-h_0^2}{4}\dfrac{\mathrm{d}p}{\mathrm{d}r}-\tau_0(b-h_0)\right], & h\leqslant h_0\end{cases} \tag{6-9}$$

浆液在渗流管道中的平均流速为：$\bar{v}=\frac{1}{\pi b^2}\int_0^b 2\pi hv\mathrm{d}h$。在实际注浆过程中，$-\mathrm{d}p/\mathrm{d}r$ 远大于启动压力梯度 λ，忽略公式中的高阶小项并代入 $\lambda=2\tau_0/b$，得渗流管道内浆液扩散运动方程为：

$$\bar{v}=\frac{b^2}{8}\frac{1}{\mu\left(\frac{4\pi\varphi r^3}{3q}\right)}\left[-\frac{\mathrm{d}p}{\mathrm{d}r}-\frac{8}{3}\frac{\tau_0}{b}\right],\quad r\leqslant\sqrt[3]{\frac{3qt}{4\pi\varphi}} \tag{6-10}$$

式中：$\bar{v}$ 为平均流速；b 为渗流通道半径；q 为注浆速率；$\mathrm{d}r$ 为微元体长度；$-\mathrm{d}p/\mathrm{d}r$ 为浆液压力梯度；τ_0 为浆液屈服剪切应力。

将水的流变参数 $\tau_0=0$，$\mu\left(\frac{4\pi\varphi r^3}{3q}\right)=\mu_{\mathrm{w}}$ 代入式(6-10)，得渗流管道内水流运动方程为：

$$\bar{v}=\frac{b^2}{8}\frac{1}{\mu_{\mathrm{w}}}\left(\frac{-\mathrm{d}p}{\mathrm{d}r}\right),\quad r\leqslant\sqrt[3]{\frac{3qt}{4\pi\varphi}} \tag{6-11}$$

5）压力时空分布方程

被注介质内任一点的渗流速度 v 与该点处渗流管道平均流速及被注介质孔隙率满足 $v=\varphi\bar{v}$。被注介质的渗透率 $k=\varphi b^2/8$，在注浆过程中，注浆速率 q 满足 $q=4\pi r^2 v$。联立各式得浆液扩散区内、外压力梯度为：

$$\frac{\mathrm{d}p}{\mathrm{d}r}=\begin{cases}-\dfrac{q}{4\pi r^2 k}\mu\left(\dfrac{4\pi\varphi r^3}{3q}\right)-\dfrac{8}{3}\dfrac{\tau_0}{b}, & r\leqslant\sqrt[3]{\dfrac{3qt}{4\pi\varphi}}\\ -\dfrac{\mu_{\mathrm{w}}q}{4\pi r^2 k}, & r\leqslant\sqrt[3]{\dfrac{3qt}{4\pi\varphi}}\end{cases} \tag{6-12}$$

在离注浆区域足够远处静水压力基本维持不变，取 $r\to+\infty$ 时，$p=p_{\mathrm{w}}$，并将其作为边界条件代入公式(6-12)积分，得被注介质内压力时空分布方程为：

$$p(r,t)=\begin{cases}\dfrac{q}{4\pi k}\displaystyle\int_{r}^{\sqrt[3]{\frac{3qt}{4\pi\varphi}}}\dfrac{1}{r^2}\mu\left(\dfrac{4\pi\varphi r^3}{3q}\right)\mathrm{d}r+\dfrac{8\tau_0}{3b}\left(\sqrt[3]{\dfrac{3qt}{4\pi\varphi}}-r\right)+\dfrac{\mu_{\mathrm{w}}q}{4\pi k}\sqrt[3]{\dfrac{4\pi\varphi}{3qt}}+p_{\mathrm{w}}, & r\leqslant\sqrt[3]{\dfrac{3qt}{4\pi\varphi}}\\ \dfrac{\mu_{\mathrm{w}}q}{4\pi k}\dfrac{1}{r}+p_{\mathrm{w}}, & r>\sqrt[3]{\dfrac{3qt}{4\pi\varphi}}\end{cases}\tag{6-13}$$

式中：q 为注浆速率；k 为被注介质渗透率；b 为渗流管道半径；r 为被注介质内任意位置到注浆孔中心的距离；t 为注浆时间；τ_0 为浆液屈服剪切力；p_{w} 为静水压力。

当 $r_0\leqslant\sqrt[3]{\dfrac{3qt}{4\pi\varphi}}$ 时，令 $r=r_0$，得注浆压力 $p_{\mathrm{c}}=p(r_0,t)$，代入式(6-13)得注浆压力 p_{c} 与时间的关系为：

$$p_{\mathrm{c}}=\frac{q}{4\pi k}\int_{r_0}^{\sqrt[3]{\frac{3qt}{4\pi\varphi}}}\frac{1}{r^2}\mu\left(\frac{4\pi\varphi r^3}{3q}\right)\mathrm{d}r+\frac{\mu_{\mathrm{w}}q}{4\pi k}\sqrt[3]{\frac{3qt}{4\pi\varphi}}+\frac{8\tau_0}{3b}\left(\sqrt[3]{\frac{3qt}{4\pi\varphi}}-r_0\right)+p_{\mathrm{w}}\tag{6-14}$$

将浆液扩散半径 $r_t=\sqrt[3]{\dfrac{3qt}{4\pi\varphi}}$ 代入式(6-14)得注浆压力与浆液扩散半径的关系为：

$$p_c=\frac{q}{4\pi k}\int_{r_0}^{r_t}\frac{1}{r^2}\mu\left(\frac{4\pi\varphi r^3}{3q}\right)\mathrm{d}r+\frac{8\tau_0}{3b}(r_t-r_0)+\frac{\mu_{\mathrm{w}}q}{4\pi k r_t}+p_{\mathrm{w}}\tag{6-15}$$

由上述推导过程可知，浆液性质，被注介质参数 k、φ，注浆参数 q、r_0 及地下水压力 p_{w} 共同决定注浆材料的渗透注浆扩散过程，注浆压力由浆液黏度、屈服切应力、静水压力引起的 3 部分阻力构成。

(2) 注浆扩散有限元模型建立及注浆控制参数确定

应用有限元分析软件 COMSOL Multiphysics 中的流体力学模块模拟浆液在侏罗系孔隙砂岩中的注浆扩散过程，数值计算采用二维模型，模型几何尺寸为 100 m×100 m，注浆孔位于模型几何中心，模型上下边界为无流动边界，左右边界为定压力边界。在初始时刻，模型空间内全部为水，注浆开始后，浆液以恒定速率由注浆孔进入模型空间，模型网格剖分及边界条件如图 6-13 所示。

在模型空间中建立以注浆孔中心为坐标原点 O，坐标轴与模型边界垂直的直角坐标系，模型中任意点的位置可表示为 (x,y)，该点到注浆孔中心的距离 $r=\sqrt{x^2+y^2}$。代入 CCFB 复合注浆材料与普通水泥浆液的表观黏度时间函数可得该两种注浆材料的黏度时空分布图。在数值模型中预定义浆液黏度空间分布函数，预定义浆液黏度空间分布如图 6-14 所示。

在计算过程中，浆液扩散区内的黏度采用预定义黏度空间分布函数的数值，

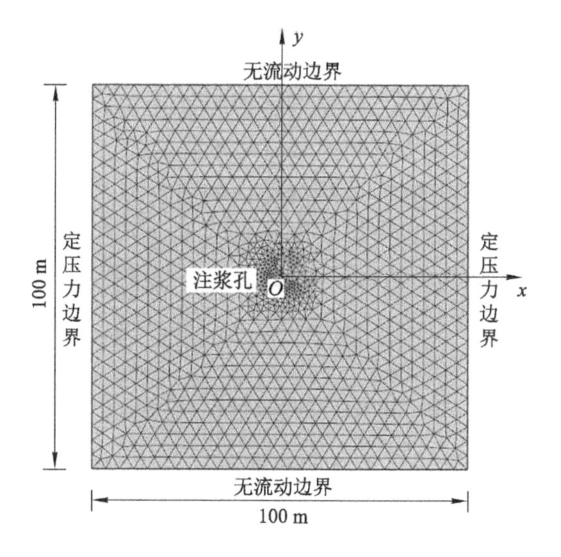

图 6-13　模型网格剖分及边界条件

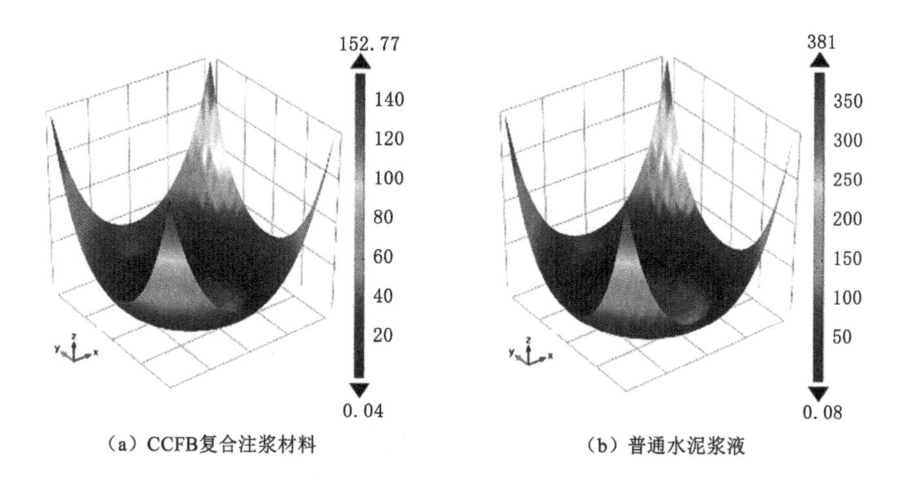

图 6-14　预定义浆液黏度空间分布

即 $\mu=\mu_b$；水流区域内的黏度为水的黏度值，即 $\mu=0.01$ Pa·s。浆水混合区中混合流体的黏度为浆液与水混合之后的平均黏度，取混合流体黏度倒数为浆液黏度和水黏度的倒数加权平均，即：

$$\frac{1}{\mu}=s_g\frac{1}{\mu_B}+s_w\frac{1}{\mu_w} \tag{6-16}$$

式中：μ 为浆水混合区内的黏度；μ_B 为浆液黏度；μ_w 为水的黏度；s_g 为浆液体积分数；s_w 为水的体积分数。

根据浆液扩散运动方程式，并采用表观黏度代替屈服剪切力和黏度在浆液本构方程中的作用，得到注浆过程中浆液与水的基本运动方程。

不考虑浆液与水的压缩性，即浆液与水的密度为常数。取裂隙空间内的特征单元体分析，由质量守恒定律得浆液和水各自流入和流出单元体的质量差应分别等于单元体内浆液和水的质量变化，得连续性方程：

$$\begin{cases} -\nabla \cdot (s_g v) = \dfrac{\partial (s_g)}{\partial t} \\ -\nabla \cdot (s_w v) = \dfrac{\partial (s_w)}{\partial t} \end{cases} \tag{6-17}$$

以浆液体积分数分布表征浆液的扩散范围，通过数值模拟得到不同时刻浆液扩散形态如图 6-15 所示，图中灰色部分浆液体积分数接近 1，黑色部分浆液体积分数接近 0，即水的体积分数接近 1。浆液扩散形式为以注浆孔为中心的圆形扩散。

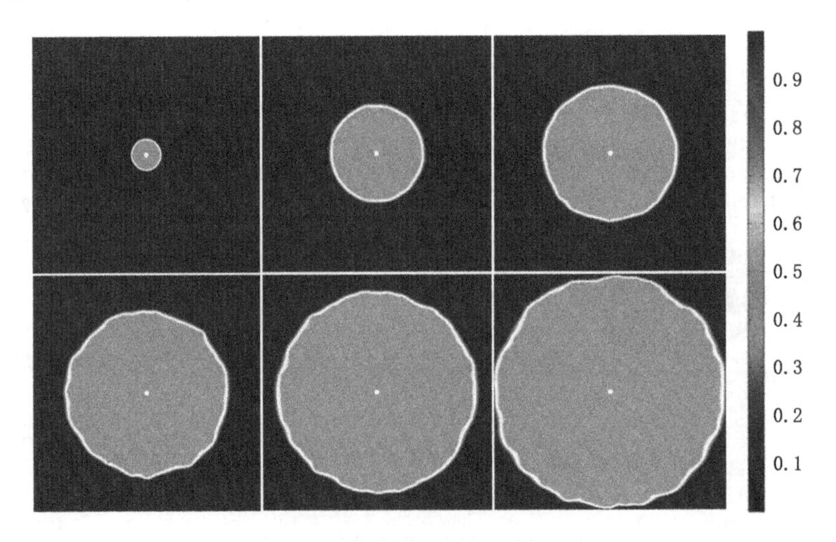

图 6-15　不同时刻浆液扩散形态

CCFB 复合注浆材料与普通水泥浆液两种浆液注浆扩散半径与注浆终压关系曲线如图 6-16 所示。

随着浆液扩散半径的增加，所需要的注浆终压也随之增大，相比于普通水泥注浆材料，CCFB 注浆材料在注浆扩散过程中所受到的阻力更大，注浆需要更高

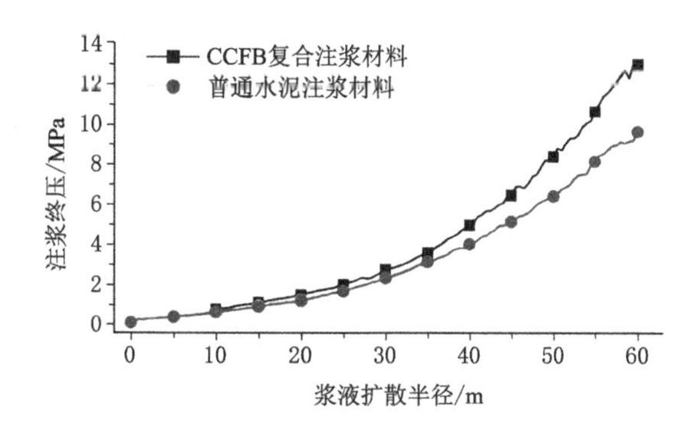

图 6-16　浆液扩散半径与注浆终压的关系

的注浆压力。侏罗系孔隙砂岩注浆扩散半径设计为 55 m，此时普通水泥注浆所需要的注浆终压为 8 MPa，CCFB 复合注浆材料注浆所需要的注浆终压为 10.5 MPa。

6.3.3　注浆治理关键技术

6.3.3.1　被动螺旋均化及降尘关键技术

注浆技术是兼顾围岩加固及防治水作用的有效技术手段。注浆的主要目的主要分为两部分：① 将不符合工程要求的岩土改良为高品质的符合工程要求的岩土；② 预防或者治理水文地质灾害。一般来说，注浆主要通过胶结作用、充填作用、压实作用及骨架作用等途径改良原位土。

现有注浆材料均化工艺较为简单，多采用传统螺旋搅拌工艺，它通过螺旋搅拌器的旋转来实现注浆材料的均匀混合。螺旋搅拌器主要由搅拌轴和螺旋叶片组成，当搅拌轴旋转时，螺旋叶片会带动注浆材料在搅拌筒内进行旋转和翻动，从而实现混合。螺旋搅拌器的旋转方向和速度可以通过调整电机来控制，以适应不同的混合需求和材料特性。但同时它也存在如下缺点：① 注浆材料配比无法实现精确化控制，影响注浆材料性能；② 注浆材料没有实现充分均化，严重影响注浆浆液和易性及凝固强度等性能；③ 现有注浆材料均化工艺粉尘污染严重，危害工人身体健康，造成环境污染；④ 需人为控制注浆材料均化流程，增加工人劳动强度。

随着注浆技术的发展，注浆材料呈现多元化趋势，新型注浆材料及添加剂的不断加入，对注浆材料均化程度要求不断提高，针对注浆材料均为粉尘状特性，传统砂浆均化设备尚不能完全满足要求。

为了解决现有注浆材料均化及降尘工艺存在的各种缺点，本书提出了一种操作简单方便、能自动控制注浆材料配比、实现注浆材料充分均化、降低粉尘排放、实现在线操作的新型均化及降尘技术，即被动螺旋均化及降尘关键技术。该技术是一种创新的注浆材料处理技术，它结合了智能流量控制、被动螺旋均化以及高效降尘技术，为注浆材料的配比、均化和降尘提供了全新的解决方案。

被动螺旋均化及降尘关键技术采用智能流量控制阀控制注浆材料配比，按一定配比将注浆材料放入被动螺旋均化器上部密封的材料中转容器中，由注浆材料自身重力及风机提供风力作为均化动力来源，注浆材料在自重及风力作用下通过被动螺旋达到充分均化目的，均化后注浆材料进入搅拌池，含尘气体通过强旋风分离器、静电式再循环器将粉尘分离，分离后的清洁空气通过出风口进入大气。分离出粉尘进入搅拌池，最终实现注浆材料高精确性配比及充分均化目的，被动螺旋均化及降尘工艺流程如图 6-17 所示。

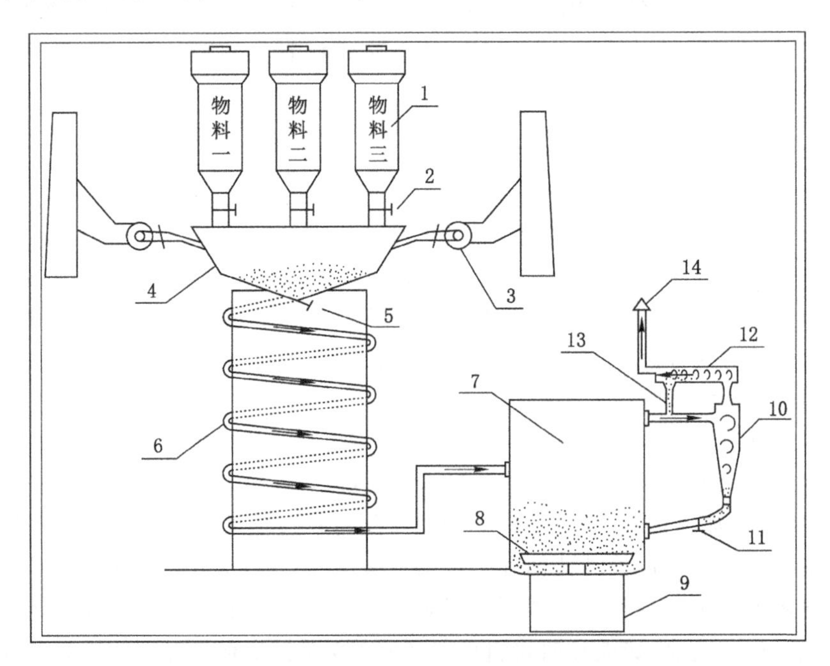

1—注浆材料储存罐；2—智能流量控制阀；3—风机；4—材料中转容器；
5—智能闭合控制开关；6—被动螺旋均化器；7—搅拌池；8—搅拌器；9—电机；
10—超级旋风分离器；11—智能闭合控制器；12—静电式再分离器；13—回流导管；14—出风口。

图 6-17　被动螺旋均化及降尘工艺流程图

被动螺旋均化及降尘效果：

(1) 注浆材料通过智能流量控制阀调节材料配比，替换了人工控制调节注浆材料配比工序，简化了操作流程，降低了工人劳动强度。

(2) 注浆材料在自重及风力作用下通过被动螺旋达到充分均化目的，较常规螺旋搅拌式均化工艺均化程度更高，耗时更少，耗能更低，达到注浆材料充分均化要求。

(3) 含尘气体通过强旋风分离器及静电式再分离器，清洁空气通过出风口进入大气，实现绿色工艺要求，同时分离出的粉尘进入搅拌池，满足高精确性材料配比要求。

(4) 注浆材料配比、均化及降尘工艺全程使用智能化在线控制，实现安全、高效、高精确性生产。

被动螺旋均化及降尘关键技术适用于各种注浆材料的配比、均化和降尘处理，特别适用于需要高精度配比和均化的注浆工程。该技术通过智能化在线控制注浆材料的配比和均化过程，实现了注浆材料的高效处理，提高了生产效率。被动螺旋均化方式较常规螺旋搅拌式均化工艺具有更低的能耗和更高的均化程度，从而降低了生产成本。同时，高效降尘技术减少了粉尘排放，降低了环保成本。通过精确控制注浆材料的配比和均化程度，该技术可以确保注浆材料的质量和稳定性，从而提高施工安全性。此外，降尘技术还可以减少施工现场的粉尘污染，改善施工环境。

6.3.3.2　深长钻孔注浆关键技术

深长钻孔注浆关键技术是通过向岩层裂隙或破碎岩层中注入浆液，达到堵水、加固和提高地层稳定性的目的。该技术结合了水文地质分析、地球物理探测、定向控域注浆和井下可控引流注浆等多种技术手段，实现了注浆过程的精确控制，对于处理顶板水害、加固地层、提高工程稳定性具有重要意义。在进行注浆前，需要对治理区进行全方位的水文地质分析，明确富水区域及相关的水力联系。结合地球物理探测技术，如电法、磁法、地震波法等，对治理区进行探查，进一步确定注浆钻孔的位置和深度。利用定向控域注浆技术，可以精确控制浆液的流动方向和扩散范围，形成不同形态的定向流场。通过调节各钻孔的流量分配，引导浆液在不同方向的运移和扩散，达到注浆精确控制的目的。井下可控引流注浆技术可以实现对浆液流动路径的精确控制，确保浆液能够充分填充岩层裂隙。通过调节注浆压力和注浆速度，可以实现对浆液扩散范围的精确控制，提高注浆效果。注浆参数包括浆液配比、注浆压力、注浆速度、注浆时间等。在注浆过程中，需要根据现场实际情况和注浆效果，不断优化注浆参数，确保注浆过程的安全性和有效性。钻孔设备需要选择具有高钻进效率、高精度和高稳定性的钻机。注浆设备需要选择具有高压注浆、精确计量和自动控制功能的注浆泵。

目前在受承压水影响的煤层开采中，有对奥灰水之上的薄层含水层进行注浆改造的案例，但随着开采深度增大，水压不断增大，当开采层与含水层间的隔水层厚度小于安全厚度时，难以实施疏水降压，目前尚无有效的安全开采方法；有采用充填法减少矿压破坏深度，进而提高有效隔水层厚度的案例，但该方法仍需要预留隔水煤柱，造成大量资源浪费；传统的巷道或采区底板改造不适用于断层滞后突水灾害治理。

为克服上述现有技术的不足，本书提出一种基于千米定向钻探技术的矿井含水层改造方法，可以实现在不占用掘进和开采工作面条件下，通过地表深长钻孔对侏罗系含水层底部及断层突水关键通道注浆改造，封堵侏罗系含水层岩溶发育构造和隐伏断裂构造，增加底板力学强度，使得一定范围内的侏罗系含水层由透水层变为阻水层，达到相关要求中关于突水系数的要求，从而提高煤层开采率。深长钻孔注浆关键技术成功解决了王楼煤矿 13301 工作面滞后突水治理中面临的深长钻孔定向精确施工问题。

6.3.3.3 注浆精确控制关键技术

注浆精确控制关键技术是确保注浆工程质量和效果的核心环节，它涉及多个方面的精确控制和调整，具体如下：

（1）注浆材料的选择与配比控制

① 注浆材料的选择：根据地基土质、注浆目的和环境条件，选择适合的注浆材料，如水泥浆、化学浆等。确保注浆材料的质量符合相关标准要求，如水泥的强度等级、化学浆的稳定性等。

② 浆液配比的精确控制：根据注浆材料的特性和工程要求，精确计算浆液的配比，如水泥浆的水泥与水的配比通常控制在 0.45～0.55。通过试验验证配比方案的合理性，确保浆液的性能满足工程需求，如流动性、稳定性和强度等。

（2）注浆参数的精确控制

① 注浆压力的控制：注浆压力是影响注浆质量的关键因素之一。根据所使用的注浆机型号、材料黏度、地层渗透性等因素，合理确定注浆压力的范围。在注浆过程中实时监测注浆压力的变化并及时调整，确保注浆过程的稳定性和注浆效果的均匀性。

② 注浆速度的控制：注浆速度应根据注浆管道长度、注浆材料的性质以及施工部位的特殊情况等因素进行调整。通过控制注浆泵的流量和注浆时间，实现对注浆速度的精确控制。在注浆过程中，要密切关注注浆速度的变化，及时调整注浆参数，确保注浆材料能够均匀注入地层。

③ 注浆量的控制：注浆量应根据施工部位及其要求进行设置。通过精确计算注浆量，确保浆液能够充分填充地层裂隙或孔隙。在注浆过程中实时监测注浆量的变化，及时调整注浆参数，避免注浆过度或注浆不足的情况。

(3) 注浆孔的布置与施工控制

① 注浆孔的布置:根据地基条件和工程要求,合理布置注浆孔的位置、深度和间距,确保注浆能够覆盖整个需要注浆的区域,并达到预期的效果。在布置注浆孔时,要考虑地基的渗透性、承载力等因素,确保注浆孔能够顺利注入浆液。

② 注浆孔的施工控制:严格按照设计要求进行施工,确保注浆孔的深度、直径和倾斜度等符合规定。对注浆孔进行清洗和预处理,确保注浆浆液能够顺利注入地层。在注浆过程中,要密切关注注浆孔的情况,及时发现并处理异常情况。

(4) 注浆过程的实时监测与调整

① 实时监测注浆过程:通过安装传感器和监测设备,实时监测注浆过程中的压力、流量和浆液分布情况。及时发现注浆过程中的异常情况,如注浆压力过高或过低、注浆速度过快或过慢等。

② 及时调整注浆参数:根据监测结果,及时调整注浆压力、注浆速度和注浆量等参数。确保注浆过程能够按照预定的方案进行,达到预期的效果。在调整注浆参数时,要根据实际情况进行合理调整,避免过度调整或不足调整的情况。

(5) 注浆效果的评估与反馈

① 注浆效果的评估:通过地基沉降观测、地基承载力测试等方法,对注浆效果进行评估。评估注浆后的地基承载力、稳定性和变形情况等指标。

② 反馈与调整:根据评估结果,及时反馈注浆情况。如发现注浆效果不佳或存在异常情况,要及时采取措施进行调整和改进。通过不断优化注浆参数和施工工艺,提高注浆工程的质量和效果。

地下工程突涌水治理过程的核心在于注浆过程,即对注浆方案履行和实施过程,它包括注浆孔的施工、注浆材料的配制以及利用一定的工艺将浆液通过钻孔注入岩土介质的过程。但是,目前存在浆液难以按照预想方式注入,注入难以到达预想位置的难题,亟需一种新的注浆精确控制方法来改变这种现状,而注浆精确控制关键技术可以有效解决这一问题。目前,注浆精确控制关键技术包含以下两个阶段:被注围岩水文地质及工程地质特征探查阶段、注浆工程实施阶段。

被注介质水文地质及工程地质特征探查阶段的总体思路是微观研究与宏观分析相结合,地质研究方法与地球物理探测手段相结合,综合评判治理区流场特征、地质结构模式。该阶段主要内容包括:借助水文地质及工程地质研究方法,在治理区域内开展水文地质试验,并进行土工试验,确切掌握治理区内水文地质条件及工程地质条件;同时利用地球物理探测手段,对治理围岩区的富水程度、含导水构造围岩等级进行有效探查;对于被注介质具有微空隙特征的岩体,还需要从微观角度出发研究微空隙细微结构特征。该阶段工作主要目的是为注浆扩散的路径提供数据和理论支撑。

注浆工程实施阶段的总体思路是使钻探揭露的地层、岩性、注浆信息等资料及地球物理探测资料功效最大化,动态调整治理方案及相关工艺,确保注浆工程效果。该阶段主要内容包括:依据方案设计按序施工钻孔;根据钻孔揭露的地层渗透性特征、岩性特征及单孔注浆量、注浆压力与注浆时间的特征曲线,分析治理范围内不同区段浆液扩散及加固特征,据此在不同区段内动态调整钻孔施工方案及注浆工艺;利用全过程跟踪地球物理探测成果并获得最终钻探、物探资料,综合分析注浆效果。该阶段是注浆精确控制关键技术的核心阶段,其工作主要目的是针对治理区施工钻孔进行精确设计。

动水注浆治理实践表明,浆液理化性质(浆液时变特征)、地下水流场特征(主要指地下水压力梯度及静水压力值)、注浆工艺(注浆压力)对浆液扩散距离及扩散形态具有重要的控制作用,并在很大程度上控制了注浆效果的优劣。改变以上三者任何一个或组合都将对浆液扩散性质起到重要改变作用。如地下水流场特征的有效改变可引导浆液朝被注介质的扩散方向上运移,形成可控的封堵区域;浆液配比或浆液类型的合理调整可改变浆液理化性质,从而适应复杂多变的水文地质条件;同时浆液理化性质及地下水流场条件的耦合变化可有效控制注浆时间和浆液扩散能力,防止浆液发生扩散过度或扩散不足情况,影响封固效果。因此定向性控域引导注浆进行注浆扩散过程控制技术的研究,可实现注浆精确控制,达到注浆堵水及岩层加固的目的。

通过对王楼煤矿进行水文地质分析,结合地球物理探测以及压水试验、水文示综试验对治理区进行全方位的探查,明确富水区域以及相关的水力联系,针对区域综合地质分析,设置关键孔位,并利用定向控域引导注浆技术和泄流型引流注浆技术,有效调节各钻孔的引流量分配,形成不同形态的定向流场,引导浆液在不同方向的运移、扩散,达到注浆精确控制,成功封堵了王楼煤矿 13301 工作面突涌水通道,遏制断层滞后突水灾害发生。

6.4 注浆材料对比试验

王楼煤矿 13301 工作面突水注浆治理中,开展了基于侏罗系含水层及断层滞后突水关键通道大规模注浆治理工作,在此类注浆工程中,浆液可注性及长距离泵送特性是注浆治理的关键技术因素,同时综合技术可行性及经济合理性。在侏罗系含水层注浆改造工程中,注浆压力控制、浆液可注性及长距离泵送特性是注浆设计的关键因素,如注浆压力过低时,浆液无法有效填充赋水裂隙,注浆压力过高则会降低浆液注入量，影响含水层改造效果。

为研究三种不同注浆材料的适用性，开展了 P・O42.5 硅酸盐水泥材料、水泥-粉煤灰材料及 CCFB 复合注浆材料现场对比试验，在恒定流量条件下研究三种不同材料在 48 h 内注浆压力变化，分析其浆液和易性及压力-时间特性，确定侏罗系含水层改造及断层滞后突水关键通道封堵最佳注浆材料。

注浆材料现场试验注浆钻孔为 1[#] 钻孔，注浆材料为单液水泥浆液、水泥-粉煤灰浆液、CCFB 浆液，注浆方式为恒定流量注浆，注浆试验时间为 48 h，注浆结束标准为达到注浆结束时间、达到注浆终压或注浆流量低于 5 L/min，目标注浆区域为 1[#] 钻孔 870 m 处，位于侏罗系含水层内。

现场水泥浆液选用 P・O42.5 普通硅酸盐水泥，水灰比控制在 1.1∶1 至 0.6∶1，在注浆过程中，三种不同注浆材料注浆压力(p)、注浆流量(Q)随时间(t)变化呈现了不同的曲线形式，如图 6-18 至图 6-20 所示。

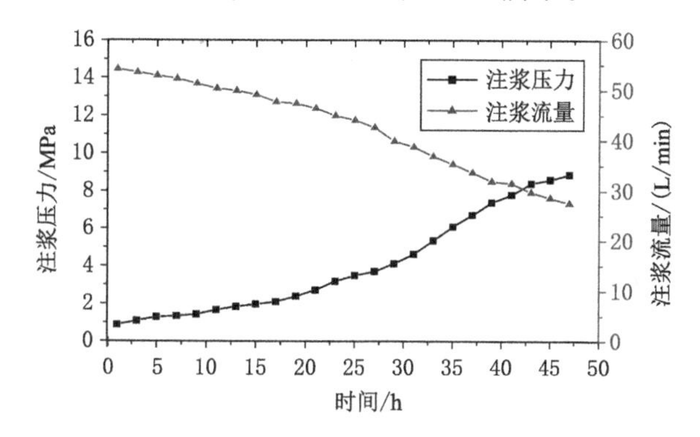

图 6-18　水泥浆液注浆 p-Q-t 曲线

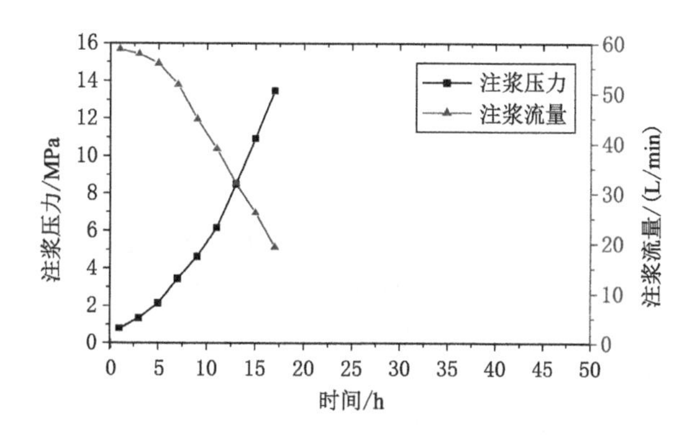

图 6-19　水泥-粉煤灰浆液注浆 p-Q-t 曲线

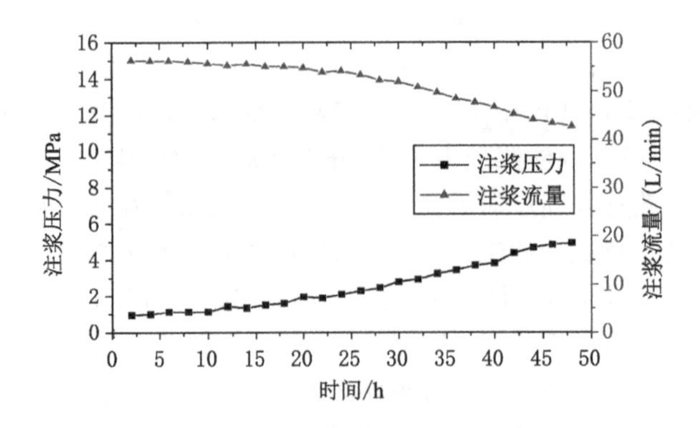

图 6-20　CCFB 浆液注浆 p-Q-t 曲线

(1) P·O42.5 硅酸盐水泥注浆 p-Q-t 曲线

侏罗系含水层初期注浆阻力较小，0～10 h 范围内注浆压力提升缓慢，注浆流量较为稳定，随着水泥浆液水化反应，初期阶段范围内注入含水层的浆液开始发生初凝，在水泥凝结固化并发生沉淀后，含水层裂隙逐渐被封堵，地层注浆阻力持续提高，注浆压力受此影响不断提高，注浆流量明显下降，进入 30 h 后，含水层受水泥浆液充填注浆影响下，注浆阻力快速升高，浆液注浆压力增长迅速，注浆流量快速下降，注浆试验结束时，水泥浆液尚未达到注浆终压，数据分析可知，若地层不发生劈裂注浆产生新的注浆扩散通道，注浆压力将快速上升至注浆终压。

(2) 水泥-粉煤灰浆液注浆 p-Q-t 曲线

现场注浆试验显示，水泥-粉煤灰浆液和易性较差，其可泵性、稳定性均存在一定不足，在含水层注浆试验中，注浆 2 h 后，注浆压力即开始快速升高，与此同时注浆流量迅速下降，至 17 h 时，由于注浆压力达到 13.6 MPa，已超过既定注浆终压，注浆试验结束。水泥-粉煤灰浆液在含水层改造注浆工程中可注性及长距离泵送特性较差。

(3) CCFB 浆液注浆 p-Q-t 曲线

CCFB 浆液由水泥、粉煤灰、膨润土及黏土组成，现场注浆试验显示，CCFB 浆液和易性较好，在含水层注浆试验中注浆压力提升缓慢，注浆过程中持续保持较高流量，具有良好的可注性，注浆 48 h 后，现场试验结束时其注浆压力仍满足浆液高流量注浆需求。

综上可知，CCFB 浆液注浆压力增长平缓且持续时间较长，达到注浆终压时，注浆量大于单液水泥浆液及水泥-粉煤灰浆液，能够满足浆液对含水层裂隙、节理、层理较密实充填要求，有助于提高目标地层隔水特性，注浆改造效果显著。

单液水泥浆液注浆特性优于水泥-粉煤灰浆液，水泥-粉煤灰浆液由于浆液和易性及长距离泵送特性较差，在含水层注浆改造工程中适应性较差。

对比分析 3 种不同注浆材料可注性可知，注浆参数选择需针对注浆材料动态调整，其中单液水泥浆液注浆压力递增速度低于 CCFB 浆液及水泥-粉煤灰浆液。初期注浆阶段(0～10 h)，注浆压力随注浆时间增长缓慢，这是由于浆液通过较大裂隙面，浆液在目标地层流动通道较大导致注浆压力增长缓慢，由于水泥-粉煤灰浆液流动度特性导致其初期注浆阶段压力递增速度大于另外两种注浆材料；中期注浆阶段(10～23 h)，注浆压力随注浆时间增长较快，这是由于浆液充实较大裂隙面，注入的浆液进入充填目标地层内微小孔隙、节理、层理阶段，CCFB 浆液压力增长速度较另外两种注浆材料增长平缓且持续时间较长，这保证了浆液对微小节理、层理和裂隙的较密实充填，提高目标地层隔水特性，对注浆堵水具有积极作用；后期注浆阶段(24～32 h)，注浆压力随注浆时间急剧增长，注浆过程密实充填孔隙、节理、层理，达到注浆终压后终止注浆。

为了保证注浆效果和施工安全，必须对注浆的压力进行严格控制，既要满足充填裂隙、封堵含水层和破碎带要求，还要防止过多的水泥浆液进入采空区埋没综采支架。注浆结束标准确定为注浆泵量不大于 40 L/min，泵压不小于水压的 2 倍。

6.5　注浆效果综合评价

6.5.1　工作面涌水量评价

(1) 注浆过程水位变化规律

由前文分析可知，3C-20 与工作面涌水存在密切水力联系，分析 3C-20 孔水位变化有助于增进注浆过程中注浆对断层滞后突水关键导水通道封堵效果的认识，3C-20 水位相对变化如图 6-21 所示。

自 2013 年 8 月 14 日注浆后，3C-20 钻孔水位出现小幅上升，上升规律与 1# 钻孔注浆情况基本吻合，随着 1# 钻孔持续注浆，侏罗系含水层水位持续上升，其间 3C-5 钻孔同步开始注浆工作，至 2014 年 2 月下旬，多个注浆段施工结束，含水层水位出现显著下降。结合 13301 工作面涌水量统计数据，可知含水层对 13301 工作面补给量回升，随后 3C-20 水位有所回升，此后进入相对稳定阶段，其水位在 2# 钻孔注浆期间出现回升。

水文观测孔水位情况与地表注浆及工作面涌水量情况相符合，印证了 1#、3C-5 钻孔与工作面水力联系密切，而 3C-4 钻孔非工作面突水导水通道的结论。

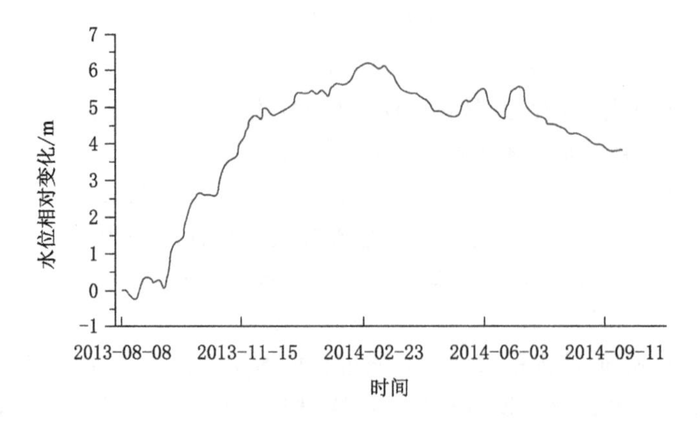

图 6-21　3C-20 孔水位相对变化图

(2) 工作面涌水量注浆效果评估

工作面涌水量变化直观反映了注浆治理效果，王楼煤矿 13301 工作面突水发生后，峰值涌水量达到 800 m^3/h。从 2013 年 8 月 14 日开始注浆，注浆前期，由于断层带导水构造发育，地下水补给量大，注入浆液难以沉积封堵含导水构造，注浆治理效果不明显。随着多个地表钻孔开始注浆，尤其与工作面水力联系密切的 1# 及 3C-5 钻孔实施注浆工作，随着注浆量逐步提升，大量浆液在含导水构造中凝结固化并发生沉淀，促使导水裂隙逐渐封堵，涌水量逐渐减小，至 2014 年 3 月，涌水量降到 480 m^3/h 左右，达到煤矿排水安全控制要求。工作面涌水量稳定后，由于部分浆液受地下水冲刷作用影响，导致部分导水裂隙萌生扩展，涌水量有轻微回弹，于是开展了 2# 钻孔短期补充注浆工作，工作面涌水量稳定在 480 m^3/h 左右，堵水效果显著。工作面涌水量变化如图 6-22 所示。

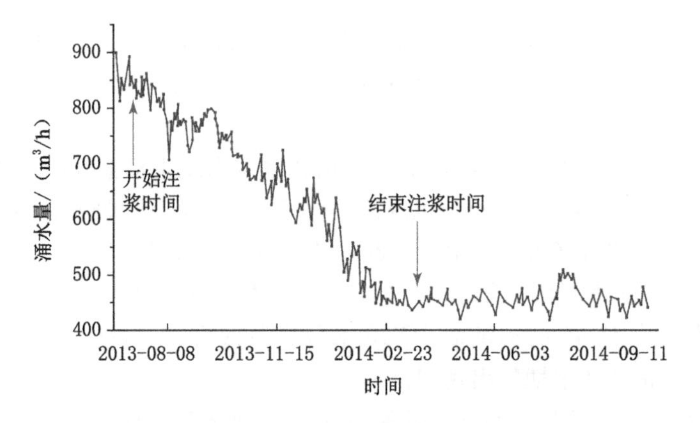

图 6-22　工作面涌水量变化

6.5.2　矿井瞬变电磁法探测注浆效果评价

矿井瞬变电磁法探测在 13301 工作面胶带顺槽内进行，对 13301 工作面顶板进行了探测，探测范围为以 13301 工作面初始开切眼位置为起点向外 860 m 范围内，测点间距 10 m，注浆前 13301 工作面瞬变电磁探测结果如图 6-23 所示，注浆后 13301 工作面瞬变电磁探测结果如图 6-24 所示。

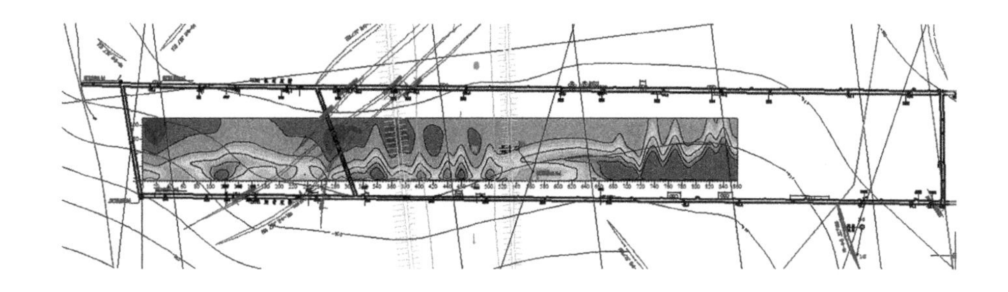

图 6-23　注浆前 13301 工作面瞬变电磁探测图

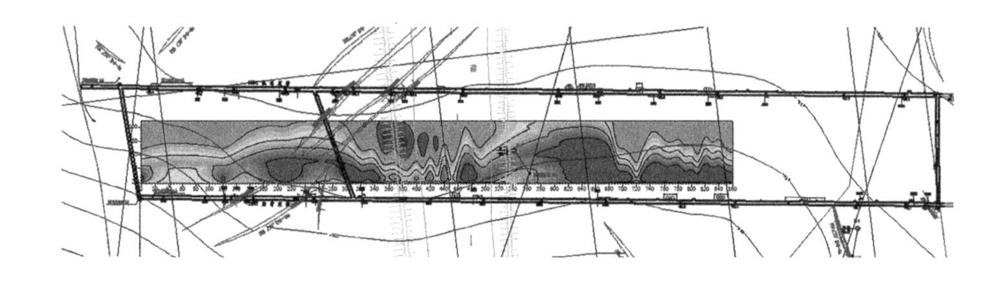

图 6-24　注浆后 13301 工作面瞬变电磁探测图

注浆工作进行前，13301 工作面主要发现有 2 处视电阻率低阻异常区，其中范围较大的是工作面 SF302 断层附近的 2 号异常区和开切眼附近的 1 号异常区，推断异常主要原因是采动影响破坏煤层顶板，导致裂隙发育形成导水通道，上侏罗系底部砂砾岩含水层与 13301 工作面发生水力联系。1 号异常区从浅到深范围变化不大，2 号异常区从浅到深范围逐渐增大，工作面顶板上方 60～80 m 高度段的异常范围要大于顶板上方 0～60 m 高度段的异常范围，视电阻率也相对较低，说明上侏罗系底部砂砾岩含水层富水性更强，2 号异常区同时受采动影响及断裂构造影响异常范围较大，应作为该面防治水工作的重点。

对比注浆前后的瞬变电磁结果,可知低电阻区域明显减小。工作面 SF302 断层附近的 2 号异常区基本消失,说明裂隙发育形成的导水通道被拦截,上侏罗系底部砂砾岩含水层与 13301 工作面的水力联系被阻断。

6.5.3 探水雷达数据反演探测注浆效果评价

TVLF-煤矿探水雷达数据反演主要是通过对介质电阻率的反演来获取地下地质信息,探水雷达在注浆工程前后各针对 13301 工作面顶底板距地面垂深 900～980 m 段进行了探测活动,根据电性异常特征对注浆治理效果进行评估,探测采用反演剖面图及垂深切面图对注浆治理效果进行评估,如图 6-25 至图 6-28 所示。

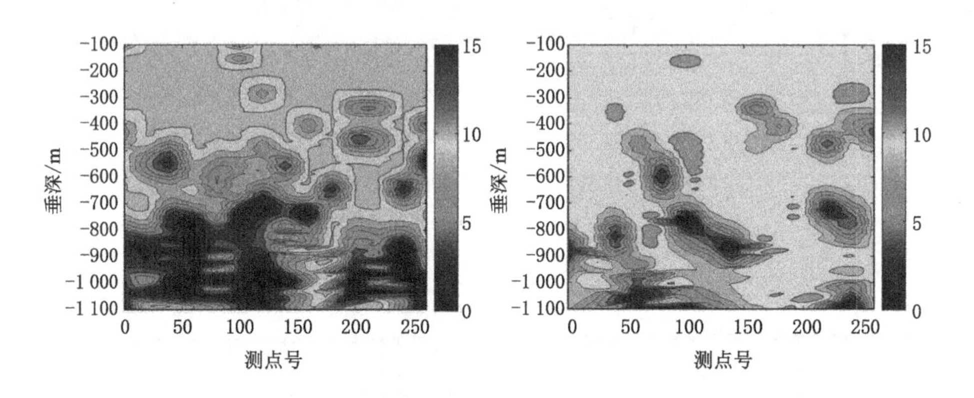

图 6-25 注浆前后侏罗系含水层反演剖面图

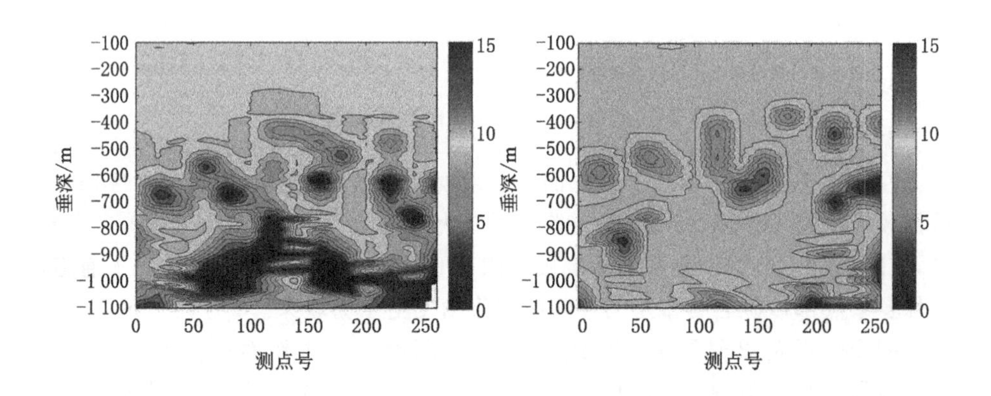

图 6-26 注浆前后 13301 工作面反演剖面图

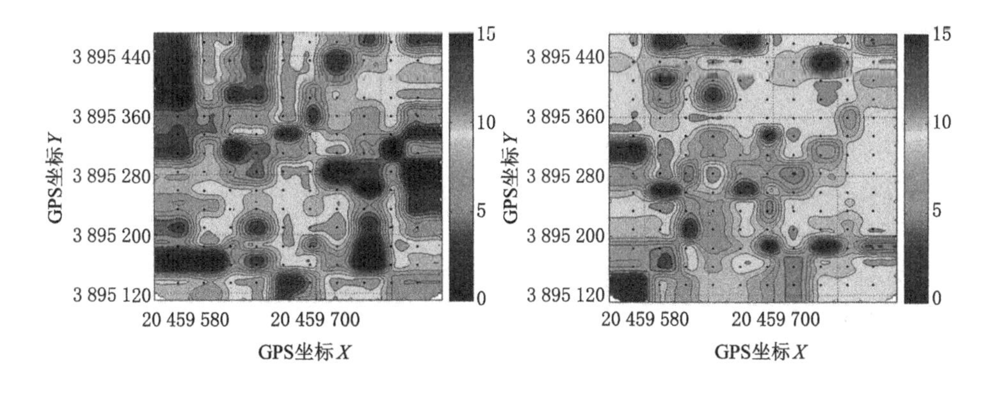

图 6-27　注浆前后侏罗系含水层垂深切面图

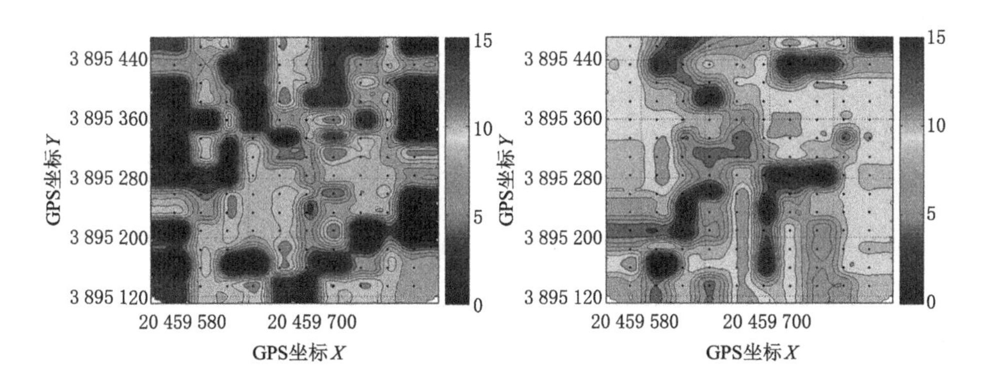

图 6-28　注浆前后 13301 工作面垂深切面图

探水雷达探测数据显示，注浆治理前，侏罗系含水层及 13301 工作面呈现大量低阻异常区，可知注浆治理前侏罗系含水层为高富水状态；注浆治理结束后，侏罗系含水层及 13301 工作面低阻异常区域大幅减少，出现较多相对高阻值区，代表无水区域，此时说明侏罗系含水层改造工程取得了良好的效果，13301 工作面突水注浆治理工程有效解决了工作面突水问题。

6.6　本章小结

（1）结合水文地质学及观测资料，确定断层滞后突水致灾水源为侏罗系含水层，突水关键通道为 F21 断层组；通过地下水动力学，分析 13301 工作面断层滞后突水地下水径流规律，得到断层滞后突水地下水径流网络，为水害治理提供依据。

(2) 基于岩体弹塑性理论分析防突煤柱塑性区范围,综合考虑煤层开采突水风险与煤炭开采经济性,设计 13303 开采工作面防突煤柱为 50 m。

(3) 结合 13301 工作面断层滞后突水地下水径流网络分析结果,设计地表深长钻孔布置方法。针对侏罗系含水层及 F21 断层组滞后突水,开展地面启封 3C-4 钻孔及在该孔附近针对 F21 断层组设计 1# 地面注浆孔;针对济宁支断层地下水绕流,布置 2#、3C-5 地面注浆孔进行注浆治理。

(4) 考虑浆液黏度、屈服切应力、静水压力共同影响,提出了适用于 CCFB 复合注浆材料的地面深长钻孔注浆关键参数确定方法。

(5) 开展 P·O42.5 硅酸盐水泥材料、水泥-粉煤灰材料及 CCFB 复合注浆材料现场对比试验。对比分析 3 种注浆材料 p-Q-t 曲线变化规律,从微观结构角度分析初期、中期及后期注浆阶段浆液对被注地层节理裂隙的注浆堵水机理。

(6) 开展断层滞后突水注浆堵水效果综合评价。包括注浆过程中工作面水位及涌水量注浆效果评价、注浆前后工作面瞬变电磁法探测注浆效果评价及探水雷达数据反演注浆效果评价方法。

第 7 章　结论与展望

7.1　结论

本书针对深部岩体采动作用下充填型原生不导水断层滞后突水灾害问题，采用理论分析、数值模拟、模型试验、材料研发相结合的研究方法，对突水关键通道的地下水流态演化规律及时间效应进行了系统的研究，结合滞后突水灾害现场开展深部岩体多场信息演化规律分析，建立多场信息突水预警判识准则，并对滞后突水相邻开采工作面进行监测预警。研发了适用于矿井断层滞后突水灾害治理的 CCFB 复合注浆材料，基于工程实践开展突水灾害控制技术体系研究，在断层滞后突水防控方面，针对滞后突水相邻工作面开展断层防突煤柱设计；在断层滞后突水治理方面，提出适用于 CCFB 复合注浆材料的注浆参数设计方法，并对王楼煤矿断层滞后突水工作面进行现场对比试验，验证 CCFB 复合注浆材料及注浆参数的适用性及高效性，取得了如下结论：

（1）在归纳总结大量构造型突水灾害的基础上，得出断层滞后突水灾害特征及规律。首先，从断层的力学性质及充填介质类型角度，分析了不同断层可能诱发的地质灾害，进而得出引发断层滞后突水的地质构造特征及地质灾害形式。阐述了断层突水的受影响因素，包括地质因素、地下水因素及工程因素，分析了各影响因素对断层突水的作用机理。研究了矿井断层滞后突水的灾变条件，包括断层导水通道灾变条件、地下水赋存灾变条件及工作面采动作用影响，分析了各灾变条件对断层滞后突水的影响机制，研究了原生不导水断层滞后突水灾变特征，包括隐蔽性特征、滞后性特征及强危害性特征，为考虑时间效应的断层滞后突水机理提供基础。

（2）揭示了采动作用下断层滞后突水机理。基于流固耦合理论，建立了断层弱化渗流力学模型，将断层滞后突水过程分解为非饱和渗流阶段、低速饱和渗流阶段以及快速饱和渗流阶段，分别通过理查德方程、达西定律以及布里克曼方程进行相应的描述，并借助多场耦合软件建立了有限元数值模型，模拟了断层岩体颗粒流失所引起的渗流通道扩展过程，得到了考虑断层滞后突水时间效应的突水关键通道地下水流态演化规律。

(3) 开展了断层滞后突水的地质模型试验，研制了新型固流耦合相似材料及模型试验装置系统。以石英砂、滑石粉、碳酸钙、白水泥、石蜡、硅油、铁粉等为原料，研制了适用于流固耦合模型试验的非亲水相似材料，建立了由试验台架、水压恒定加载系统和静力加载控制系统组成的地质模型试验装置系统。开展了采动作用下断层滞后突水物理模拟试验，分析了断层滞后突水过程中位移场、应力场、渗流场的演化规律，进一步验证并揭示断层滞后突水的通道形成机理。

(4) 得到了断层滞后突水防突煤柱最小安全厚度计算方法。基于岩体弹塑性理论，得到防突煤柱发生塑性变形时的临界条件。结合滞后突水工程地质条件，建立防突煤柱有限元数值模型，通过分析断层滞后突水防突煤柱塑性区范围，确定防突煤柱最佳安全厚度。

(5) 开展了深部岩体采动作用下多场信息现场实时监测，得到了多场信息演化规律及断层滞后突水预警判识准则。分析了断层滞后突水快速饱和渗流阶段多物理场演化规律，得出基于温度场与渗压场的断层滞后突水监测预警判识准则；研发了单孔多物理场监测系统，实现了深部岩体单孔多物理场实时监测，通过对断层滞后突水相邻工作面留设防突煤柱，开展深部岩体断层滞后突水多物理场在线实时监测，分析了留设断层防突煤柱多物理场演化规律，并在工作面开采过程中进行实时监测预警判识。

(6) 研发了适用于断层滞后突水灾害治理的 CCFB 复合注浆材料。基于无机复合原理，研究了 CCFB 材料体系中各组分对材料性能的影响，确定 CCFB 复合注浆材料基本组分为 P·O42.5 硅酸盐水泥、粉煤灰、黏土及钠基膨润土。依据材料研发目标，确定了适用于断层滞后突水地表深长钻孔 CCFB 材料体系的组分配比。通过对各配比的抗压、抗折强度，初、终凝时间，流动度与流动时间，析水分层时间，抗渗性分析，得出各组分对材料体系可注性及堵水特性的影响。通过 XRD 和 SEM 分析方法，研究了材料体系水化特征及微观形貌，从微观角度分析了 CCFB 材料体系固化反应原理。结合材料体系经济性分析，确定 CCFB 材料体系的最佳组分配比为：水泥 20%、粉煤灰 68%、黏土 10%、膨润土 2%。

(7) 建立了断层滞后突水灾害防控关键技术体系。基于矿井断层滞后突水机理及治理材料的研究，依托王楼煤矿三采区 13301 滞后突水工作面及 13303 相邻开采工作面，提出断层滞后突水灾害防控与治理方法。在水害防控方面，基于岩体弹塑性理论，通过有限元计算方法得出防突煤柱最佳厚度为 46 m，并根据 13303 工作面工程地质条件设计防突煤柱；在水害治理方面，针对 13301 断层滞后突水工作面，分析突水关键通道及地下水径流网络，设计地面深长钻孔布置方式。针对侏罗系含水层及 F21 断层组突水关键通道，开展地面启封 3C-4 钻孔及在该孔附近针对F21断层组设计1#地表注浆孔;针对济宁支断层地下水绕流,布置2#、3C-5地表注浆孔进行注浆治理。考虑浆液黏度、屈服切应力、静水压力共同影响,提出适用于CCFB复合注浆材料的注浆参数设计方法。开展P·O42.5硅酸盐水泥材料、水泥-粉煤灰材料及CCFB复合注浆材料现场对比试验,对比分析CCFB复合注浆材料的可注性,从微观结构角度分析初期、中期及后期注浆阶段浆液对被注地层节理裂隙的注浆堵水机理。进而开展了地面深长钻孔注浆堵水治理,建立了包括水位及涌水量注浆效果评价、注浆前后工作面瞬变电磁法探测注浆效果评价及探水雷达数据反演探测注浆效果评价等评价方法的断层滞后突水注浆堵水效果综合评价方法。

7.2 展望

(1) 本书通过有限元软件对典型断层滞后突水过程进行模拟,在断层介质内地下水流态转化描述方面,针对不同流态采用不同控制方程进行描述,但对于流态转化过渡阶段缺乏相应的描述,使得模拟过程具有一定的间隔性,因此,在现有研究的基础上,需进一步构建符合实际过程的流态转化控制方程,对断层滞后突水灾害进行全过程模拟。

(2) 科学有效的预警判识准则是预防突水灾害的重要方法,根据突水工作面多场信息确定监测阈值并建立预警判识准则,能够有效地预防与控制相邻工作面水害的发生,这也是本书研究的重点内容,但突水灾害的发生与工程地质、水文地质、开采方法等密切相关,尤其是断层滞后突水具有显著的时间与空间滞后性,建立具有普适性且准确有效的断层滞后突水预警判识准则也是后续需要的研究方向。

(3) 在突水灾害的治理方面,注浆材料的适用性及经济性决定注浆堵水效果。本书研发了适用于地面深长钻孔断层滞后突水治理的CCFB复合注浆材料,并对材料体系的性能和经济性进行综合对比分析。对于深部岩体注浆堵水效果,材料体系的耐久性至关重要,后续需要对注浆结石体的耐久性进行试验研究,确保注浆堵水效果具有长久性。

(4) 对于断层滞后突水灾害的治理,由于工作面采空区不具备注浆堵水作业条件,因而只能采用地表深长钻孔注浆工艺,为确保对突水关键通道进行有效的注浆,钻孔布置尤其重要,而在注浆过程中,地下水径流路径受注浆影响产生动态变化,最终决定注浆堵水效果,因而后续需结合水文动力学及注浆堵水机理,分析注浆堵水过程对地下水径流网络的动态影响,从而建立科学的动态钻孔布置方法。

(5) 对于断层滞后突水灾害防控方面,应分别从突水灾害的预防与治理方面开展更深入的研究。依据预防为主、治理为辅的原则,在断层滞后突水灾害预防方面,根据充填型原生不导水断层突水倾向性进一步划分等级,并依据突水倾向性等级制定科学有效的防治与避难措施;在断层滞后突水灾害治理方面,分析工程因素与水文地质因素的交互影响,进一步优化注浆材料、注浆参数、注浆工艺、注浆过程动态控制及注浆效果评价,形成科学有效的矿井断层滞后突水防控关键技术体系。

参考文献

[1] 白继文,李术才,刘人太,等.深部岩体断层滞后突水多场信息监测预警研究[J].岩石力学与工程学报,2015,34(11):2327-2335.

[2] 卜万奎,茅献彪.断层倾角对断层活化及底板突水的影响研究[J].岩石力学与工程学报,2009,28(2):386-394.

[3] 柴新军,钱七虎,罗嗣海,等.微型土钉微型化学注浆技术加固土质古窑[J].岩石力学与工程学报,2008,27(2):347-353.

[4] 陈开平.一种非线性动态断层力学模型[J].地震地质译丛,1993,(03):18-22.

[5] 陈亮亮.新安煤田煤层底板隐伏断层突水危险性数值模拟研究[D].焦作:河南理工大学,2015.

[6] 程鹏达.孔隙地层中黏性时变注浆浆液流动特性研究[D].上海:上海大学,2012.

[7] 丛宇.卸荷条件下岩石破坏宏细观机理与地下工程设计计算方法研究[D].青岛:青岛理工大学,2014.

[8] 翟明华,刘人太,沙飞,等.深井工作面断层滞后突水机制与防治关键技术[J].煤炭科学技术,2017,45(08):25-31.

[9] 董东林,王焕忠,武彩霞,等.断层及滑动构造复合构造区煤层顶板含水层渗流特征及突水危险性分析[J].岩石力学与工程学报,2009,28(2):373-379.

[10] 董刚.粉煤灰和矿渣在水泥浆体中的反应程度研究[D].北京:中国建筑材料科学研究总院,2008.

[11] 樊振丽.纳林河复合水体下厚煤层安全可采性研究[D].北京:中国矿业大学(北京),2013.

[12] 冯金德.裂缝性低渗透油藏渗流理论及油藏工程应用研究[D].北京:中国石油大学(北京),2007.

[13] 郭佳奇.岩溶隧道防突厚度及突水机制研究[D].北京:北京交通大学,2011.

[14] 何修仁,等.注浆加固与堵水[M].沈阳:东北工学院出版社,1990.

[15] 侯鹏坤.纳米 SiO_2 对水泥粉煤灰体系水化硬化作用研究[D].重庆:重庆大

学,2012.
[16] 胡耀青,严国超,石秀伟.承压水上采煤突水监测预报理论的物理与数值模拟研究[J].岩石力学与工程学报,2008,27(1):9-15.
[17] 黄德发.地层注浆堵水与加固施工技术[M].徐州:中国矿业大学出版社,2003.
[18] 江宏.振动台模型试验相似关系若干问题研究[D].武汉:武汉理工大学,2008.
[19] 焦振华.采动条件下断层损伤滑移演化规律及其诱冲机制研究[D].北京:中国矿业大学(北京),2017.
[20] 焦志彬.己组煤底板寒武灰岩疏水降压技术研究[D].焦作:河南理工大学,2012.
[21] 劳文科,蒋忠诚,时坚,等.洛塔表层岩溶带水文地质特征及其水文地质结构类型[J].中国岩溶,2003,22(4):258-266.
[22] 雷进生.碎石土地基注浆加固力学行为研究[D].武汉:中国地质大学,2013.
[23] 李保倩.数值模拟技术在矿井水防治中的应用研究[D].焦作:河南理工大学,2016.
[24] 李广信.关于有效应力原理的几个问题[J].岩土工程学报,2011,33(2):315-320.
[25] 李海燕,张红军,李术才,等.断层滞后型突水渗-流转化机制及数值模拟研究[J].采矿与安全工程学报,2017,34(2):323-329.
[26] 李见波.双高煤层底板注浆加固工作面突水机制及防治机理研究[D].北京:中国矿业大学(北京),2016.
[27] 李科.穿越断层带隧道建设关键力学问题研究[D].上海:上海交通大学,2013.
[28] 李利平.高风险岩溶隧道突水灾变演化机理及其应用研究[D].济南:山东大学,2009.
[29] 李连崇,唐春安,梁正召,等.含断层煤层底板突水通道形成过程的仿真分析[J].岩石力学与工程学报,2009,28(2):290-297.
[30] 李新华,曹伟魏,唐敏.相似理论在大型复杂构件有限元分析中的应用[J].机械设计与研究,2013,29(5):18-20.
[31] 李永峰.木材-有机-无机杂化纳米复合材料研究[D].哈尔滨:东北林业大学,2012.
[32] 李志华.采动影响下断层滑移诱发煤岩冲击机理研究[D].徐州:中国矿业

大学,2009.
[33] 林爱明.断层岩与断层模式[J].高校地质学报,1996(3):56-67.
[34] 刘德乾.深埋煤层采动过程顶板聚压与煤柱受力的关联性及其断层结构影响[D].徐州:中国矿业大学,2009.
[35] 刘贵周.深埋隧道突水灾害防突岩层变形破坏特性研究[D].徐州:中国矿业大学,2016.
[36] 刘慧.基于CT图像处理的冻结岩石细观结构及损伤力学特性研究[D].西安:西安科技大学,2013.
[37] 刘佳.深部开采灰岩承压水防治技术体系研究及应用[J].江西煤炭科技,2024(4):118-121.
[38] 刘晶波,赵冬冬,王文晖.土-结构动力离心试验模型材料研究与相似关系设计[J].岩石力学与工程学报,2012,31(增刊1):3181-3187.
[39] 刘人太.水泥基速凝浆液地下工程动水注浆扩散封堵机理及应用研究[D].济南:山东大学,2012.
[40] 刘彦伟,程远平,李国富.高性能注浆材料研究与围岩改性试验[J].采矿与安全工程学报,2012,29(6):821-826.
[41] 路德春,杜修力,许成顺.有效应力原理解析[J].岩土工程学报,2013,35(增刊1):146-151.
[42] 栾元重,李静涛,班训海,等.近距煤层开采覆岩导水裂隙带高度观测研究[J].采矿与安全工程学报,2010,27(1):139-142.
[43] 马英建.煤层底板隐伏断层岩体渗流-蠕变耦合特性及突水机理[D].徐州:中国矿业大学,2023.
[44] 石明生.高聚物注浆材料特性与堤坝定向劈裂注浆机理研究[D].大连:大连理工大学,2011.
[45] 宋勇军.干燥和饱水状态下炭质板岩流变力学特性与模型研究[D].西安:长安大学,2013.
[46] 宋振骐,郝建,汤建泉,等.断层突水预测控制理论研究[J].煤炭学报,2013,38(9):1511-1515.
[47] 苏培莉.裂隙煤岩体注浆加固渗流机理及其应用研究[D].西安:西安科技大学,2010.
[48] 孙帮涛.滇东北岩溶大水深部矿山突水危险性评价研究[J].中国矿业,2023,32(增刊1):440-446.
[49] 孙锋.海底隧道风化槽复合注浆堵水关键技术研究[D].北京:北京交通大学,2010.

[50] 孙建,王连国.基于微震信号突变分析的底板断层突水预测[J].煤炭学报,2013,38(8):1404-1410.

[51] 孙建.深部开采厚隔水层底板破坏模式及突水防控技术[J].煤炭与化工,2023,46(5):53-57.

[52] 唐诗佳.脆性断层构造的三维几何模型研究[D].长沙:中南大学,2000.

[53] 涂鹏.注浆结石体耐久性试验及评估理论研究[D].长沙:中南大学,2012.

[54] 王秉文,查文华,鲁海峰.深部开采环境下底板隔水关键层深梁力学分析[J].煤田地质与勘探,2024,52(9):80-91.

[55] 王档良.多孔介质动水化学注浆机理研究[D].徐州:中国矿业大学,2011.

[56] 王军祥.岩石弹塑性损伤 MHC 耦合模型及数值算法研究[D].大连:大连海事大学,2014.

[57] 王凯,李术才,张庆松,等.流-固耦合模型试验用的新型相似材料研制及应用[J].岩土力学,2016,37(9):2521-2533.

[59] 王涛.断层活化诱发煤岩冲击失稳的机理研究[D].北京:中国矿业大学(北京),2012.

[60] 王文婕.煤层冲击倾向性对冲击地压的影响机制研究[D].北京:中国矿业大学(北京),2013.

[61] 王玉钦,冀焕军,杨永利.煤矿井下动水注浆堵水实践[J].煤炭科学技术,2007,35(2):30-33.

[62] 王云鹏.磷矿深部开采突水灾害演变机理及防治措施研究[D].武汉:武汉工程大学,2023.

[63] 吴家全.多组分气体混合物在多孔固体上吸附平衡研究[D].天津:天津大学,2006.

[64] 仵锋锋,曹平,万琳辉.相似理论及其在模拟试验中的应用[J].采矿技术,2007,7(4):64-65.

[65] 邢国兵.抗黏土型减水剂的制备及其与黏土相互作用机理研究[D].合肥:合肥工业大学,2017.

[67] 许家林,钱鸣高.覆岩关键层位置的判别方法[J].中国矿业大学学报,2000,29(5):463-467.

[68] 许家林,王晓振,刘文涛,等.覆岩主关键层位置对导水裂隙带高度的影响[J].岩石力学与工程学报,2009,28(2):380-385.

[69] 许家林,朱卫兵,王晓振.基于关键层位置的导水裂隙带高度预计方法[J].煤炭学报,2012,37(5):762-769.

[70] 许进鹏,桂辉.构造型导水通道活化突水机理及防治技术[M].徐州:中国

矿业大学出版社,2013:89-91.

[71] 薛华俊.大断面软弱煤帮巷道注浆体力学特性与控制技术研究[D].北京:中国矿业大学(北京),2016.

[72] 杨天鸿,唐春安,谭志宏,等.岩体破坏突水模型研究现状及突水预测预报研究发展趋势[J].岩石力学与工程学报,2007,26(2):268-277.

[73] 杨志全,侯克鹏,郭婷婷,等.黏度时变性宾汉体浆液的柱-半球形渗透注浆机制研究[J].岩土力学,2011,32(09):2697-2703.

[74] 杨子奇.流固耦合作用下北京朝阳区富水地层隧道施工的力学效应研究[D].北京:中国地质大学(北京),2017.

[75] 姚志通.固体废弃物粉煤灰的资源化利用——以杭州热电厂和半山电厂粉煤灰为例[D].杭州:浙江大学,2010.

[76] 俞文生.隧道泥质充填断层破碎带劈裂注浆扩散机理及工程应用[D].长沙:长沙理工大学,2015.

[77] 袁世冲,李强,孙帮涛,等.金属矿山深部开采突水致灾危险源辨识与危险性评价——以滇东北毛坪铅锌矿为例[J].工程地质学报,2023,31(5):1668-1679.

[78] 岳中琦.多层与梯度非均匀材料弹性力学问题解析解的简明数学理论[J].岩石力学与工程学报,2004,23(17):2845-2854.

[79] 张改玲.化学注浆固砂体高压渗透性及其微观机理[D].徐州:中国矿业大学,2011.

[80] 张联志.水泥-粉煤灰-黏土浆材配比优化及室内注浆试验研究[D].湘潭:湖南科技大学,2014.

[81] 张蕊.带压开采底板构造裂隙带活化导渗机制[D].徐州:中国矿业大学,2014.

[82] 张世平,张昌锁,白云龙,等.注浆锚杆完整性检测方法研究[J].岩土力学,2011,32(11):3368-3372.

[83] 张伟杰.隧道工程富水断层破碎带注浆加固机理及应用研究[D].济南:山东大学,2014.

[84] 张霄.地下工程动水注浆过程中浆液扩散与封堵机理研究及应用[D].济南:山东大学,2011.

[85] 张云升,孙伟,郑克仁,等.水泥-粉煤灰浆体的水化反应进程[J].东南大学学报(自然科学版),2006,36(1):118-123.

[86] 张正安.红黏土水泥浆液在岩溶坝区防渗帷幕中的应用研究[D].昆明:昆明理工大学,2017.

[87] 张志镇. 岩石变形破坏过程中的能量演化机制[D]. 徐州:中国矿业大学,2013.

[88] 赵成喜. 淮北矿区深部岩溶突水机理及治理模式[D]. 徐州:中国矿业大学,2015.

[89] 郑少辉. 低掺量水泥固化高含水率淤泥强度影响因素试验研究[D]. 武汉:华中科技大学,2015.

[90] 朱伶俐,赵宇. 注浆专用水泥的实验研究[J]. 硅酸盐通报,2012,31(1):206-210.

[91] AGRAWAL V, PANIGRAHI B K, SUBBARAO P M V. Intelligent decision support system for detection and root cause analysis of faults in coal Mills [J]. IEEE Transactions on Fuzzy Systems, 2017, 25 (4): 934-944.

[92] AO X F, WANG X L, ZHU X B, et al. Grouting simulation and stability analysis of coal mine goaf considering hydromechanical coupling [J]. Journal of Computing in Civil Engineering, 2017, 31(3).

[93] BAO X W, EATON D W. Fault activation by hydraulic fracturing in western Canada[J]. Science, 2016, 354(6318): 1406-1409.

[94] BAUER H, SCHRÖCKENFUCHS T C, DECKER K. Hydrogeological properties of fault zones in a karstified carbonate aquifer (Northern Calcareous Alps, Austria) [J]. Hydrogeology Journal, 2016, 24 (5): 1147-1170.

[95] BLUM P, ZEEB C, BONS P, et al. How important are fractures for the fluid flow in a porous fractured sandstone aquifer [C]//EGU General Assembly 2010. EGU General Assembly Conference Abstracts, 2010.

[96] BOLHASSANI M, HAMID A, MOON F. Enhancement of lateral in-plane capacity of partially grouted concrete masonry shear walls [J]. Engineering Structures, 2016, 108: 59-76.

[97] BOMBOLAKIS E G. Photoelastic investigation of brittle crack growth within a field of uniaxial compression[J]. Tectonophysics, 1964, 1(4): 343-351.

[98] BOMBOLAKIS E G. Photoelastic study of initial stages of brittle fracture in compression[J]. Tectonophysics, 1968, 6(6): 461-473.

[99] BUCCI A, PREVOT A B, BUOSO S, et al. Impacts of borehole heat exchangers (BHEs) on groundwater quality: the role of heat-carrier fluid

and borehole grouting [J]. Environmental Earth Sciences, 2018, 77 (5):175.

[100] CHENG S H,LIAO H J,YAMAZAKI J,et al. Evaluation of jet grout column diameters by acoustic monitoring [J]. Canadian Geotechnical Journal,2017,54(12):1781-1789.

[101] CHEN Y,FENG R,FU L Q. Investigation of grouted stainless steel SHS tubular X- and T-joints subjected to axial compression [J]. Engineering Structures,2017,150:318-333.

[102] COOK N G W. The failure of rock[J]. International Journal of Rock Mechanics and Mining Sciences & Geomechanics Abstracts,1965,2(4): 389-403.

[103] CUNDALL P A. Numerical modelling of jointed and faulted rock[M]// Mechanics of Jointed and Faulted Rock. New York:CRC Press,2020:11-18.

[104] DONG D L,ZHANG J L. Discrimination methods of mine inrush water source[J]. Water,2023,15(18):3237.

[105] DREESE T L,WILSON D B,HEENAN D M,et al. State of the art in computer monitoring and analysis of grouting [C]//Grouting and Ground Treatment. New Orleans, Louisiana, USA. Reston, VA: American Society of Civil Engineers,2003.

[106] DUAN H F, ZHAO L J. New evaluation and prediction method to determine the risk of water inrush from mining coal seam floor [J]. Environmental Earth Sciences,2021,80(1):30.

[107] DUNN M, DEGENHARDT L, BRUNO R. Transition to and from injecting drug use among regular ecstasy users[J]. Addictive Behaviors, 2010,35(10):909-912.

[108] FAIRHURST C, COOK N G W. The of maximum phenomenon of rock splitting parallel to the direction compression in the neighborhood of a surface[C]. Lisbon:September 25,1966.

[109] FARAMARZI N S, AMINI S, BORG G, et al. Reply to comment on "Geochronology and geochemistry of rhyolites from Hormuz Island, southern Iran: a new Cadomian arc magmatism in the Hormuz Formation" by Atapour, H. and Aftabi, A[J]. Lithos, 2017, 284/285: 783-787.

[110] FENG Z K,NIU W J,CHENG C T,et al. Hydropower system operation optimization by discrete differential dynamic programming based on orthogonal experiment design[J]. Energy,2017,126:720-732.

[111] GALLAGHER P,KOCH A J. Model testing of passive site stabilization: a new grouting technique[J]. Environmental Science,2003.

[112] GAO H, LIN Z. Regional characteristics of mine-hydrogeological conditions of coal deposits in China [J]. Hydrogeol Engineering Geology, 1985,12(2):35-38.

[113] GAY N C. Fracture growth around openings in large blocks of rock subjected to uniaxial and biaxial compression[J]. International Journal of Rock Mechanics and Mining Sciences & Geomechanics Abstracts,1976, 13(8):231-243.

[114] GAY N C. Fracture growth around openings in thick-walled cylinders of rock subjected to hydrostatic compression[J]. International Journal of Rock Mechanics and Mining Sciences & Geomechanics Abstracts,1973, 10(3):209-233.

[115] GORI S, FALCUCCI E, DRAMIS F, et al. Deep-seated gravitational slope deformation, large-scale rock failure, and active normal faulting along Mt. Morrone (Sulmona basin, Central Italy): Geomorphological and paleoseismological analyses[J]. Geomorphology,2014,208:88-101.

[116] GOUVENOT D. State of the art in European grouting[J]. Proceedings of the Institution of Civil Engineers-Ground Improvement,1998,2(2): 51-67.

[117] HITCHMOUGH A M,RILEY M S,HERBERT A W,et al. Estimating the hydraulic properties of the fracture network in a sandstone aquifer [J]. Journal of Contaminant Hydrology,2007,93(1/2/3/4):38-57.

[118] HU B, XIAO W J, LI W. Integration of tracer test data to refine geostatistical hydraulic conductivity fields using sequential self-calibration method[J]. Journal of China University of Geosciences,2007, 18(3):242-256.

[119] HUDSON J A, PRIEST S D. Discontinuities and rock mass geometry [J]. International Journal of Rock Mechanics and Mining Sciences & Geomechanics Abstracts,1979,16(6):339-362.

[120] JIN J X,SONG C G,CHEN Y J. Investigation of a fluid-solid coupling

model for a tailings dam with infiltration of suspended particles[J]. Environmental Earth Sciences,2017,76(22):758.

[121] KAROL R H. Chemical grouts and their properties[C]//Grouting in Geotechnical Engineering. ASCE,2010.

[122] KHAZAEI J, ESLAMI A. Postgrouted helical piles behavior through physical modeling by FCV[J]. Marine Georesources & Geotechnology, 2017,35:528-537.

[123] LEHTONEN J, ARONSSON S. Grouting of micropiles in scandinavia [J]. Engineering,2003:780-790.

[124] LI C Y, ZUO J P, HUANG X H, et al. Water inrush modes through a thick aquifuge floor in a deep coal mine and appropriate control technology: a case study from Hebei, China[J]. Mine Water and the Environment,2022,41(4):954-969.

[125] LI C Y, ZUO J P, XING S K, et al. Failure behavior and dynamic monitoring of floor crack structures under high confined water pressure in deep coal mining: a case study of Hebei, China[J]. Engineering Failure Analysis,2022,139:106460.

[126] LI M, CHENG X H, GUO H X, et al. Biomineralization of carbonate by terrabacter tumescens for heavy metal removal and biogrouting applications[J]. Journal of Environmental Engineering,2016,142(9)-.

[127] LI S C, LIU B, NIE L C, et al. Detecting and monitoring of water inrush in tunnels and coal mines using direct current resistivity method: a review[J]. Journal of Rock Mechanics and Geotechnical Engineering, 2015,7(4):469-478.

[128] LIU H Y, KOU S Q, LINDQVIST P A. Numerical simulation of the fracture process in cutting heterogeneous brittle material [J]. International Journal for Numerical and Analytical Methods in Geomechanics,2002,26(13):1253-1278.

[129] LIU S L, LIU W T, YIN D W. Numerical simulation of the lagging water inrush process from insidious fault in coal seam floor[J]. Geotechnical and Geological Engineering,2017,35(3):1013-1021.

[130] LI Y J, ZHANG Q, ZHANG G Y, et al. Cenozoic faults and faulting phases in the western Tarim Basin (NW China): effects of the collisions on the southern margin of the Eurasian Plate[J]. Journal of Asian Earth

Sciences,2016,132:40-57.

[131] MINTO J M, MACLACHLAN E, EL MOUNTASSIR G, et al. Rock fracture grouting with microbially induced carbonate precipitation[J]. Water Resources Research,2016,52(11):8827-8844.

[132] NINIĆ J, MESCHKE G. Simulation based evaluation of time-variant loadings acting on tunnel linings during mechanized tunnel construction [J]. Engineering Structures,2017,135:21-40.

[133] NONVEILLER E. Grouting, theory, and practice [M]. Amsterdam: Elsevier,1989.

[134] NORRIS P,HAGAN S,COHRON M,et al. Application of fly ash as an adsorbent for Estradiol in animal waste[J]. Journal of Environmental Management,2015,161:57-62.

[135] ODGAARD P F, MATAJI B. Observer-based fault detection and moisture estimating in coal Mills [J]. Control Engineering Practice, 2008,16(8):909-921.

[136] ÖGE İ F. Prediction of cementitious grout take for a mine shaft permeation by adaptive neuro-fuzzy inference system and multiple regression[J]. Engineering Geology,2017,228:238-248.

[137] O'KEEFE D,HORYNIAK D,DIETZE P. From initiating injecting drug use to regular injecting: retrospective survival analysis of injecting progression within a sample of people who inject drugs regularly[J]. Drug and Alcohol Dependence,2016,158:177-180.

[138] PEARCE C J, THAVALINGAM A, LIAO Z, et al. Computational aspects of the discontinuous deformation analysis framework for modelling concrete fracture[J]. Engineering Fracture Mechanics,2000, 65(2/3):283-298.

[139] PRIEST S D, HUDSON J A. Discontinuity spacings in rock [J]. International Journal of Rock Mechanics and Mining Sciences & Geomechanics Abstracts,1976,13(5):135-148.

[140] QIU M,SHI L Q,TENG C,et al. Assessment of water inrush risk using the fuzzy Delphi analytic hierarchy process and grey relational analysis in the Liangzhuang coal mine,China[J]. Mine Water and the Environment, 2017,36(1):39-50.

[141] RACLAVSKÁ H, CORSARO A, HARTMANN-KOVAL S, et al.

Enrichment and distribution of 24 elements within the sub-sieve particle size distribution ranges of fly ash from wastes incinerator plants[J]. Journal of Environmental Management,2017,203:1169-1177.

[142] REN H X,HUANG Q H,CHEN X F. Numerical simulation of seismo-electromagnetic fields associated with a fault in a porous medium[J]. Geophysical Journal International,2016,206(1):205-220.

[143] RHODES T,WATTS L,DAVIES S,et al. Risk,shame and the public injector:a qualitative study of drug injecting in South Wales[J]. Social Science & Medicine (1982),2007,65(3):572-585.

[144] RITTINGER J, CVETKOVIC S, RISSING L. Investigations on the removal mechanisms of diverse alumina based polishing slurries for chemical mechanical polishing of electro-plated NiFe 45/55 [J]. Microelectronic Engineering,2013,110:324-328.

[145] SAKTHIVADIVEL R,EINSTEIN H A. Clogging of porous column of spheres by sediment[J]. Journal of the Hydraulics Division,1970,96(2):461-472.

[146] SARIGUL N,DOKMECI M C. A quasivariational principle for fluid-solid interaction[J]. AIAA Journal,1984,22(8):1173-1175.

[147] SHEN B,BARTON N. The disturbed zone around tunnels in jointed rock Masses[J]. International Journal of Rock Mechanics and Mining Sciences,1997,34(1):117-125.

[148] SHUTTLE D A,GLYNN E. Grout curtain effectiveness in fractured rock by the discrete feature network approach[C]// Third International Conference on Grouting and Ground Treatment,2003.

[149] SIRIRUANG C, TOOCHINDA P, JULNIPITAWONG P, et al. CO_2 capture using fly ash from coal fired power plant and applications of CO_2-captured fly ash as a mineral admixture for concrete[J]. Journal of Environmental Management,2016,170:70-78.

[150] TAMOUE F, EHRMANN A. First principle study: parametric investigation of the mechanics of elastic and inelastic textile materials for the determination of compression therapy efficacy[J]. Textile Research Journal,2018,88(21):2506-2515.

[151] T C KE. Simulated testing of two dimensional heterogeneous and discontinuous rock masses using discontinuous deformation analysis[D].

Berkeley:Thesis University of California,1993.

[152] TENG H,XU J L,XUAN D Y,et al. Surface subsidence characteristics of grout injection into overburden: case study of Yuandian No. 2 coalmine,China[J]. Environmental Earth Sciences,2016,75(6):530.

[153] TESTA F,COETSIER C,CARRETIER E,et al. Recycling a slurry for reuse in chemical mechanical planarization of tungsten wafer: effect of chemical adjustments and comparison between static and dynamic experiments[J]. Microelectronic Engineering,2014,113:114-122.

[154] TIAN X C,CHOI E. Effects of axially variable diking rates on faulting at slow spreading mid-ocean ridges [J]. Earth and Planetary Science Letters,2017,458:14-21.

[155] WANG H,CHE A L,FENG S K. Quantitative investigation on grouting quality of immersed tube tunnel foundation base using full waveform inversion method [J]. Geotechnical Testing Journal, 2017, 40 (5): 833-845.

[156] WANG M, TIAN K. Study on hydrogeological models of the geological hazard from water bursting in mining pits with multiple aquifer structure[J]. Chin J Geol Hazard Control, 1991,2(2):11-20.

[157] WANG Q H. Development and application of a new similar material for underground engineering fluid-solid coupling model test[J]. Arabian Journal of Geosciences, 2020,13(18):913.

[158] WANG Q,ZHENG S T,SHI Z Y,et al. Mechanism of and prevention technology for water inrush from coal seam floor under complex structural conditions—a case study of the chensilou mine[J]. Processes, 2023,11(12):3319.

[159] WANG X B, MA J, PAN Y S. Numerical simulation of stick-slip behaviours of typical faults in biaxial compression based on a frictional-hardening and frictional-softening model [J]. Geophysical Journal International,2013,194(2):1023-1041.

[160] WANG Y G,ZHANG L. Study on the height of transmissive fractured zone based on the ANFIS[J]. Applied Mechanics and Materials,2012, 256/257/258/259:2760-2765.

[161] WEAVER K D. A retrospective on the history of dam foundation grouting in the U. S. [C]//International Conference on Grouting &

Ground Treatment,2003.

[162] WU Q, FAN S K, ZHOU W F, et al. Application of the analytic hierarchy process to assessment of water inrush: a case study for the No. 17 coal seam in the Sanhejian coal mine, China[J]. Mine Water and the Environment,2013,32(3):229-238.

[163] WU Q, WANG M, WU X. Investigations of groundwater bursting into coal mine seam floors from fault zones[J]. International Journal of Rock Mechanics and Mining Sciences,2004,41(4):557-571.

[164] WU Q, ZHOU W F. Prediction of groundwater inrush into coal mines from aquifers underlying the coal seams in China: vulnerability index method and its construction[J]. Environmental Geology, 2008, 56(2): 245-254.

[165] ZHANG Y H, GARTRELL A, UNDERSCHULTZ J R, et al. Numerical simulation of extensional fault reactivation and fluid flow: generic models related to the Timor Sea[J]. Journal of Geochemical Exploration, 2009, 101(1):124.